本书为国家社会科学基金青年项目“基于目标管理的跨行政区生态环境协同治理绩效问责制研究”(17CZZ021)资助成果

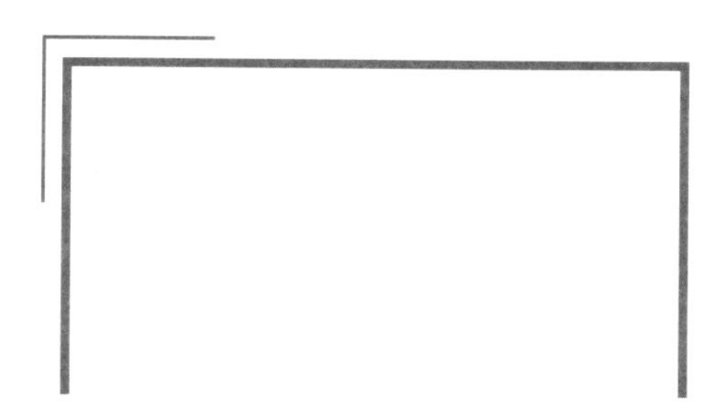

跨行政区生态环境协同治理绩效问责制研究

司林波　王伟伟　裴索亚◎著

Research on Performance Accountability System of Cross-Administrative Ecological Environment Synergy Governance

中国社会科学出版社

图书在版编目（CIP）数据

跨行政区生态环境协同治理绩效问责制研究／司林波，王伟伟，裴索亚著．—北京：中国社会科学出版社，2023.8

ISBN 978－7－5227－2369－3

Ⅰ.①跨…　Ⅱ.①司…②王…③裴…　Ⅲ.①生态环境—环境综合整治—研究—中国　Ⅳ.①X321.2

中国国家版本馆 CIP 数据核字（2023）第 148783 号

出 版 人　赵剑英
责任编辑　黄　晗
责任校对　夏慧萍
责任印制　王　超

出　　版　中国社会科学出版社
社　　址　北京鼓楼西大街甲 158 号
邮　　编　100720
网　　址　http：//www.csspw.cn
发 行 部　010－84083685
门 市 部　010－84029450
经　　销　新华书店及其他书店

印刷装订　三河市华骏印务包装有限公司
版　　次　2023 年 8 月第 1 版
印　　次　2023 年 8 月第 1 次印刷

开　　本　710×1000　1/16
印　　张　21
字　　数　334 千字
定　　价　109.00 元

目　　录

第一部分
研究起点与理论基础

第二部分
理论关系论证：协同治理、治理绩效与绩效问责

第三部分
历程与现状梳理：国内进展与国外经验

第四部分
基于目标管理的研究设计：绩效目标责任、制度与机制

第五部分 检验与优化：多案例比较与优化建议

第一部分

研究起点与理论基础

第一章

绪　论

绩效问责是促进跨行政区生态环境协同治理的重要制度工具。探索跨行政区生态环境协同治理绩效问责的有效模式，对推动中国跨行政区生态环境的良好治理具有重要意义。本书将综合运用多种理论与方法，从对跨行政区生态环境协同治理系统分析入手，探寻和设计适合中国跨行政区生态环境协同治理实践需要的绩效问责制度方案和优化路径。

第一节　研究背景与研究意义

一　研究背景

自20世纪以来，生态环境问题逐渐成为全球各国共同关注的重要话题。从工业革命开始，工业文明推动了人类在政治、经济、文化与社会各个领域的长足发展，但与此同时生态环境却遭受了前所未有的损害。1962年，《寂静的春天》一书率先引发了人们对于近代工业发展所带来的环境污染的思考，然而，全球气候变暖的趋势已不可逆转，南极冰盖正在加速流失，濒危物种数量大幅度减少，极端自然灾害频发，全球大部分国家均面临着严重的大气环境污染、水环境污染以及土壤污染等问题。生态环境与人类命运休戚与共，加强生态环境治理刻不容缓，与生态环境治理相关的各项议题已成为国内外研究的热点。

近年来，随着工业化、城镇化的快速发展，中国也面临着严峻的生态环境问题。生态环境是一个不可分割的整体，部分环境污染会由一个地区向周边地区蔓延，呈现明显的跨行政区性特征，其中以大气污染、流域污染最为明显。例如，在大气污染的传输作用下，中国京津冀地区、汾渭平原地区等几十个城市空气污染严重，人们深受其害。跨行政区性的生态环境问题已经超出了单一行政区的治理能力，在中国以属地治理为主的环境管理体制之下，各地方政府受管理权限的制约，难以采取有效措施独自治理环境污染，这就需要跨行政区政府寻求合作，实行生态环境协同治理。

长期以来，中国生态环境治理奉行属地治理原则，跨行政区内各治理主体在治理目标和治理行为上存在各自为政的顽疾，导致跨行政区治理实践中各主体内生协同动力不足。[①] 虽然各行政区政府承担着区域生态治理的共同责任，但是各行政区政府同时又拥有属地治理的自主权，各地方政府在做出生态治理决策、执行生态治理政策时，基于自身利益最大化的考虑就难免会损害区域整体的生态环境利益。由于各行政区在行政级别上是平等的，并不存在隶属关系，各行政区均无权干涉其他区域内政府生态治理的失职与失责行为，在地方主义、部门主义的作用下，单靠各行政区政府的内部问责往往在惩戒力与威慑力上都是不足的。此外，由于各行政区在政府生态治理的问责标准、问责程序、问责结果等方面均有其地方性的实施细则，或者并无相关依据，这就会造成跨行政区生态环境协同治理过程中问责制度实施的碎片化与无序化。因此，切实扭转各行政区的利益短视思维，以推动跨行政区整体生态环境质量的提升与人民生活环境的改善为目标，在区域内多元问责主体的共同参与下，由上级政府按照统一的问责标准对跨行政区政府主体实行协同问责就成为有效促进各地方政府履行生态环境协同治理绩效责任的必要手段。

中国新修订的《环境保护法》明确规定，“地方各级人民政府应当对本行政区域的环境质量负责”，这就表明在跨行政区生态环境协同治理的背景下，良好的区域生态环境的实现与维护必须依靠各地政府自身责任的切实履行。虽然大多数环境污染问题的产生往往与企业违规排放、机动车尾气超标、城市废水乱排、滥用化学农药等环境损害行为直接相关，但是各行政区政府作为生态环境治理的第一责任人，以上问题的出现也就间接证明政府相关部门并未履行好自身环境监管、环境保护以及环境

---

① 司林波、裴索亚：《跨行政区生态环境协同治理绩效问责模式及实践情境——基于国内外典型案例的分析》，《北京行政学院学报》2021 年第 3 期。

治理等责任，而针对政府部门的环境失范行为实施问责则是有效规范政府生态治理行为、倒逼政府履行生态治理责任的重要手段。但是中国在跨行政区生态环境协同治理绩效问责的制度机制建设上却远远落后于现实的需求，相关政策规定也较为零散。

目前，国家层面出台的专门针对生态环境问责的政策主要包括《环境保护违法违纪行为处分暂行规定》以及《党政领导干部生态环境损害责任追究办法（试行)》，而且以上政策中的问责主要针对属地责任，对于以跨行政区为整体的协同治理责任该如何界定、如何追责则没有进行说明，有关跨行政区生态环境协同治理绩效问责的内容大多散落在各项政策中，缺乏系统化、程序化的问责规定，这就使得协同治理绩效问责的执行缺乏规范性依据，进一步加重了协同治理绩效问责的无序化。为加强跨行政区生态环境协同治理背景下的问责效力、规范问责秩序、实现跨行政区协同问责，亟须对各行政区政府所应承担的责任进行明确界定，在责任明确的基础上建立健全跨行政区生态环境协同治理绩效问责制度及其运行机制，通过问责倒逼各行政区政府严格完成协同治理的各项任务与目标。因此，对协同治理绩效问责的制度机制展开研究意义重大，这也是本书的落脚点。

实行生态环境协同治理已经成为各地方政府的共识，协同治理绩效问责更是顺应生态环境协同治理模式的重要约束性措施，中国京津冀、长三角以及汾渭平原等作为生态环境协同治理的典型地区，在协同治理绩效问责上也积累了一定的实践经验，从而为探索跨行政区生态环境协同治理绩效问责的制度机制建设提供了实证分析素材。目前也有学者开始关注跨行政区生态环境协同治理绩效问责这一研究议题的重要价值并展开了研究，其研究成果具有良好的借鉴意义与启发作用，但是绝大部分学者并未意识到协同治理绩效问责的特殊性与必要性，其关注点还局限于属地治理下对条块单位的封闭式问责，这显然无法解决协同治理情境下有关绩效问责的诸多问题。因此必须直面现实，以跨行政区生态环境协同治理的前提设定为依据，准确把握协同治理绩效问责区别于一般生态问责的核心特征，引入目标管理思想，将各行政区利益博弈与协同治理之间的冲突进行有效整合，通过目标分解与目标链设计构建起层次清晰的协同治理目标责任体系，在明确协同治理主体间关系与目标责任的基础上，对跨行政区生态环境协同治理绩效问责的静态制度体系与动态运行机制进行合理的设计与分析，为提升协同治理绩效问责的制度化水平、促进相关机制的完善提供理论参考与政策指导。

二　研究意义

（一）理论意义

第一，通过综合运用整体性治理理论、协同论、博弈论等实质性理论以及扎根理论质性研究方法，建构出跨行政区生态环境协同治理的政策过程系统模型，完整地勾勒出跨行政区生态环境协同治理政策的核心要素，丰富了当前中国跨行政区生态环境协同治理过程的理论研究。这为进一步深入研究跨行政区生态环境协同治理绩效与政策过程系统的关系奠定了理论基础。

第二，协同治理的根本内涵是实现治理行为和治理状态的有序性，基于这一内涵设定，运用复合系统协同度模型对政策过程系统的协同度进行评价，结合实证分析对协同治理过程系统协同度与治理绩效关系的验证，构建出包括驱动力机制、协同互动机制、考核激励机制、监督改进机制在内的跨行政区生态环境协同治理绩效生成机制框架，为发现跨行政区生态环境协同治理绩效的影响因素提供理论依据。

第三，通过对跨行政区生态环境协同治理绩效生成机制及其构成要素与治理绩效间的关系进行分析，发现影响跨行政区生态环境协同治理绩效的关键因素，这就为跨行政区生态环境协同治理绩效目标责任体系的构建奠定了理论基础。研究跨行政区生态环境协同治理绩效的影响因素，可以为跨行政区生态环境协同治理绩效的提升以及绩效目标责任体系的构建提供新的思路，也可以为跨行政区生态环境协同治理绩效问责制度的设计提供目标责任依据。

第四，本书基于目标管理分析工具，将绩效评价、协同治理和绩效问责三方面理论方法进行整合，构建了跨行政区生态环境协同治理绩效问责的制度框架及运行机制框架，是对传统的生态问责制研究的进一步深化，丰富和拓展了行政问责和生态问责的理论研究。同时在研究主题上聚焦于跨行政区生态环境协同治理绩效问责制，突出了跨行政区情境下生态环境协同治理绩效问责的特殊性，为跨行政区生态环境治理提供了一个有效工具。

（二）实践意义

第一，有助于明确跨行政区生态环境协同治理政策过程系统的协同水平。通过运用复合系统协同度模型，对政策信念、政策互动、政策产出和政策优化四个子系统的有序度以及整个政策过程系统的协同度进行评价，这为分析中国跨行政区生态环境协同治理的水平提供了数据支撑，对提高跨行政区生态环境协同治理的绩效水平具有一定的现实指导意义。

第二，有助于明确跨行政区生态环境协同治理政策过程系统协同度与治理绩效间的关系。课题研究紧密围绕京津冀、长三角和汾渭平原三个地区近十年的相关指标数据展开分析，通过面板数据回归分析，实证检验并深入探讨了政策过程系统协同度与治理绩效间的关系，所得的研究结果在推动中国跨行政区生态环境协同治理绩效提升方面具有重要的实践参考价值。

第三，为协同治理绩效问责实践过程中的目标确定与责任分配提供现实借鉴。跨行政区生态环境协同治理绩效问责需要处理更加复杂的利益关系与责任关系，要保证问责的公平性与公正性首先就要对跨行政区各层级政府进行明确定责。因此，基于绩效关键影响因素和目标管理思想构建跨行政区生态环境协同治理主体的绩效目标责任体系，进而厘清各行政区绩效责任主体的责任定位，对跨行政区生态环境协同治理绩效问责的实施至关重要。

第四，为跨行政区生态环境协同治理绩效问责制度与运行机制的设计完善明确方向。加强跨行政区生态环境协同治理绩效问责制度机制建设，以问责倒逼协同治理目标实现是推动跨行政区生态环境质量改善的有效途径。针对中国协同治理绩效问责制度机制不健全的现实状况，本书将提出跨行政区生态环境协同治理绩效问责制度设计与机制构建的具体思路，有助于为跨行政区生态环境协同治理绩效问责制度与机制的建立完善明确方向，促进协同治理绩效问责制度化水平的提升。

第二节　国内外研究现状

一　国内研究现状

（一）对跨行政区生态环境协同治理的研究

生态环境协同治理是应对跨行政区生态环境污染的必然选择，这一生态治理模式也受到了学界的普遍认可，而且已有大量学者从不同角度对跨行政区生态环境协同治理做出了研究。目前，中国学者对跨行政区生态环境协同治理的研究主要集中在治理困境、体制机制以及优化路径三个方面。

第一，治理困境研究。中国的生态环境协同治理实践起步较晚，而且其发展往往面临诸多阻碍因素，因此，对协同治理的困境分析就成为一种最为直观、最具现实意义的研究视角。万翠英等提出制度环境缺失、主体权责边界模糊导致跨行政区环境治理陷入困局。[①] 治理困境不仅表现在制度环境和权责关系方面，更取决于地方政府之间复杂的利益关系。戴胜利将区域整体利益与地方政府局部利益的对抗、各地方政府之间自主性利益的竞争、政府利益与政府官员利益的分歧，以及近期利益与远期利益的冲突，这四组对抗性的利益纷争视为跨行政区生态文明建设的核心障碍。[②] 一些学者则将治理困境概括为碎片化的困境，如彭本利等认为受地方保护主义、部门本位主义等因素影响，中国流域生态环境治理存在碎片化的问题，治理效率低下。[③] 各地方政府之间的横向合作是开展跨行政区生态治理的重要基础，周伟指出合作主体之间权力不平等、多元利益冲突、监管体制破碎以及对合作情况的考核评价缺失等因素的存在，增加了跨行政区生态治理的政府合作成本，降低了合作效能。[④] 党秀

---

① 万翠英、陈晓永：《跨域性环境治理困局成因及破解思路》，《科学社会主义》2014 年第 3 期。

② 戴胜利：《跨区域生态文明建设的利益障碍及其突破——基于地方政府利益的视角》，《管理世界》2015 年第 6 期。

③ 彭本利、李爱年：《流域生态环境协同治理的困境与对策》，《中州学刊》2019 年第 9 期。

④ 周伟：《合作型环境治理：跨域生态环境治理中的地方政府合作》，《青海社会科学》2020 年第 2 期。

云等对中国跨行政区生态环境治理的困境分析则更加全面，分别从制度供给匮乏、法律法规缺失、权责关系不清晰、利益机制不健全、社会参与程度低等方面对中国跨行政区生态环境治理的困境展开分析。①

第二，体制机制研究。追寻深层次的体制机制因素是摆脱治理困境的重要一环。② 如果说治理困境是一种表象，那么隐于其背后的体制机制层面的因素则更加值得深入研究。学界关于协同治理的体制机制的研究十分广泛，但主要聚焦于促进政府合作、利益协调、资源共享等方面。张雪将动力机制视为研究地方政府开展生态治理合作的重要突破口，并按照提升动力、降低阻力的思路对动力机制进行了优化。③ 从实践层面来看，协同治理机制确实是一种有效的治理机制，但其效果多体现在重大且紧急的情况下。魏娜等通过对协同的制度、结构、利益机制和理念的重新设计和优化，构建了常态化协同治理机制。④ 然而，利益整合问题仍是跨行政区生态环境协同治理的掣肘和短板，郭钰通过健全利益表达、统一利益目标、增进利益共享等方式构建了良好的利益整合机制。⑤ 同样以协调区域利益差异、促进跨行政区生态治理主体协同合作为目的，对生态补偿机制的研究更加受到学者的重视。孙宏亮等提出跨流域生态补偿机制是促进“绿水青山”向“金山银山”转化的重要途径，主张优先考虑水源地上游的生态补偿机制建设。⑥ 生态环境信息资源是跨行政区生态环境协同治理的基础性资源，是提高跨行政区生态环境治理决策科学化水平和提升生态环境协同治理效果的重要途径。司林波等在对目标管理的基本思想及其应用进行有效性分析的基础上，构建了跨行政区生态

---

① 党秀云、郭钰：《跨区域生态环境合作治理：现实困境与创新路径》，《人文杂志》2020年第3期。

② 曾盛红、樊佩佩：《发展型政府条件下环境治理机制的构建及其局限》，《学海》2016年第6期。

③ 张雪：《跨行政区生态治理中地方政府合作动力机制探析》，《山东社会科学》2016年第8期。

④ 魏娜、孟庆国：《大气污染跨域协同治理的机制考察与制度逻辑——基于京津冀的协同实践》，《中国软科学》2018年第10期。

⑤ 郭钰：《跨区域生态环境合作治理中利益整合机制研究》，《生态经济》2019年第12期。

⑥ 孙宏亮、巨文慧、杨文杰等：《中国跨省界流域生态补偿实践进展与思考》，《中国环境管理》2020年第4期。

环境协同治理信息资源共享机制。[①]

第三，优化路径研究。在协同治理的路径分析上，学者因分析视角不同而观点各异，如汪伟全以北京地区为例，从国家战略、机制建设、机构完善和治理模式创新等多个层面提出了跨行政区空气污染治理的新路径。[②] 孙静等基于京津冀及周边地区重点城市面板数据的定量分析结果，提出通过建立合理的财政分权制度、扩大环境绩效权重、加强政策协同、优化支出结构等来提高跨行政区环境污染协同治理的效率。[③] 赵新峰等通过对京津冀大气污染协同治理的研究，提出其治理路径在体制上应该由属地治理转向协同治理、在机制上由运动式协同治理转向常态化协同治理、在政策工具上由单一性工具转向复合型工具。[④] 京津冀及周边地区大气污染治理难度较大，其治理路径可以为其他区域环境治理工作提供经验借鉴。田玉麒等从理念、法律、组织和制度四个层面提出了跨行政区生态环境协同治理的实现路径。[⑤]

（二）跨行政区生态环境协同治理绩效研究

国内目前对跨行政区生态环境协同治理绩效的研究成果相当丰富，研究范围也较为广泛，主要体现在以下几个方面。

第一，环境治理绩效评价方法研究。在环境治理绩效评价方法上，常用的有主观评价法、客观评价法，以及主客观相结合的评价方法，如卢子芳等运用主成分分析法（PCA）等客观评价方法对评价指标体系进行降维处理，然后分别运用 SBM 模型和全要素生产率（TFP）指数对江苏省 13 个地市 2007—2016 年环境治理情况进行静态分析和动态分析。[⑥]

---

① 司林波、王伟伟：《跨行政区生态环境协同治理信息资源共享机制构建——以京津冀地区为例》，《燕山大学学报》（哲学社会科学版）2020 年第 3 期。

② 汪伟全：《空气污染的跨域合作治理研究——以北京地区为例》，《公共管理学报》2014 年第 1 期。

③ 孙静、马海涛、王红梅：《财政分权、政策协同与大气污染治理效率——基于京津冀及周边地区城市群面板数据分析》，《中国软科学》2019 年第 8 期。

④ 赵新峰、袁宗威：《京津冀区域大气污染协同治理的困境及路径选择》，《城市发展研究》2019 年第 5 期。

⑤ 田玉麒、陈果：《跨域生态环境协同治理：何以可能与何以可为》，《上海行政学院学报》2020 年第 2 期。

⑥ 卢子芳、邓文敏、朱卫未：《江苏省生态环境治理绩效动态评价研究——基于 PCA－SBM 模型和 TFP 指数》，《华东经济管理》2019 年第 9 期。

于宗绪等以水环境治理PPP项目为例，运用AHP法和模糊综合评价法等主客观相结合的评价方法，对北京某区水环境治理PPP项目中3个项目片区的11个子项目进行绩效评价。① 学界对水环境治理绩效定量化的统计测度方法有很多，且其模型、指标选取和实践应用也处在不断完善的过程中，朱靖等采用灰色关联分析法和均方差决策法建立组合权重，再通过加权综合指数法和理想解模型对2011—2017年岷沱江流域10个主要地级市的水环境治理绩效进行动态评价。②

第二，环境治理绩效评价指标体系研究。在环境治理绩效评价指标体系构建上，李春瑜根据环境资源管理的PSR模型，构筑了大气环境治理绩效评价指标体系。③ 生态环境协同治理是一个以可持续发展为战略目标的动态的和系统的发展过程，其评价指标体系的构建，不能只注重环境污染控制等结果性的指标，还应该体现其动态变化的过程，以实现过程与结果的统一。陈小燕等将平衡记分卡这一绩效评价工具引入生态环境治理领域，并在考虑生态环境治理实际状况的基础上，从生态环境治理的意识维度、客户维度、管理流程以及学习与发展四个维度，建构合理、有效的生态环境治理评价框架和指标体系。④ 黄寰等为对环境治理绩效进行探讨，基于长江经济带11个省市的实际情况，构建了包括工业、生态和生活治理3个准则层和11个指标层在内的综合环境治理绩效评价指标体系。⑤ 齐晓亮等围绕经济绩效、资源绩效、环境绩效和社会绩效四大指标，基于模糊综合评价法构建了关中地区雾霾治理的绩效评价指标体系。⑥

---

① 于宗绪、马东春、范秀娟等：《基于AHP法和模糊综合评价法的城市水环境治理PPP项目绩效评价研究》，《生态经济》2020年第10期。

② 朱靖、余玉冰、王淑：《岷沱江流域水环境治理绩效综合评价方法研究》，《长江流域资源与环境》2020年第9期。

③ 李春瑜：《大气环境治理绩效实证分析——基于PSR模型的主成分分析法》，《中央财经大学学报》2016年第3期。

④ 陈小燕、高园、李敏纳：《基于平衡记分卡的生态环境治理评价》，《理论导刊》2017年第6期。

⑤ 黄寰、杨苏一、贾茹隐：《长江经济带综合环境治理绩效测度研究》，《会计之友》2019年第21期。

⑥ 齐晓亮、卢春天：《关中地区雾霾治理绩效评价体系研究》，《西南民族大学学报》（人文社科版）2019年第4期。

第三，不同理论视角的研究。跨行政区生态环境协同治理绩效研究基于不同的理论视角，如李兆东结合污染源的大气污染扩散特征，构建了污染源模式、地面最大污染模式、污染迁移轨迹模式等大气环境治理绩效审计模式。[①] 罗文剑等从成长上限的视角出发，构筑了大气污染政府间协同治理绩效的成长上限基模，探究大气污染政府间协同治理的绩效改进。[②] 随着中国环境治理逐步进入攻坚期和深水区，治理绩效研究也开始转向更深层次的探索，关斌基于公共价值理论和认知失调论，实证分析了绩效压力、公共价值冲突、公众参与与地方政府环境治理效率间的关系。[③] 贺芒等揭示了环保督察压力下央地关系表现出来的新特点，剖析了环保督察对于地方环境治理的督办、问责和动员三重约束力，并以此带动各级地方环境治理结构的调整，提升和巩固地方政府跨层级的环境治理绩效。[④]

（三）跨行政区生态环境协同治理绩效生成机制与影响因素研究

第一，绩效生成机制研究。国内学术界大多从不同的角度研究政府绩效评价或企业绩效行为等方面的生成机制。如张彩虹等依据知识型员工知识资本实力强、知识更新快等特性，构建了一套由行为约束机制、行为诱引机制、行为导向机制和行为强化机制组成的中国企业知识型员工高绩效行为生成机制。[⑤] 胥洪娥等从价值链视角探讨了企业信息化绩效生成机理，集成了基于资源视角和流程视角的相关研究成果，提出信息化与企业绩效之间的作用机理模型。[⑥] 何文盛等从系统建构的分析视角，对政府绩效评价系统与绩效评价环境的互动关系及其构成要素进行分析，

---

① 李兆东：《大气环境治理绩效审计模式研究》，《财务与会计》2015 年第 5 期。

② 罗文剑、陈丽娟：《大气污染政府间协同治理的绩效改进："成长上限"的视角》，《学习与实践》2018 年第 11 期。

③ 关斌：《地方政府环境治理中绩效压力是把双刃剑吗？——基于公共价值冲突视角的实证分析》，《公共管理学报》2020 年第 2 期。

④ 贺芒、陈彪：《环保督察约束力与地方跨层级环境治理逻辑——基于 S 省 P 市的案例考察》，《北京行政学院学报》2020 年第 5 期。

⑤ 张彩虹、叶全平、刘耀中：《知识型员工高绩效行为生成机制解析》，《现代管理科学》2009 年第 8 期。

⑥ 胥洪娥、刘丹：《价值链视角下的企业信息化绩效生成机理研究》，《商业时代》2013 年第 31 期。

在此基础上构建了政府绩效评价结果偏差生成机理的理论框架。[①] 叶健康等从顾客知识转移视角出发，研究企业如何将顾客知识转化为企业知识，增加企业知识存量，并由此生成创新绩效的过程机制。[②] 郎玫等以绩效损失为分析视角，从政策弹性、执行能力与互动效率三者间的理论关系出发，建构出政策执行绩效损失的生成机制。[③] 与多数学者从理论视角研究和分析绩效生成机制有所不同，韩万渠通过对2011—2015年中国地方政府信息公开绩效面板数据的实证分析，厘清主动公开和依申请公开绩效生成的机理差异，可以为理解中国情景下多重逻辑融合推动政府治理现代化提供经验支撑。[④]

第二，影响因素研究。在环境治理绩效的影响因素方面，周全等基于中国综合社会调查2013年（CGSS 2013）的数据，使用Ordered Probit回归建立模型，分析了不同类型的媒介使用对于政府环境治理绩效的公众满意度的影响。[⑤] 林春等选择2007—2016年30个省（自治区、直辖市）的面板数据，采用GMM系统和门槛效应模型探讨了财政分权对环境治理绩效的影响。[⑥] 范亚西基于污染源监管信息公开指数（PITI）以及中国城市层面的数据，对环境信息公开对环境治理绩效的影响进行验证，同时采用多层次模型探究了自上而下的环境监管对环境治理绩效的影响，以及如何通过信息公开改善环境治理绩效。[⑦] 协同治理是一个动态且要求"质"的过程，对于协同治理绩效影响因素的研究不能局限于对外部因素

---

① 何文盛、姜雅婷：《系统建构视角下政府绩效评估结果偏差生成机理的解构与探寻》，《兰州大学学报》（社会科学版）2015年第1期。

② 叶健康、陈同扬、张海靓：《基于顾客知识转移视角的企业创新绩效产生机制研究——以小米公司为例》，《企业经济》2017年第9期。

③ 郎玫、郑松：《政策弹性、执行能力与互动效率：地方政府政策执行绩效损失生成机制研究》，《行政论坛》2020年第3期。

④ 韩万渠：《行政自我规制吸纳法治压力：地方政府信息公开绩效及其生成机理》，《中国行政管理》2020年第7期。

⑤ 周全、汤书昆：《媒介使用与政府环境治理绩效的公众满意度——基于全国代表性数据的实证研究》，《北京理工大学学报》（社会科学版）2017年第1期。

⑥ 林春、孙英杰、刘钧霆：《财政分权对中国环境治理绩效的合意性研究——基于系统GMM及门槛效应的检验》，《商业经济与管理》2019年第2期。

⑦ 范亚西：《信息公开、环境监管与环境治理绩效——来自中国城市的经验证据》，《生态经济》2020年第4期。

的分析，应更多从内部因素着手展开深入探讨。甘开鹏等揭示了社会信任对环境治理绩效的影响机理，并通过实证分析做了进一步的检验和论证。[①] 申伟宁等以京津冀地区各级政府的工作报告为例，对政府生态环境注意力进行了分类分析，并研究了生态环境注意力对环境治理绩效的影响作用，以期为京津冀生态环境协同发展提供参考。[②]

（四）绩效问责与跨行政区生态环境协同治理绩效关系的研究

国内学者对绩效问责与治理绩效关系的研究逐渐增多，研究内容也在不断深化和扩展，呈现不同的理论分析视角和方法交相辉映的研究局面。吴建南等通过实证分析，指出问责制度给领导干部带来的问责压力与组织绩效显著相关。[③] 对于“绩效”与“问责”的关系，一些学者认为强化问责能够产生更高的生产率，从而带来更好的绩效。然而，颜海娜等指出，在环境的复杂性、“运动式治理”方式以及冲突性的问责要求等不可控因素下，会出现种种“问责悖论”，故而有必要对“绩效”与“问责”的假设关系进行更深入的反思和更加系统的考察。[④] 马亮利用中国城市空气污染治理的案例，实证分析了全国排名对政府响应的作用，研究结果表明，基于公开排名的绩效问责会在一定程度上推动政府响应，但治理效果仍然有限。[⑤] 王柳认为，绩效问责需要在政府管理系统、责任和绩效评估之间建立关联，而其中暗含的前提是政府及部门的绩效与其责任之间具有一致性和相关性。[⑥] 史丹等指出，自上而下的环境问责和自下而上的环境投诉之间的良性互动不仅改善了环境治理的客观绩效，还

---

① 甘开鹏、王秋：《社会信任对政府环境治理绩效的影响研究》，《中国行政管理》2020 年第 3 期。

② 申伟宁、柴泽阳、张韩模：《异质性生态环境注意力与环境治理绩效——基于京津冀〈政府工作报告〉视角》，《软科学》2020 年第 9 期。

③ 吴建南、岳妮：《问责制度、领导行为与组织绩效：面向我国西部乡镇政府的探索性研究》，《中国行政管理》2009 年第 2 期。

④ 颜海娜、聂勇浩：《基层公务员绩效问责的困境——基于“街头官僚”理论的分析》，《中国行政管理》2013 年第 8 期。

⑤ 马亮：《绩效排名、政府响应与环境治理：中国城市空气污染控制的实证研究》，《南京社会科学》2016 年第 8 期。

⑥ 王柳：《作为绩效问责机制的绩效整改及其优化》，《中共浙江省委党校学报》2017 年第 3 期。

影响了公众环境满意度，提升了环境治理的主观绩效。[①] 王程伟等从绩效反馈视角入手，探究绩效问责压力在绩效差距对绩效水平的影响过程中所发挥的调节作用，从而为实践层面提高政府绩效水平提供借鉴。[②]

（五）对政府生态环境绩效问责的研究

政府生态环境绩效问责是政府绩效问责的重要内容，也是促进政府生态责任履行的重要抓手，近年来中国政府对生态环境绩效问责的重视程度不断提升，学界对于政府生态环境绩效问责的研究也愈加丰富，以下分别从两个方面对政府生态环境绩效问责的研究现状进行探讨。

第一，政府环境责任研究。随着各类环境污染的不断加重，中国的环境治理形势也变得愈加严峻，新《环保法》首次将环境保护的责任主体拓展为“地方各级人民政府、环境保护主管部门和其他环保监管职责部门”，这一规定是对旧法的突破，使得各地方政府成为环境保护的第一责任人。[③] 朱艳丽认为，对政府环境责任重视程度的提升源于政府责任核心价值的转变，而这一转变又恰恰映照了环境问题的紧迫性。[④] 许继芳认为，环境法律责任、政治责任、行政责任和道德责任是环境责任的主要内容，并以一个比较宏观的视角对政府环境责任的主要类型进行了界定。[⑤] 邓可祝则从微观视角出发对政府的环境责任进行了具体描述，他认为政府的环境责任是维护环境质量以及公众的环境权利。[⑥] 王浩等认为，地方政府的环境责任不应该只由政府来承担，而应该建立包括政府、企业、社会组织等多元责任主体的环境责任体系。[⑦] 这一观点拓展了政府环境责任的主体范围，也丰富了地方政府环境责任体系概念的内涵。唐瑭

---

① 史丹、汪崇金、姚学辉：《环境问责与投诉对环境治理满意度的影响机制研究》，《中国人口·资源与环境》2020 年第 9 期。

② 王程伟、马亮：《绩效反馈如何影响政府绩效？——问责压力的调节作用》，《公共行政评论》2021 年第 4 期。

③ 唐薇：《新〈环保法〉对政府环境责任规定的突破及落实建议》，《环境保护》2015 年第 1 期。

④ 朱艳丽：《论环境治理中的政府责任》，《西安交通大学学报》（社会科学版）2017 年第 3 期。

⑤ 许继芳：《建设环境友好型社会中的政府环境责任研究》，上海三联书店 2014 年版，第 136—144 页。

⑥ 邓可祝：《政府环境责任研究》，知识产权出版社 2015 年版，第 35 页。

⑦ 王浩、徐继敏：《我国地方政府环境责任体系的问题与建构》，《江淮论坛》2016 年第 1 期。

同样主张政府环境责任主体的多元化，但是其关注点在于政府系统内部，强调改变仅将地方党政一把手以及环境管理部门作为环境责任承担者的单中心模式，提出以多中心模式将政府环境责任细分到各政府决策部门。①

第二，政府生态绩效问责研究。政府生态环境绩效问责是政府问责在生态环境治理领域的应用和体现。徐元善等较早地指出绩效问责是行政问责制的新发展②，孙发锋进一步认为绩效问责是行政效能建设的重要抓手③，之后学者们对绩效问责在政府预算、公务员绩效管理、促进区域创新等方面的价值和应用进行了广泛的探讨。王柳指出，绩效问责是一个包含着不同问责体系的制度群④，是以绩效信息的应用为核心的问责过程⑤。还有不少学者对生态环境治理绩效问责的运行现状及困境展开分析，如刘少华等从法治视角发现现阶段生态环境问责实践还面临适用依据不完善、问责主体及其职权设置法定性不足、责任对象权责对应不强以及制度运行法治镶嵌有限等困境。⑥ 马步广指出，政府在突发环境事件中存在信息障碍、主客体界定障碍与结构障碍等问责障碍。⑦ 此外，还有学者从环境责任理论、可持续发展理论、外部不经济理论、政治与行政二分理论等分析视角对生态环境治理绩效问责制建设的相关问题进行理论探讨，其中司林波等基于制度分析与发展框架的理论视角从整体上建构了生态环境协同治理的绩效问责过程模型⑧，从而也为本研究的进一步开展提供了探索性思路。

---

① 唐瑭：《生态文明视阈下政府环境责任主体的细分与重构》，《江西社会科学》2018 年第 7 期。

② 徐元善、楚德江：《绩效问责：行政问责制的新发展》，《中国行政管理》2007 年第 11 期。

③ 孙发锋：《绩效问责：行政效能建设的重要抓手》，《领导科学》2011 年第 8 期。

④ 王柳：《绩效问责的制度逻辑及实现路径》，《中国行政管理》2016 年第 7 期。

⑤ 王柳：《作为绩效问责机制的绩效整改及其优化》，《中共浙江省委党校学报》2017 年第 3 期。

⑥ 刘少华、陈荣昌：《新时代环境问责的法治困境与制度完善》，《青海社会科学》2019 年第 4 期。

⑦ 马步广：《突发环境事件中政府问责障碍的路径重构》，《人民论坛》2020 年第 Z1 期。

⑧ 司林波、裴索亚：《跨行政区生态环境协同治理的绩效问责过程及镜鉴——基于国外典型环境治理事件的比较分析》，《河南师范大学学报》（哲学社会科学版）2021 年第 2 期。

（六）跨行政区生态环境协同治理绩效问责制的研究

关于政府生态环境治理绩效问责的研究为跨行政区生态环境协同治理绩效问责制的研究奠定了基础。邓可祝以中国的太湖流域和美国的切萨皮克湾流域治理绩效问责制为例进行对比和分析，发现中美在流域治理绩效问责过程中，既存在相同之处，也有不同之处，各国经济社会与法治的背景不同，在确定流域治理绩效问责制时，应根据这些不同的背景来设计问责制。[①] 陈建斌等以湖泊流域生态治理为例，提出了包括责任履行机制、责任保障机制、责任评价机制、责任追究机制的政府责任机制。[②] 孟卫东等以京津冀地区为研究对象，提出了建立协同问责机制的设想，并构建了包括实体性机制和程序性机制的生态环境损害协同问责运行机制。[③] 司林波等认为，绩效问责作为推进跨行政区生态环境实现协同治理的一项重要制度设计，能够以绩效评估与问责的压力推进跨行政区多主体治理行为的有效协同，进而通过对国内外案例的比较，对跨行政区生态环境协同治理的绩效问责模式及其实践情境进行了深入探讨。[④] 此外，司林波等还基于目标管理的视角，以整体性绩效责任目标的实现为中心，构建了包括绩效责任目标确定、目标执行、目标评估、目标反馈和目标改进五个环节的跨行政区生态环境协同治理绩效问责机制基本框架。[⑤]

（七）目标管理在跨行政区生态环境协同治理绩效问责中的应用研究

目标管理理论在政府绩效问责制方面的应用研究主要建立在目标责任制的基础之上。田红云等认为，目标责任制是政府部门政绩考核的主

---

① 邓可祝：《流域治理问责制的比较研究——以太湖流域和美国切萨皮克湾流域为例》，《上海政法学院学报》（法治论丛）2014 年第 6 期。

② 陈建斌、柴茂：《湖泊流域生态治理政府责任机制建设探究》，《湘潭大学学报》（哲学社会科学版）2016 年第 3 期。

③ 孟卫东、徐芳芳、司林波：《京津冀生态环境损害协同问责机制研究》，《行政管理改革》2017 年第 2 期。

④ 司林波、裴索亚：《跨行政区生态环境协同治理绩效问责模式及实践情境——基于国内外典型案例的分析》，《北京行政学院学报》2021 年第 3 期。

⑤ 司林波、王伟伟：《跨行政区生态环境协同治理绩效问责机制构建与应用——基于目标管理过程的分析框架》，《长白学刊》2021 年第 1 期。

要途径，它有力地促进了中央与地方、上级与下级之间的激励兼容。[①] 杨宏山在目标管理的理论框架内，构建了以政府责任制和部门责任制为主体，以专项工作责任制为补充的目标管理责任制。[②] 陈水生提出，中国政府正在经历从压力型体制向督办责任体制转型的过程，而督办责任体制的运行逻辑与目标管理联系密切，涉及目标的制定、分解、达成、控制和考核等一系列过程。[③]

在跨行政区生态环境协同治理绩效问责方面，谭东烜等基于目标管理理论，从水环境保护考核指标的设定、考核评价的实施以及考核结果的应用三个方面分析了太湖流域水环境保护目标考核机制的实施现状以及存在的问题，为太湖流域环境责任考核机制的完善提供了建议。[④] 由于流域水环境具有整体性特点，现有的属地问责方式必须进行转变，而关键就在于建立健全流域水环境目标责任制。申少花提出，为促进中国流域水环境保护责任管理体制的不断完善，必须以法律化的形式建立起一套长期有效且有约束力的目标责任体制，从而使各项政策、规划、措施及行动等有法可依，有章可循。[⑤] 司林波借鉴目标管理过程的实施框架，将跨行政区生态环境协同治理绩效问责的运行机制划分为目标责任机制、评估机制、回应机制、奖惩机制以及改进机制五个相互连接的部分。[⑥]

二　国外研究现状

（一）对跨行政区生态环境协同治理的研究

目前国外学术界已对跨行政区生态环境协同治理进行了广泛的研究，

---

① 田红云、田伟：《论中国政府部门目标责任管理的得与失》，《统计与决策》2011 年第 5 期。

② 杨宏山：《超越目标管理：地方政府绩效管理展望》，《公共管理与政策评论》2017 年第 1 期。

③ 陈水生：《从压力型体制到督办责任体制：中国国家现代化导向下政府运作模式的转型与机制创新》，《行政论坛》2017 年第 5 期。

④ 谭东烜、周元春、李慧鹏等：《太湖流域水环境保护目标责任考核机制研究》，《中国环境管理》2016 年第 4 期。

⑤ 申少花：《我国流域水环境保护目标责任制的完善》，《公民与法》2016 年第 4 期。

⑥ 司林波：《生态问责制国际比较研究》，中国环境出版集团 2019 年版，第 231—237 页。

因研究角度不同而形成了不同的解读和认识。国外对跨行政区生态环境协同治理的研究涉及的领域较为宽泛。在跨行政区生态环境协同治理流程上，Koebele 基于倡导联盟框架（Advocacy Coalition Framework）分析了协同治理过程的制度设计、行为者选择参与跨联盟协同的方式和原因，以及这些因素与后续政策输出之间的复杂关系。① 在多元主体参与的跨行政区生态环境协同治理方面，Gunningham 探讨了新的协作式环境治理，涉及私营、公共和非政府利益相关者之间的协作，通过朝着共同的目标行动，希望实现更多的集体目标，而不是个人目标。② Newig 等研究了跨行政区生态环境协同治理过程中多元主体参与和环境结果之间因果机制的五个类群，并确定了在何种情况下参与会产生更好的（或更坏的）环境结果。③

在跨行政区生态环境协同治理的潜在好处上，Scott 使用了定量的数据分析方法和建构线性回归模型研究了两个问题——协同环境治理是否能改善环境结果，什么样的设计和实施特征使协作主体在改善环境结果方面或多或少有效。④ Olvera－Garcia 等利用文献分析和对关键利益相关者的半结构化访谈，展示了嵌套式协同治理安排（Nested Collaborative Governance Arrangements）如何在实现环境成果中发挥作用。⑤ 在跨行政区生态环境协同治理的主要特性上，Ali－khan 等探讨了环境治理的替代性和更具合作性的方法的前景和实践，着重于最近北美的经验，并特别注意到有效和协作性环境治理的特征障碍，以及行为者与部门之间的协

① Koebele E. A.，“Cross-Coalition Coordination in Collaborative Environmental Governance Processes”，*Policy Studies Journal*，Vol. 48，No. 3，January 2019，pp. 727－753.

② Gunningham N.，“The New Collaborative Environmental Governance：The Localization of Regulation”，*Journal of Law and Society*，Vol. 36，No. 1，February 2009，pp. 145－166.

③ Newig J.，Challies E.，Jager N. W.，et al.，“The Environmental Performance of Participatory and Collaborative Governance：A Framework of Causal Mechanisms”，*Policy Studies Journal*，Vol. 46，No. 2，May 2018，pp. 269－297.

④ Scott T.，“Does Collaboration Make any Difference? Linking Collaborative Governance to Environmental Outcomes”，*Journal of Policy Analysis and Management*，Vol. 34，No. 3，April 2015，pp. 537－566.

⑤ Olvera-Garcia J.，Neil S.，“Examining How Collaborative Governance Facilitates the Implementation of Natural Resource Planning Policies：A Water Planning Policy Case from the Great Barrier Reef”，*Environmental Policy and Governance*，Vol. 30，No. 3，May 2020，pp. 115－127.

作等方面。[①] Boer 等研究了环境治理系统如何影响协作，并通过对五个国家水资源管理的案例研究，强调了协作过程和协作参与者特征的潜在重要性。[②]

在跨行政区生态环境协同治理的重要性上，跨行政区治理产生于 20 世纪 80 年代新公共管理改革所造成的“碎片化”政府的实践困境之中，为跨行政区之间协同解决环境治理、区域发展、公共服务等具有扩散性、交叠性、复合性的社会事务提供了有效的路径。Buček 等提出了跨行政区治理的边界问题，认为人们对小规模的区域更加认同，也更容易接受跨行政区合作。[③] Gilgarcia 等认为跨行政区信息共享对公共与私营部门均具有重要作用。[④] 在跨行政区生态环境治理上，Söderström 提出目前环境治理的重点应该放在治理结构、跨部门合作和生态边界上；[⑤] Guillermo 等学者认为目前生态环境治理表现出复杂化与碎片化等特点，生态治理已经成为一项区域性的公共议题。[⑥] 通过跨行政区、跨部门合作等方式对生态环境实行协同治理已经成为学界共识。

国外学者还比较关注政府部门协同治理分析模型与分析框架的构建，比较有代表性的是 Bryson 的“跨部门协同分析模型”、Ansell 的“SFIC”模型以及 Emerson 的“协同治理的综合框架”。Bryson 等在考察现有文献的基础上构建了包括初始条件、过程、偶然事件与约束条件、结构与治理、后

---

① Ali-khan F. , Mulvihill P. R. , “Exploring Collaborative Environmental Governance: Perspectives on Bridging and Actor Agency”, *Geography Compass*, Vol. 2, No. 6, November 2008, pp. 1974 – 1994.

② Boer C. D. , Kruijf J. V. , Özerol G. , et al. , “Collaborative Water Resource Management: What Makes up a Supportive Governance System?”, *Environmental Policy and Governance*, Vol. 26, No. 4, August 2016, pp. 229 – 241.

③ Buček J. , Ryder A. , eds. , *Governance in Transition*, *Heidelberg*: *Springer Dordrecht Press*, 2015, pp. 221 – 240.

④ Gilgarcia J. R. , Pardo T. A. , Sutherland M. , et al. , “Information Sharing in the Regulatory Context: Revisiting the Concepts of Cross-Boundary Information Sharing”, Proceedings of the 9th International Conference on Theory and Practice of Electronic Governance, Center for Technology in Government University at Albany, Montevideo, Uruguay, March, 2016.

⑤ Söderström S. , *Regional Environmental Governance and Avenues for the Ecosystem Approach to Management in the Baltic Sea Area*, Ph. D. Dissertation, Linköping University Electronic Press, 2017.

⑥ Guillermo A. , Jonathan B. , Kim C. , et al. , “A Dynamic Management Framework for Socio-Ecological System Stewardship: A Case Study for the United States Bureau of Ocean Energy Management”, *Journal of Environmental Management*, No. 7, November 2018, pp. 32 – 45.

果与责任等环节的跨部门协同分析模型。① Ansell 和 Gash 则构建了由起始条件（Starting Conditions）、催化领导（Facilitative Leadership）、制度设计（Institutional Design）和协同过程（Collaborative Process）所组成的“SFIC”模型。② Emerson 等对之前学者已经提出的协同治理框架进行比较分析，在整合、扩展的基础上提出了由一般系统情境、协同治理制度、协作动态三个维度嵌套而成的协同治理的综合分析框架。③ 以上模型的构建为学界研究跨行政区生态环境协同治理提供了分析框架的参考，已经成为国内外学者研究跨行政区生态环境协同治理的重要理论依据。

（二）跨行政区生态环境协同治理绩效研究

关于跨行政区生态环境协同治理绩效的研究，日益受到国外学者的关注。从当前的研究进展来看，更多从跨行政区生态环境协同治理绩效内涵界定、绩效运用、绩效评价等角度展开分析。在绩效内涵界定方面，Schultze 等通过提供广泛的文献综述，深化了对协同治理绩效理论的理解，为实证分析环境绩效测量提供了基本建议。④ Trumpp 等在梳理现有的企业环境绩效（CEP）文献的基础上，提出了一个简洁的定义和理论框架，并通过实证分析方法对其内容有效性和结构有效性进行了检验。⑤ 在绩效运用方面，Darko - Mensah 等描述并分析了非洲第一个环境绩效评级和公开披露计划，即加纳的 AKOBEN 计划，并通过 SWOT 分析评价了 AKOBEN 作为在加纳（特别是在整个非洲）促进良好环境治理的切实工

---

① Bryson J. M., Crosby B. C., Stone M. M., “The Design and Implementation of Cross Sector Collaborations: Propositions from the Literature”, *Public Administration Review*, No. 12, November 2006, pp. 44 - 55.

② Ansell C., Gash A., “Collaborative Governance in Theory and Practice”, *Journal of Public Administration Research & Theory*, Vol. 18, No. 4, October 2008, pp. 543 - 571.

③ Emerson K., Nabatchi T., Balogh S., “An Integrative Framework for Collaborative Governance”, *Journal of Public Administration Research & Theory*, Vol. 22, No. 1, January 2012, pp. 1 - 29.

④ Schultze W., Trommer R., “The Concept of Environmental Performance and Its Measurement in Empirical Studies”, *Journal of Management Control*, Vol. 22, No. 4, December 2012, pp. 375 - 412.

⑤ Trumpp C., Endrikat J., Zopf C., et al., “Definition, Conceptualization, and Measurement of Corporate Environmental Performance: A Critical Examination of a Multidimensional Construct”, *Journal of Business Ethics*, Vol. 126, No. 2, November 2015, pp. 185 - 204.

具的适用性。[①] Halkos 等使用非参数估计，对法国、德国、英国等地区的生态环境协同治理绩效进行区域质量分析，并采用新的治理措施，衡量了每个地区政府服务的偏颇、腐败和有效性。[②]

在跨行政区生态环境协同治理绩效评价方面，最初绩效评价主要应用于企业；随着在企业中逐渐普及和成熟，学者们开始将其引入公共部门及公共物品上，并关注其适用性。其重点主要在绩效评价方法、绩效评价指标体系等方面。其一，在环境绩效评价方法上，Abdullah 等提出了一种基于直觉模糊集（IFS）的加权相关系数决策工具，对环境绩效指数（EPI）进行重新排序，为评价特别是东盟国家的生态环境协同治理绩效提供了新方法。[③] Teodosiu 等通过运用生命周期评估（LCA）、环境影响量化（EIQ）和水足迹（WF）这三种评价方法对市政废水处理厂（MW-WTP）排放进行了评价。[④] Matsumotoab 等使用数据包络分析（DEA）方法和全球 Malmquist-Luenberger 指数对欧盟 27 个国家 2000—2017 年的截面和时变数据进行了环境治理绩效评价。[⑤] 其二，在绩效评价指标体系构建上，由于区域环境绩效与区域经济社会发展、产业结构、环境质量状况和主要污染源治理等情况联系紧密，其指标体系也应该从多个方面进行构建，以反映区域整体的环境治理绩效。Muñoz-Erickson 等使用生态、

---

① Darko-Mensah A. B., Okereke C., "Can Environmental Performance Rating Programmes Succeed in Africa? An Evaluation of Ghana's AKOBEN Project", *Management of Environmental Quality*, Vol. 24, No. 5, August 2013, pp. 599 – 618.

② Halkos G. E., Sundstroem A., Tzeremes N. G., "Regional Environmental Performance and Governance Quality: A Nonparametric Analysis", *Environmental Economics & Policy Studies*, Vol. 17, No. 4, February 2015, pp. 621 – 644.

③ Abdullah L., Wan K. W. I., "A New Ranking of Environmental Performance Index Using Weighted Correlation Coefficient in Intuitionistic Fuzzy Sets: A Case of ASEAN Countries", *Modern Applied Science*, Vol. 7, No. 6, May 2013, pp. 42 – 52.

④ Teodosiu C., Barjoveanu G., Sluser B. R., et al., "Environmental Assessment of Municipal Wastewater Discharges: A Comparative Study of Evaluation Methods", *International Journal of Life Cycle Assessment*, Vol. 21, No. 3, January 2016, pp. 395 – 411.

⑤ Matsumotoab K., Makridouc G., Doumposd M., "Evaluating Environmental Performance Using Data Envelopment Analysis: The Case of European Countries", *Journal of Cleaner Production*, Vol. 272, No. 1, November 2020, pp. 2 – 13.

社会和互动指标来监控生态系统健康状况。[①] 针对具体应用领域的绩效评价指标体系构建展开研究，也成为当前学界的一个重要方向。Vilanova 等从社会、经济及环境三个方面建立水资源治理绩效评价指标，使管理人员能够量化资源投入使用的效率和其所提供服务的有效性。[②] Cookey 等以泰国的宋卡湖盆地（SLB）为例，制定了湖盆水治理绩效综合指数（LB-WGPCI）框架，以测试和评价湖盆水治理的绩效。[③] Shah 等制定了基于松弛度的环境绩效指数（SBEPI），该指数根据一次能源消费总量（输入指标）、国内生产总值（理想产出）、二氧化碳排放量（不理想产出）三个关键指标计算环境效率得分[④]，为该评价指标体系的扩展研究奠定了基础。

（三）跨行政区生态环境协同治理绩效生成机制与影响因素研究

跨行政区生态环境协同治理绩效生成机制是一个在中国情境下形成的词汇，带有浓厚的中国特色。国外学术界对跨行政区生态环境协同治理绩效生成机制的研究大多集中在计算机、工程等领域。如 Jung 等通过将人机交互、动机和技术支持的小组工作的研究整合到理论层面，得出在集体环境中增加每个人动机的生成机制。[⑤] Lavie 等主要研究了合作伙伴文化和组织惯例如何促进非股权联盟中关系机制的出现。[⑥] Qiu 等认为

---

① Muñoz-Erickson T. A., Aguilar-González B., Sisk T. D., "Linking Ecosystem Health Indicators and Collaborative Management: A Systematic Framework to Evaluate Ecological and Social Outcomes", *Ecology and Society*, Vol. 12, No. 2, December 2007, p. 6.

② Vilanova M. R. N., Filho P. M., Balestieri J. A. P., "Performance Measurement and Indicators for Water Supply Management: Review and International Cases", *Renewable & Sustainable Energy Reviews*, Vol. 43, March 2015, pp. 1 – 12.

③ Cookey P. E., Darnsawasdi R., Ratanachai C., "Performance Evaluation of Lake Basin Water Governance Using Composite Index", *Ecological Indicators*, Vol. 61, No. 2, February 2016, pp. 466 – 482.

④ Shah S. A. A., Longsheng C., "New Environmental Performance Index for Measuring Sector-Wise Environmental Performance: A Case Study of Major Economic Sectors in Pakistan", *Environmental Science and Pollution Research*, Vol. 27, No. 33, July 2020, pp. 1 – 16.

⑤ Jung J. H., Schneider C., Valacich J., "Enhancing the Motivational Affordance of Information Systems: The Effects of Real-Time Performance Feedback and Goal Setting in Group Collaboration Environments", *Management Science*, Vol. 56, No. 4, April 2010, pp. 724 – 742.

⑥ Lavie D., Haunschild P. R., Khanna P., "Organizational Differences, Relational Mechanisms, and Alliance Performance", *Strategic Management Journal*, Vol. 33, No. 13, December 2012, pp. 1453 – 1497.

传统的通用生成函数（UGF）无法分析在认识不确定情况下治理绩效是如何生成的，并据此提出一种基于信仰 UGF 的可靠性评估方法。①Chokhachian 等采用了一种适应气候变化和复原力的有效方法，对城市形态与环境措施相互依存关系的生成性展开研究。②

在跨行政区生态环境协同治理绩效影响因素方面，国外学者更倾向于使用某行业具体数据来对环境治理绩效的影响因素进行分析，如 Henriques 等使用加拿大生产单位层面的数据描述环境管理实践的决定因素并测试了这些实践对环境绩效产生的影响。③ Phan 等考察了制度压力（强制性、模仿性和规范性）对环境管理体系（EMS）的综合性影响，以及 EMS 综合性对环境协同治理绩效的影响。④ Knieper 等使用模糊集定性比较分析方法来检验最近一项国际研究中的水治理、水资源管理和流域治理绩效，研究表明多中心治理、低腐败程度是提升流域治理绩效的关键因素。⑤ Panya 等通过结构方程模型验证和研究了特定因素（背景、投入和过程）对生态环境协同治理绩效的影响。⑥ 一些学者从微观角度出发对跨行政区生态环境协同治理绩效的影响因素进行研究，Shahab 等考察了首席执行官（CEO）属性

---

① Qiu S., Ming H. X. G., "Reliability Analysis of Multi-Tate Series Systems with Performance Sharing Mechanism under Epistemic Uncertainty", *Quality and Reliability Engineering*, Vol. 35, No. 7, October 2019, pp. 1998 – 2015.

② Chokhachian A., Perini K., Giulini S., et al., "Urban Performance and Density: Generative Study on Interdependencies of Urban form and Environmental Measures", *Sustainable Cities and Society*, Vol. 53, February 2020, pp. 1 – 14.

③ Henriques I., Sadorsky P., "Environmental Management Practices and Performance in Canada", *Canadian Public Policy*, Vol. 39, No. Supplement 2, August 2013, pp. S157 – S175.

④ Phan T. N., Baird K., "The Comprehensiveness of Environmental Management Systems: The Influence of Institutional Pressures and the Impact on Environmental Performance", *Journal of Environmental Management*, Vol. 160, September 2015, pp. 45 – 56.

⑤ Knieper C., Pahl-Wostl C., "A Comparative Analysis of Water Governance, Water Management, and Environmental Performance in River Basins", *Water Resources Management*, Vol. 30, No. 7, March 2016, pp. 2161 – 2177.

⑥ Panya N., Poboon C., Phoochinda W., et al., "The Performance of the Environmental Management of Local Governments in Thailand", *Kasetsart Journal-Social Sciences*, Vol. 39, No. 1, January-April 2018, pp. 33 – 41.

对可持续绩效、环境协同治理绩效和环境政策的影响。①

（四）对政府生态环境绩效问责的研究

关于政府生态环境绩效问责，国外学者的研究比较广泛，涉及多个方面，例如在生态环境绩效问责的功能作用上，Thomas 提出，尽管生态环境协同治理非常适合解决某些类型的环境问题，但要产生良好的环境绩效，还要依靠生态环境绩效问责所产生的执行约束力。② 在生态环境绩效问责机制的具体特点上，Kramarz 等认为生态环境绩效问责是一种有意义的环境行动工具，它必须适用于参与公共、私营以及混合机构的多个行动者的目标③，这表明生态环境绩效问责应具有较强的适用性；Musavengane 等主张生态环境绩效问责应该是参与性的、包容性的，并要体现信任和社会公正的要素④，因此，政府生态环境绩效问责需要多元主体的参与，还要体现社会公正的价值导向。在建立跨行政区性生态环境绩效问责机制上，Mason 提出环境污染的跨行政区性对传统上以行政区划为治理中心的生态绩效问责提出了严峻挑战，在生态环境协同治理的前提下，建立生态环境绩效问责机制不能简单地进行跨境移植。⑤ 这实际上明确了建立跨行政区生态环境协同治理绩效问责机制的基本思路，即要协同整合而非生搬硬套。

（五）跨行政区生态环境协同治理绩效问责制的研究

关于跨行政区生态环境协同治理绩效问责制的研究，Benner 等针对气候变化、跨行政区环境污染等问题，提出要设计一个涵盖行动者、过程和结果的多维度和多元化的跨行政区生态环境协同治理绩效问责体系，

---

① Shahab Y.，Ntim C. G.，Chen Y.，et al.，"Chief Executive Officer Attributes，Sustainable Performance，Environmental Performance，and Environmental Reporting：New Insights from Upper Echelons Perspective"，*Business Strategy and the Environment*，Vol. 29，No. 1，January 2020，pp. 1 – 16.

② Thomas C. W.，"Evaluating the Performance of Collaborative Environmental Governance"，Paper for Consortium on Collaborative Governance Mini-Conference，Santa Monica，California，April 2008.

③ Kramarz T.，Park S.，"Accountability in Global Environmental Governance：A Meaningful Tool for Action?"，*Global Environmental Politics*，Vol. 16，No. 2，May 2016，pp. 1 – 21.

④ Musavengane R.，Siakwah P.，"Challenging Formal Accountability Processes in Community Natural Resource Management in Sub-Saharan Africa"，*Geo Journal*，Vol. 85，No. 6，June 2020，pp. 1572 – 1590.

⑤ Mason M.，"The Governance of Transnational Environmental Harm：Addressing New Modes of Accountability/ Responsibility"，*Global Environmental Politics*，Vol. 8，No. 3，August 2008，pp. 8 – 24.

其中包括一套明确界定的一般原则和机制，同时允许灵活运作。[①] Macdonald 指出，虽然问责制的核心含义在国际范围内和在国家范围内同样重要，但在跨国环境治理中，如何回答"为什么""对谁"和"通过什么手段"的问责制问题，存在一些显著差异。[②] Jedd 等通过对美国和加拿大跨行政区环境治理的典型案例进行分析，指出传统的等级问责制在面临跨行政区环境治理时表现不佳，为协调和执行跨越行政管辖范围的行动，必须建立旨在连接各个地方的跨行政区生态环境协同治理绩效问责机制。[③] Widerberg 等重点讨论了跨国气候治理背景下绩效问责制面临的三个主要挑战——机构之间的重叠，参与者参与的问题，以及委托人和代理人之间模糊的责任界限。[④] Scobie 则提出了包括两个层次（内部问责、外部问责）、四种关系（规范、关系、决策和行为）以及四个过程（认证、监控、利益相关者参与监督、自我报告）的基本框架[⑤]，从而对跨行政区生态环境绩效问责制的具体实施过程进行了明确。

三　国内外研究现状述评

通过对跨行政区生态环境协同治理、跨行政区生态环境协同治理绩效、跨行政区生态环境协同治理绩效生成机制和影响因素、政府生态环境绩效问责以及将目标管理应用于政府绩效问责的相关文献进行梳理可以发现，学界对于以上研究主题均进行了广泛的探索，而且各学者的研究视角与主要观点既呈现多元化的一面，同时在关键问题上又表现出较

---

① Benner T., Reinicke W. H., Witte J. M., "Multisectoral Networks in Global Governance: Towards a Pluralistic System of Accountability", *Government and Opposition*, Vol. 39, No. 2, March 2004, pp. 191 – 210.

② Macdonald K., "The Meaning and Purposes of Transnational Accountability", *Australian Journal of Public Administration*, Vol. 73, No. 4, December 2014, pp. 426 – 436.

③ Jedd T., Bixler R. P., "Accountability in Networked Governance: Learning from a Case of Landscape-scale Forest Conservation", *Environmental Policy & Governance*, Vol. 25, No. 3, March 2015, pp. 172 – 187.

④ Widerberg O., Pattberg P., "Accountability Challenges in the Transnational Regime Complex for Climate Change", *Accountability, Policy and Environmental Governance*, Vol. 34, No. 1, January 2017, pp. 68 – 87.

⑤ Scobie M., "Accountability in Climate Change Governance and Caribbean SIDS", *Environment, Development and Sustainability*, Vol. 20, No. 2, April 2018, pp. 769 – 787.

强的一致性。例如，关于跨行政区生态环境协同治理的研究，国内学者聚焦于治理困境分析、体制机制分析以及优化路径分析，国外学者的研究则重在探讨跨行政区生态治理界限的划分以及政府的跨部门合作。国内外学者在研究的具体内容上表现出较强的交叠性与集中性，这一方面是因为跨行政区生态环境协同治理这一治理模式在世界各国广泛应用；另一方面则是因为由分散治理走向协同治理，各国所遇到的问题也是相通的。

在中国跨行政区生态环境协同治理的情境之下，诸多学者的研究成果表明，各地方政府在利益上的分歧与责任上的回避姿态已经成为生态环境协同治理的桎梏，其他一系列问题产生的根源几乎都会与利益问题以及责任问题产生联系。实现跨行政区政府之间利益的有效平衡、促进责任的切实履行就成为众多学者在跨行政区生态环境协同治理研究上努力的方向，而政府生态环境绩效问责作为一种负向激励手段，则是倒逼跨行政区各层级政府履行生态责任的重要方式。关于政府生态环境绩效问责的研究表明，中国的生态问责制度建设正在不断发展完善，但是这一生态问责的制度设计主要针对属地治理责任，大多数学者对政府生态环境绩效问责的研究也尚未突破对属地责任实行封闭式问责的藩篱，这对于当前中国倡导区域协同发展、大力推动跨行政区生态环境协同治理的总体要求不相适应。尽管也有部分学者已经尝试以某一区域或者具有跨行政区性质的流域为研究对象，探索建立政府生态问责的具体机制，甚至已有学者提出要实行“协同问责”，但是这类研究还较少，而且多从个案研究入手，其中提出的关于跨行政区生态问责的机制设计是否普遍适用于各个区域及流域还值得商榷。关于目标管理的应用研究表明，目标管理理论已应用到了对政府绩效问责的研究中，这就说明将目标管理作为政府绩效问责机制的理论工具具有有效性和可行性。

通过以上分析可知，目前学界有关跨行政区生态环境协同治理绩效问责制的研究还存在一定的不足，本书将在现有研究的基础上，从跨行政区生态环境协同治理绩效问责过程中各主体之间的利益关系与责任关系入手，综合运用目标管理等多种理论工具，对各行政区政府的生态环境协同治理绩效责任目标体系予以明确，在此基础上尝试构建跨行政区生态环境协同治理绩效问责的制度框架以及运行机制框架，希望能够以此为相关研究提供有益借鉴。

第三节　研究思路与方法

一　研究思路

本书将研究内容总体分为五大部分，各个部分的研究顺序与逻辑关系如图 1.1 所示。

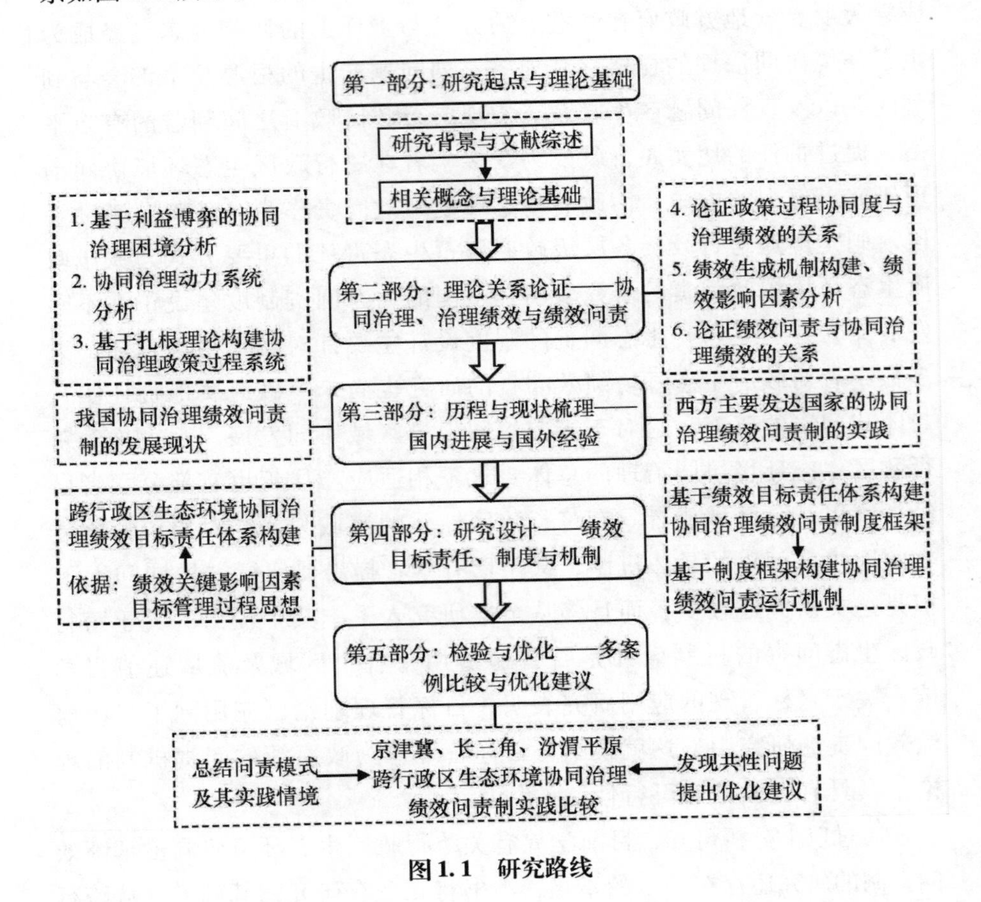

图 1.1　研究路线

第一部分为研究起点与理论基础。本书首先根据研究背景以及国内外研究现状确定研究主题，然后对跨行政区生态环境协同治理绩效问责制的相关概念进行分析，同时对本书所采用的理论工具进行介绍。

第二部分为理论关系论证。主要是为了在协同治理、治理绩效和绩效问责之间建立起理论关联。首先，基于博弈论对跨行政区生态环境协同治理的困境进行分析。其次，采用扎根理论构建跨行政区生态环境协同治理的政策过程系统模型，进而论证政策过程协同度与治理绩效的关系。再次，构建跨行政区生态环境协同治理绩效生成机制，并分析绩效影响因素。最后，从绩效问责何以促进协同治理的角度出发，论证绩效问责与协同治理绩效之间的关系。

第三部分为历程与现状梳理。主要是对国内跨行政区生态环境协同治理绩效问责制的发展现状进行分析，同时对西方主要发达国家跨行政区生态环境协同治理绩效问责制的实践状况进行考察。

第四部分为研究设计。主要目的是在前述研究的基础上构建跨行政区生态环境协同治理绩效目标责任体系、绩效问责制度框架以及运行机制框架。首先，以前述章节中所提出的协同治理绩效关键影响因素作为绩效目标责任定位的重要依据，在此基础上融合目标管理思想，构建协同治理绩效目标责任体系。其次，以保障责任落实为导向，基于绩效目标责任体系构建协同治理绩效问责制度框架。最后，为确保制度实现，以该制度框架为基础，构建协同治理绩效问责的运行机制框架。

第五部分为检验与优化。在本书所构建的协同治理绩效问责运行机制框架的基础上，选择长三角地区、京津冀地区以及汾渭平原地区作为案例研究对象，通过案例分别归纳问责模式，并分析其实践情境。同时，提出各典型地区在协同治理绩效问责制实践上存在的共性问题，并以此为依据，提出相应的优化建议。

二　研究方法

采用定性研究和定量研究相结合、理论研究和实证分析相结合的研究方法开展本书的研究工作。具体的研究方法如下。

第一，文本研究与扎根理论研究方法相结合。这两种方法虽然都属于定性研究方法，但侧重点有所不同，可以实现研究过程和结果的相互印证，进而提高研究成果的可靠性。一是内容分析法，主要是通过对“内容”进行分析以获得结论的一种研究方法。“确定研究问题”是内容分析法的起始问题，本书将运用内容分析法对协同治理困境、动力系统展开详细分析和探讨。二是扎根理论方法，这是一种从下往上建立实质理论的方法，是在系统性收集资料的基础上寻找反映事物现象本质的核心概念，然后通过这些概念之间的联系建构相关的分析理论。本书通过对收集的相关政策文本进行深入观察比较和经验分析，提出关于跨行政区生态环境协同治理的政策过程系统，以及对绩效影响因素的理论总结。

第二，定性分析与定量分析相结合。定性分析是定量分析的基础，定量分析是定性分析的深化。本书在定性分析的基础上主要使用了复合系统协同度模型、面板数据回归分析、相关性分析等定量分析方法。一是基于扎根理论研究法提炼出的跨行政区生态环境协同治理系统模型，但这只是基于经验的概括性结论，要想准确发现跨行政区生态环境协同治理绩效的影响因素，还需要配合使用定量分析方法对协同治理系统模型与治理绩效间的关系进行论证。本书使用复合系统协同度模型和面板数据回归分析实证检验协同治理系统协同度与治理绩效间的关系，并通过相关性分析方法进一步判断出影响跨行政区生态环境协同治理绩效的关键因素。二是地方政府是跨行政区生态环境协同治理的核心主体，也是影响协同绩效的关键因素，还是绩效问责的主要对象。本书将根据关键影响因素和目标管理理论，构建出跨行政区生态环境协同治理绩效目标责任体系，从而对地方政府在协同治理中所承担的绩效责任进行界定。

第三，比较研究与案例分析相结合。本书将在国外绩效问责经验比较和典型案例分析，以及长三角、京津冀、汾渭平原地区实证分析部分使用这两种方法。一方面，通过国内外比较，吸收借鉴国外跨行政区生态环境协同治理绩效问责实践的有益经验；另一方面，以京津冀等国内典型地区为例，对本书所构建的协同治理绩效问责运行机制框架进行实证分析，归纳出不同的绩效问责模式与实践情景，同时对各地区存在的共性问题及其产生原因进行反思，进而为协同治理绩效问责制的不断完善提供指导依据。

第四节　研究的要点与创新之处

一　研究要点

（一）重点

第一，从利益博弈的视角解释跨行政区生态环境协同治理存在困境的内外部原因，同时基于整体性治理理论、协同论、博弈论等相关理论，并结合程序化扎根理论的质性研究方法得出跨行政区生态环境协同治理系统模型，进一步通过复合系统协同度模型和面板数据回归分析的研究方法定量分析和论证协同治理系统协同度与治理绩效间的关系，为发现跨行政区生态环境协同治理绩效的影响因素和构建绩效目标责任体系提供重要依据。

第二，论证跨行政区生态环境协同治理、治理绩效、绩效问责与绩效目标责任体系的内在逻辑关系。以协同治理绩效的关键影响因素为基础，同时融合目标管理过程的基本思想，进而构建协同治理绩效目标责任体系。接下来，以绩效目标责任的有效落实为导向，依据绩效目标责任体系对跨行政区生态环境协同治理绩效问责制度与运行机制框架进行科学、合理的设计，这是本书的重点与落脚点。

（二）难点

第一，跨行政区生态环境协同治理系统的运行效果是判断治理绩效水平的重要标准，运行的效果主要取决于各个子系统的协同程度。本书运用复合系统协同度模型对协同治理系统的协同程度进行评价，同时通过面板数据回归分析论证协同治理系统协同度与治理绩效二者间的关系，这是本书研究的一个难点。

第二，跨行政区生态环境协同治理绩效问责过程中各政府之间的利益博弈问题会对协同治理绩效责任目标体系的构建产生不利影响，如何有效协调多主体之间的利益矛盾，化解多主体绩效责任目标实现的整体性逻辑与自主性逻辑之间的冲突，进而建构一套能够有效规范多主体行为的跨行政区生态环境协同治理绩效目标责任体系是本书的另一个难点。

（三）突破点

第一，力图实现对协同治理系统协同度与治理绩效之间关系的科学论证，明确跨行政区生态环境协同治理绩效生成机制。以跨行政区生态环境协同治理系统协同度作为解释变量，跨行政区生态环境协同治理绩效作为被解释变量，运用面板数据回归分析方法对二者间的关系进行实证分析和检验，构建出协同治理系统影响治理绩效的解释性机制，即跨行政区生态环境协同治理绩效生成机制，从而明确协同水平、治理绩效和绩效问责之间的内在逻辑关系，并以绩效问责促进协同治理，进而为实现协同治理绩效提升奠定基础。

第二，力图明确跨行政区生态环境协同治理绩效的影响因素，进而以此为依据实现对跨行政区政府生态环境协同治理绩效目标责任体系的清晰界定。以影响跨行政区生态环境协同治理绩效的关键因素为依据，对跨行政区政府主体的协同治理绩效目标责任进行精准定位，同时借鉴目标管理过程思想构建起跨行政区生态环境协同治理的绩效目标责任体系，以绩效目标责任体系为依据对各行政区生态治理主体在协同治理绩效问责过程中所应承担的责任予以明确。

第三，试图以科学分析确定的目标责任体系为基础，实现跨行政区生态环境协同治理绩效问责制度与运行机制框架的构建，并通过典型地区的多案例应用与检验，实现对制度和机制设计的优化。一方面，以促进协同治理绩效目标责任的有效落实为导向，同时遵循目标管理思想，从而构建起跨行政区生态环境协同治理绩效问责制度与机制的理论分析框架；另一方面，采用多案例研究方法对相关典型地区的协同治理绩效问责制实践进行对比分析，总结问责模式，提出共性问题，进而提出对绩效问责制的优化建议。

二 创新之处

在研究主题上聚焦于跨行政区情境下生态环境协同治理绩效问责的特殊性，是研究跨行政区生态环境协同治理绩效问责制度的一项有益探索。研究成果在研究路径设计、理论框架构建与研究方法组合方面具有创新性。

第一，有别于传统主观假设的客观论证思路，本书综合使用了定性分析、定量分析、规范分析与实证分析的方法，方法的综合性和相互印证有助于保证研究过程和研究结果的科学性、规范性和准确性。本书不是先主观设定跨行政区生态环境治理主体的责任，而是通过对跨行政区生态环境协同治理面临的困境、动力及影响要素的分析，提炼出影响协同治理绩效的关键要素，并基于对关键影响要素的分析，进一步明确跨行政区各主体应该承担的具体责任，实现了程序化扎根理论的质性研究方法、复合系统协同度模型、面板数据回归分析法、相关性分析法和多案例比较分析法等多种方法的整合和综合运用。因此，跨行政区各治理主体在生态环境协同治理中的责任是经过科学论证提炼出来的，具有很强的客观性、科学性和可测评性。基于明确责任而设计的绩效问责制则具有问责对象和目标明确、问责标准和依据清楚等特点，进而也使得绩效问责制的设计更具针对性、有效性和可行性。这一研究思路相较于在责任研究方面多从主观假设入手的传统研究思路是有新意的。

第二，从协同治理、治理绩效、绩效责任以及绩效问责之间的关系入手，建立“治理—绩效—责任—问责”关系的分析框架，系统论证了跨行政区生态环境协同治理、治理绩效与绩效问责之间的理论关系。首先，通过面板数据回归分析证明了协同治理与治理绩效之间的关系，研究表明两者存在正向关系，即跨行政区各地方政府实施生态环境协同治理的协同度越高，生态环境治理的绩效水平就越高。其次，对绩效问责何以促进跨行政区生态环境协同治理进行分析，证明了绩效问责是促进各行政区政府实施生态环境协同治理的有效手段。最后，以影响协同治理绩效的关键影响因素为依据构建协同治理绩效目标责任体系，进而为绩效问责制度与机制框架的设计提供了理论向导。

第三，以目标管理理论为基础构建多理论融合的分析框架，有效融合目标管理理论的主要思想，进而构建了跨行政区生态环境协同治理的绩效目标责任体系。以绩效目标责任体系为基础，建构了一套以目标成果为导向的跨行政区生态环境协同治理绩效问责制度及其运行机制框架。应用分析框架，对跨行政区生态环境协同治理绩效问责的基本模式进行类型学分析，而且对不同绩效问责模式的实践情境进行深入研究。研究发现，每一个具体的绩效问责模式都有其特定的问责情境、前提条件和制约因素。因此，在特定问责情境中的跨行政区生态环境协同治理绩效问责具有多元化的路径模式与结果形态，对绩效问责模式的选择不能脱离其特定的情境和场域。据此，本书提出跨行政区生态环境协同治理绩效问责制在不同的实践情境下，呈现为不同的问责模式，并表现出不同的问责特点。对跨行政区生态环境协同治理绩效问责制的研究必不可脱离实际，应充分关注不同地区的特殊实践情境对协同治理绩效问责制所产生的影响。本书研究结论明晰了跨行政区生态环境协同治理绩效问责的理论内涵、制度建构和实践应用的关系，有助于在实践中增强制度设计与应用的针对性和有效性。

第二章

相关概念、理论基础与分析框架

界定核心概念以及分析相关理论是进一步研究的基础。为进一步深化对跨行政区生态环境协同治理绩效问责制的理论解释，在对协同治理、治理绩效、绩效责任和绩效问责内在逻辑关系进行分析的基础上，将建立基于“治理—绩效—责任—问责”内在逻辑关系的分析框架，进而为研究跨行政区生态环境协同治理绩效问责制提供根本思路与逻辑指引。

第一节 相关概念

跨行政区生态环境协同治理绩效问责制是一个复合概念，与“绩效责任”“绩效问责”“绩效问责制”“跨行政区生态环境协同治理”等多个基础概念密切相关。因此，要对文本的核心概念“跨行政区生态环境协同治理绩效问责制”的含义进行明确界定，首先就要对以上多个基础概念进行清晰解释，以此为基础才能对“跨行政区生态环境协同治理绩效问责制”下一个定义。

一 绩效责任、绩效问责与生态绩效问责制

（一）绩效责任

“绩效责任”由“绩效”与“责任”组成。绩效，即成绩和效果的总和，是组织及其成员围绕工作目标，通过工作过程，产生的工作结果[①]，其本质上体现了对组织以及个人达到工作目标的一种要求，工作目

① 胡晓东：《绩效管理学》，上海交通大学出版社2015年版，第7页。

标、工作过程和工作结果构成了绩效的基本要素。周凯认为政府绩效就是"政府施政得到的成绩以及由此带来的效果和影响"①，蔡立辉等则将政府绩效界定为政府部门"在依法履行职能过程中投入所获得的初期和最终结果及其所产生的社会效果"②，由此可知，政府绩效主要表现为政府工作的结果以及产生的影响。关于"责任"，张贤明认为责任应有两重含义，一是分内应做之事，二是未做好分内应做之事所受到的谴责与制裁。③ 顾肃认为责任的含义除了以上两方面外，还应包括使人担当起某种职务或者职责。④ 简言之，责任即组织以及个人应当做好分内之事，并为其承担过失，切实履行既定的职责与义务是责任的根本要求。政府责任则是指"政府以及公职人员履行其在整个社会中的职能与义务"⑤。与此相应，政府的绩效责任就是政府相关部门以及工作人员通过履行自身的工作职责与工作义务，实现既定的工作目标，取得既定的工作成绩或者产生预期的结果与影响，并为其工作结果承担过失，即政府相关部门以及工作人员对其本职范围内的工作结果应当负责。

（二）绩效问责

问责，即追究责任，通过惩罚与制裁等方式追究相关主体的责任。世界银行专家组认为，"问责包含着要求某人或某事能够被说清楚或算清楚的能力或可能性"⑥，因此，问责还意味着针对外界质疑，相关主体必须就其职责范围内的各种事与情况做出明确清晰的解释与回应。绩效问责就是以绩效为纽带的问责⑦，是以组织或者个人的绩效水平为依据所实施的问责。王柳认为，绩效问责是以绩效信息的应用为核心的问责过程，

① 周凯：《政府绩效评估导论》，中国人民大学出版社2006年版，第2页。

② 蔡立辉、王乐夫：《公共管理学》，中国人民大学出版社2018年版，第391页。

③ 张贤明：《政治责任与个人道德》，《吉林大学社会科学学报》1999年第5期。

④ 顾肃：《民主治理中的责任政府理念与问责制》，《学术界》2017年第7期。

⑤ 潘照新：《国家治理现代化中的政府责任：基本结构与保障机制》，《上海行政学院学报》2018年第3期。

⑥ 世界银行专家组：《公共部门的社会问责：理论探讨及模式分析》，宋涛译，中国人民大学出版社2007年版，第7页。

⑦ 阎波、刘佳、刘张立等：《绩效问责是否促进了区域创新？——来自中国省际面板数据的证据》，《科研管理》2017年第2期。

它试图在行为、绩效与责任之间建立因果联系。[①] 与此相应，政府绩效问责就是在考察政府绩效水平的基础上启动问责程序的一种行政问责方式，体现了社会对政府绩效水平的一种基本期待以及政府对其行为结果所承担的责任。[②] 所以说，对政府实施绩效问责首先就要通过绩效评估了解政府的绩效水平，绩效评估作为绩效问责的前置性活动，与责任追究共同构成了绩效问责过程中的重要环节。曹惠民认为，现代意义上问责制的理论依据起源于西方学者对责任政府的研究，国外研究一般认为绩效问责以绩效评估或者政府服务质量评估为前提。[③] 檀秀侠也认为，政府绩效评估得到政府和公众的一致认可和支持，其关键原因在于其所具备的问责功能。[④] 这均说明政府绩效问责的实施需要以绩效评估为基础。此外，政府绩效问责不仅是政府行政问责的重要形式，也是政府绩效管理的重要环节，它所关注的是政府部门及其公职人员的绩效水平，并针对其消极性的工作绩效实施问责。传统问责往往强调有错问责，而忽视了无为问责[⑤]；政府绩效问责则突出了绩效在问责过程中的作用。因此，对于政府官员而言，没有过错不能再作为其躲避问责与惩戒的挡箭牌，对于不积极作为、工作绩效不能达到既定目标等情况均要求其承担相应的责任。

（三）政府生态绩效问责制

政府生态绩效是生态文明与政府绩效管理的有机结合，在绩效目标的制定、绩效评价指标体系设计、绩效沟通与回应，以及绩效结果运用与改进等一系列管理过程中植入生态文明的理念，以生态文明为导向促进政府绩效管理改革创新。政府生态绩效问责制就是以政府生态绩效责任评估为基础的一种新型行政问责形式，是指相关权益主体以实现社会公共生态环境利益为目标，依据一定的规则、标准和程序对各级政府及相关部门在生态环境保护和治理中所承担的绩效目标责任的实现情况进行监督、质询和评价，并依据责任主体的绩效表现而实施奖惩的一套责

① 王柳：《作为绩效问责机制的绩效整改及其优化》，《中共浙江省委党校学报》2017 年第 3 期。

② 徐元善、楚德江：《绩效问责：行政问责制的新发展》，《中国行政管理》2007 年第 11 期。

③ 曹惠民：《公共治理视角下的政府绩效问责机制研究》，《理论导刊》2011 年第 10 期。

④ 檀秀侠：《我国绩效行政问责制度建设初探》，《中国行政管理》2013 年第 9 期。

⑤ 王柳：《绩效问责的制度逻辑及实现路径》，《中国行政管理》2016 年第 7 期。

任制度和行为激励机制。国内多数学者把问责制定义为一套责任追究制度，其实，责任追究只是一种手段，其最终目的在于实现社会公共生态环境利益的改进，而惩罚失责者实际上是对守责者的一种激励，能够进一步强化守责者的行为。[①] 该观点表明，生态绩效问责制既包括一系列责任制度，也包括各类行为激励机制，因此，生态绩效问责制应为生态绩效问责制度与生态绩效问责机制的统一体。从这一概念的界定，我们可以进一步解析生态绩效问责制的基本特征。

第一，生态绩效问责性质的公益性。生态绩效问责制的建立以社会公共生态环境利益的实现和增进为目标，无论是国家权力机关实施的问责，还是绿色环保组织、社会公民个人的问责，都是以生态环境整体性利益的实现为落脚点。这是因为生态环境固有的整体性，决定了其自身的不可分割性，虽然各类组织和个人都有自己对生态环境质量的权益诉求，但这种诉求的实现必须以社会生态环境整体利益的实现为前提。所以，无论是公共组织的环境保护行为，还是私人组织和个人表达环境诉求的行为；也无论是他们出于个体利益或公共利益的动机，还是他们在生态环境治理与保护中实施的问责行为，都是具有公益性的。

第二，生态绩效问责功能的两重性。生态绩效问责制起源于对政府在生态责任践行中失范和绩效责任履行不利行为的惩罚和矫正，一方面要对政府生态责任失范行为的轻重进行鉴定并进行责任追究，但这并不是生态绩效问责制建立的最终目的；另一方面即根本目的是通过问责惩戒效应的发挥来强化政府履行其承担的生态责任，实现政府生态绩效的改进，确保社会公共生态环境利益的实现和增进。因此从功能上说，生态绩效问责制兼具惩戒和改进双重功能，而前者只是手段，后者才是目的。

第三，生态绩效问责主体的多元性。行政问责的主体也具有多元性的特征，但二者侧重点不同。前者的重点是上问下责，特别是以行政机关内部和国家权力机关的问责为主。生态绩效问责虽然在问责主体上也

---

① 司林波、刘小青、乔花云等：《政府生态绩效问责制的理论探讨——内涵、结构、功能与运行机制》，《生态经济》2017 年第 12 期；司林波、徐芳芳：《德国生态问责制述评及借鉴》，《长白学刊》2016 年第 5 期。

存在自上而下的等级问责，而且在特定的情境下，等级问责的效果还十分显著，然而因为生态环境具有整体性特征和强外部性特征，生态环境质量的好坏对社会各类主体都会产生影响，因此生态绩效问责的主体更加广泛。除了来自政府内部的等级问责，更多的是社会层面以实现社会公共生态环境利益改进为目标而展开的对政府生态绩效责任的质询和追究，社会公众和专业环保机构的主动问责是重要形式。因此，绩效问责主体具有明显的多元化特征。

第四，生态绩效问责对象的确定性。从大的范围来说，所有公共部门及公职人员都承担宪法和法律规定的保护生态环境的责任和义务，这是由生态环境作为公共产品的基本属性决定的。但就谁来直接承担和维护这种公共产品的供给行为来看，则主要由国家各级生态环境保护部门来承担。政府专门环保部门在供给这种公共产品时，不仅有义务对自身在生态环境保护、治理和可持续开发中的绩效表现向社会公开，接受社会的监督、质询和评价，而且还要承担对该种产品质量改进和可持续性开发的责任，也承担在生态环境责任履行中的否定性后果，即受到惩罚。

第五，生态环境协同治理绩效责任目标的改进性。责任追究的确是生态绩效问责制的一项重要内容，但这并不是最终目标，而是一种实现社会公共生态环境利益改进的手段。这种手段的作用主要表现在三个方面。一是通过明确的责任规范和可以预见的责任后果，对责任主体的行为进行预警，尽量避免由于不作为或行为失范而造成无法挽回的损失；二是通过运用惩罚手段的反向激励效应，矫正正在发生的生态责任失范行为，并依托救济性途径将失范行为带来的损失降低到最低程度；三是运用绩效促进手段，包括生态环境影响评价与环境诉讼等手段，促使政府强化环境责任和改进环境绩效。

二　生态环境协同治理与跨行政区生态环境协同治理

（一）生态环境协同治理

生态环境协同治理是协同治理在生态环境领域的运用和发展，它是由生态环境和协同治理两个基本概念构成的复合概念。“生态环境”是一个具有中国特色的独创性概念，最初是由黄秉维院士于1982年第五届全国人民代表大会第五次会议中提出，并在随后通过的《宪法》第二十六条中作出“国家保护和改善生活环境和生态环境，防治污染和其他公害”的明确表述。“生态环境”一词自此进入国家根本大法，此后的诸多法律法规、政策文件中也多使用这一提法并沿用至今。目前，国内对这一概念仍然存在不同的认识和理解。一些学者认为生态环境是由生态和环境两者构成的，这两者是并列关系，其外延较为广阔。另一些学者则认为生态是用来修饰环境的，生态环境仅指代特定类型的环境。本书使用前者更为宽泛的概念对生态环境进行界定，即生态环境是指生物（包括人类）及其生存繁衍的各种资源、条件的总和，是由多元复合生态系统中各要素和生态关系共同组成的。

生态环境是一个系统的有机整体，各要素之间相互影响、相互作用，某一要素的变化不仅会对其他要素产生影响，也会对整个生态环境系统产生影响。近年来，生态环境问题日益复杂，其治理难度也与日俱增，势必需要有效的治理方式加以调试。生态环境的内在属性以及治理需求，客观上要求生态环境实行协同治理。对于“协同治理”的概念，国内学术界主要有两种观点。第一，借用联合国全球治理委员会给出的定义。如刘伟忠①、李辉等②、于文轩③均借用联合国全球治理委员会所给出的这一概念，认为协同治理是调和利益冲突和开展合作的连续过程。第二，认为协同治理是基于协同学和治理理论而提出的，这是目前学界提及最多，也较为认可的一种观点。如郑巧等认为，基于协同学理论和治理理论，协同治理是指在公共生活过程中，政府、非政府组织、企业、公民个人等子系统构成开放的整体系统，各子系统相互协调、共同作用，使整个系统最终达到最大限度地维护和增进公共利益之目的。④ 郑巧等的观点最具代表性，他们认为，协同既不是一般意义上的合作，也不是简单的协调，是合作和协调在程度上的延伸，是一种比合作和协调更高层次的集体行动。⑤ 作为一种行之有效的治理方式，协同治理在生态环境领域

---

① 刘伟忠：《我国协同治理理论研究的现状与趋向》，《城市问题》2012 年第 5 期。

② 李辉、任晓春：《善治视野下的协同治理研究》，《科学与管理》2010 年第 6 期。

③ 于文轩：《生态环境协同治理的理论溯源与制度回应——以自然保护地法制为例》，《中国地质大学学报》（社会科学版）2020 年第 2 期。

④ 郑巧、肖文涛：《协同治理：服务型政府的治道逻辑》，《中国行政管理》2008 年第 7 期。

⑤ 王凤鸣、袁刚：《京津冀政府协同治理机制创新研究》，人民出版社 2018 年版，第 9 页。

发挥着非常重要的作用。

“生态环境协同治理”的提出，正是新形势下解决生态环境治理困境、建设美丽中国的必然选择。所谓生态环境协同治理，是指在生态环境治理过程中，政府、企业、公众等多元主体构成开放的整体系统和治理结构，通过多元主体间的相互协商、共同合作，调整系统有序运作所处的战略语境和结构，以实现整个生态环境系统的良性互动。从治理主体来看，生态环境协同治理既包括不同性质的治理主体之间的协同治理，如政府与公民的协同；也包括同一性质治理主体内部的协同治理，如中央与地方之间的协同、同级政府或部门之间的协同。从权力运行的层级来看，生态环境协同治理不仅包括国家层面的协同治理，也涵盖区域之间的协同治理。总之，准确界定生态环境协同治理的定义，丰富其内涵，对于后续研究的深入展开具有重要意义。

（二）跨行政区生态环境协同治理

跨行政区生态环境协同治理是指分属不同行政区的各层级政府在治理跨行政区性的生态环境污染时通过加强部门合作、执行协调、资源共享等打破行政体制上条块分割的界限，从而对跨行政区、跨部门的环境污染与生态损害事件实行协同治理。协同治理能够有效应对环境污染的外溢性与扩散性，已经成为政府施策普遍遵循的基本原则。跨行政区生态环境协同治理由“跨行政区”“生态环境”“协同治理”组成，作为一种生态治理方式，跨行政区生态环境协同治理具有诸多前置性条件。

首先，“跨行政区”是指某一公共事务超越了单一行政区的权力范围，这就意味着跨行政区生态环境协同治理的范围是超越行政区划界限的。从静态上看，行政区即行政区域，是国家为设置各级政权机关，实现对国家的管理而划分的各类区域[①]；从动态上看，行政区则有行政区划之义，是国家为了便于管理，将全国划分成不同层次的若干区域，分级设置行政机关，从而实行分层管理的区域结构。设置行政区本质上是国家为提高管理效率所实行的一种区域性分权行为，但是随着经济社会的发展，逐渐出现了行政壁垒、地方保护主义等阻碍区域整体发展的现象，并严重制约了各地方政府对跨行政区生态环境

① 王礼先：《生态环境建设的内涵与配置》，《资源科学》2004 年第 S1 期。

污染的有效治理。因此，跨行政区治理便开始成为破解区域生态环境治理难题的有效途径。

其次，生态环境是指影响人类生存与发展的自然资源与环境因素的总称。[①] 跨行政区生态环境协同治理作为一种典型的生态治理模式，专门针对各类跨行政区性的资源破坏、环境污染等生态环境问题进行治理施策，并以区域整体生态环境质量的改善为最终目的。同时，生态环境作为一个完整的统一体，其内部各种环境要素都是紧密联系在一起的，具有不可分割性，而生态环境污染则具有显著的扩散性与外溢性，这均决定了对跨行政区性的生态环境问题必须坚持整体治理、综合治理的方针。因此，跨行政区生态环境协同治理通过打破行政区划界限，将碎片化治理转变为整体性治理，从而适应了生态环境不可分割的特性，也有效回应了跨行政区性生态环境污染治理的根本诉求。

最后，协同治理是指多元治理主体在共同的目标与愿景下，通过建立起各种管理规范与协作机制，共同承担风险与责任，从而协力管理公共事务、提供公共服务的一种新兴治理策略。因此，跨行政区生态环境协同治理就是协同治理在生态治理领域中的具体应用。“协同”一词来源于协同学，协同学认为多元主体之间的互动合作能够产生大于部分之和的协同效应，协同治理就是尝试把协同学的原理运用到公共治理领域[②]，协同治理的目标就是实现各治理主体的治理行为从无序状态到有序状态，生态环境的协同治理就是要发挥多元行政主体在生态环境治理中的协同效应，提高多元主体治理行为的有序性。

跨行政区生态环境协同治理是协同治理在区域层面应用的一种治理模式，治理目标的整体性、治理政策的统一性、治理行为的有序性是跨行政区生态环境协同治理的核心特征，这也是跨行政区生态环境协同治理区别于一般性的生态环境治理的根本特征。认定和明确跨行政区生态环境治理的整体性目标是实现跨行政区生态环境治理目标的具体体现，否则失去整体性目标而重回各自为政的碎片化治理状态，则跨行政区协

---

① 浦兴祖：《中华人民共和国政治制度》，上海人民出版社 1999 年版，第 327 页。

② 熊光清、熊健坤：《多中心协同治理模式：一种具备操作性的治理方案》，《中国人民大学学报》2018 年第 3 期。

同治理就会失去意义。治理政策的统一性则是对整体性治理目标的具体落实，同样也是治理行为有序性的重要保障。治理行为的有序性是跨行政区生态环境协同治理的根本性要求，也是区域整体治理目标实现的根本保障。对跨行政区生态环境协同治理基本特征的分析有助于更深入地理解跨行政区生态环境协同治理的内涵。

三 跨行政区生态环境协同治理绩效

随着环境问题的日益严峻以及政府对生态环境治理的重视，环境治理绩效的重要性日益凸显，成为强化各级政府生态环境治理意识，提高环境治理成效，推动生态文明建设的重要抓手。跨行政区生态环境协同治理绩效是生态环境协同治理目标实现的关键要素，也是评定生态环境协同治理的最终标准，在实践和理论上日益受到政府和社会各界的重视。国内学术界围绕“环境绩效”展开深入研究和探讨。对于环境绩效，不同的学者有不同的认识和解读。孟志华认为，环境绩效是指进行资源开发与利用、环境保护与治理所取得的收益。[①] 颜文涛等认为，环境绩效是指由于环境管理而取得的成绩和效果，检验环境目标实现程度，为最终实现可持续发展提供重要信息。[②] 周冯琦等指出，环境绩效是组织机构对其环境因素，如环境方针、目标、指标等进行管理所取得的可测量的环境管理体系成效。[③] 这也是环境管理体系国家标准（GB/T24001 - 2004）对环境绩效这一概念最权威的解释。环境治理绩效的定义为我们思考跨行政区生态环境协同治理绩效的内涵提供了思路和方向。

跨行政区生态环境协同治理绩效是一个有着多维内涵的系统概念，它既可以是一种表现行为，也可以是一种行为结果。因为其特定的研究对象限制及内涵规定，跨行政区生态环境协同治理绩效表现出整体性和有序性两个核心特征。

第一，整体性。跨行政区生态环境协同治理绩效具有整体性特征。

---

① 孟志华：《对我国环境绩效审计研究现状的评述》，《山东财政学院学报》2011 年第 1 期。

② 颜文涛、萧敬豪、胡海等：《城市空间结构的环境绩效：进展与思考》，《城市规划学刊》2012 年第 5 期。

③ 周冯琦、程进、陈宁：《长江经济带环境绩效评估报告》，上海社会科学院出版社 2016 年版，第 39—40 页。

一是将由多个行政区构成的跨行政区看作一个整体，治理目标是实现整体治理绩效的提升；二是跨行政区的生态环境治理行为强调的是各个行政区的治理行为必须从整体目标出发，跳出“一亩三分地”思维，树立生态环境治理的整体观念；三是跨行政区生态环境协同治理绩效反映区域整体治理水平，通过协调各个治理主体行为，使其与整体治理目标相一致，以提升整个区域的生态环境治理绩效。

第二，有序性。跨行政区内各个治理主体行为的有序性是实现协同治理绩效的前提条件，有序性也是评价跨行政区生态环境治理主体行为规范性的关键标准。可以说，跨行政区生态环境协同治理绩效提升的路径就是确保治理主体在跨行政区生态环境治理中行为的有序性。“协同治理”区别于“合作治理”“协调治理”等概念的根本点在于强调的是治理主体间的行为和治理状态从“无序”到“有序”，这种有序状态的形成既可以源于“合作”也可以源于“竞争”，因此“有序性”是评价跨行政区生态环境协同治理绩效的主要标准。

跨行政区生态环境协同治理绩效是对地方政府治理效能的一种整体概括与总结。基于以上对环境治理绩效内涵的分析，结合跨行政区生态环境协同治理绩效的特征，本书所研究的跨行政区生态环境协同治理绩效，是指相关权益主体，包括跨行政区内各级地方政府及相关部门，以实现社会公共生态环境责任为目标，以治理目标的整体性和治理行为的有序性为标准，在生态环境保护和治理中所做的努力及所取得的综合效果。

四　跨行政区生态环境协同治理绩效问责制

跨行政区生态环境协同治理绩效问责制就是在跨行政区生态环境协同治理情境下，由各类生态问责制度与生态问责机制有机形成的一种生态治理绩效问责模式。具体而言，跨行政区生态环境协同治理绩效问责制是指多元化利益主体以实现跨行政区公共生态环境利益和生态绩效责任改进为目标，从区域整体性绩效责任目标出发，通过建立有序的问责秩序和统一的问责标准，对跨行政区各层级政府及相关部门所承担的生态环境协同治理绩效责任目标的实现情况进行评价，并依据目标完成度要求其承担否定性后果的一系列生态绩效责任追究制度与机制设计。[①]

跨行政区生态环境协同治理绩效问责制是生态绩效问责制在具体领域的应用，除了具有生态绩效问责制的一般性特征外，还表现出区别于一般的生态绩效问责制的独特性，问责目标的整体性、问责过程的有序性以及问责标准的统一性是其核心特征。

首先，坚持问责目标的整体性就是要从区域整体的生态环境治理目标出发，将跨行政区各层级政府作为生态环境协同治理绩效问责的对象，进而依据各行政区政府主体生态环境治理绩效责任目标的实现情况，以及对区域整体生态治理目标的贡献情况实行协同问责。

其次，坚持问责过程的有序性就是要合理设置问责程序，构建协调运转的问责机制，使得对跨行政区各层级政府的问责工作能够有序展开。按照协同学的观点，有序性是协同治理的本质内涵，因此有序性也必然成为协同治理绩效问责制的重要特性。

最后，问责标准的统一性是指打破行政壁垒，面向跨行政区生态环境协同治理的各层级绩效责任主体重新确立问责规则，对碎片化、分散化的问责标准进行整合，进而构建起一套专门适用于跨行政区生态环境协同治理绩效问责的政策法律体系。实现问责标准的统一性是构建协同治理绩效问责制的必要条件，也是增强绩效问责过程有序性的重要保障。

总之，跨行政区生态环境协同治理绩效问责制是新形势下满足生态环境跨行政区保护和治理需要的制度设计，实现了对跨行政区各级政府及其相关人员在生态责任落实方面实施绩效评估、责任追究和绩效改进的需要。跨行政区生态环境协同治理绩效问责制作为一种以跨行政区生态环境协同治理中政府生态绩效责任的实现为目标的新型问责形式，更强调的是对区域整体性生态绩效责任的不断改进，不仅仅是被动地履行责任，还要不断地积极作为并主动采取行动，去承担和实现更大的绩效责任目标。因此，实现对区域整体性绩效责任目标不断改进是跨行政区生态环境协同治理绩效问责制的根本特性，可以说绩效改进责任已经超越了对违法责任实施惩罚本身，更多的是一种有效的行为激励机制。

---

① 司林波、王伟伟：《跨行政区生态环境协同治理绩效问责机制构建与应用——基于目标管理过程的分析框架》，《长白学刊》2021 年第 1 期。

第二节　理论基础

一　目标管理理论

第二次世界大战之后，西方国家经济逐渐复苏。在经济逐渐恢复快速发展的背景下，基于迅速提高企业竞争力与企业员工积极性的迫切需求，目标管理作为一项有效的企业管理手段应运而生。目标管理是20世纪50年代由彼得·德鲁克所提出的一项管理思想，最先应用于企业管理领域，后来被引入公共部门的管理过程，目前已经成为现代管理理论的重要组成部分。

所谓目标管理，就是依据目标进行的管理，是为了实现预期管理效果、实现组织目标，而采用的以结果导向和自我控制为主导思想的过程激励管理方法。[①] 目标管理理论的主要观点包括坚持目标导向、注重人文关怀、用自我控制型管理代替压制型管理等内容。德鲁克在其著作《管理的实践》中提出，“目标可以作为执行和指导企业管理的一种手段，而企业中的每一个成员都应该向着共同的目标而努力”[②]，这便表明在组织管理中运用目标管理手段，能够有效引导组织成员的行为，进而促进组织目标的实现。德鲁克提出的组织管理原则是，“充分发挥个人特长，凝聚共同的愿景和一致的努力方向，建立团队合作，调和个人目标和共同福祉”[③]，这体现了目标管理所具有的人文关怀以及将个人目标与组织目标相互融合的思想。德鲁克又进一步提出，“目标管理和自我控制能够让追求共同福祉成为每位管理者的目标，从而以更严格、更精确和更有效的内部控制取代外部控制”[④]，用自我控制型管理代替压制型管理正是目标管理的宗旨。实践证明，目标管理是一种有着很强生命力的管理方法，

① 邱国栋、王涛：《重新审视德鲁克的目标管理——一个后现代视角》，《学术月刊》2013年第10期。

② ［美］彼得·德鲁克：《管理的实践（珍藏版）》，齐若兰译，机械工业出版社2009年版，第106—110页。

③ ［美］彼得·德鲁克：《管理的实践（珍藏版）》，齐若兰译，机械工业出版社2009年版，第106—110页。

④ ［美］彼得·德鲁克：《管理的实践（珍藏版）》，齐若兰译，机械工业出版社2009年版，第106—110页。

它不仅适用于企业管理，同样适用于政府公共行政管理，在学术研究上已有大量学者将目标管理应用到对政府部门管理的研究中。

在目标管理的过程上，彼得·德鲁克将其分为三个阶段——制定目标、实现目标、对目标进行检查和评价。制定目标是目标管理过程的首要环节，只有确立了目标，才能对目标的实现进行过程管理；实现目标则是对目标的具体执行，也是组织成员通过完成个人目标进而促进组织整体目标实现的根本途径；对目标进行检查和评价就是要对目标的完成情况进行衡量，并根据评价结果实施奖惩，从而对组织成员起到激励作用。因此，制定目标、实现目标、对目标进行检查和评价这三个阶段便构成了一个完整的目标管理过程。

中国学者丁煌将这三个阶段进一步细化为八个前后衔接的步骤，如图 2.1 所示，对参加者的准备工作（提供情报并给予适当奖励）、由领导高层制定公司的战略性目标、由各级管理人员制定试探性的策略目标、上级和下级之间相互影响、对各种目标和评价标准达成协议、在一般监督下为实现目标进行过程管理、对取得的成果进行检查和评价、把经验用于新的目标管理周期。[①] 以上步骤的划分使得目标管理过程各阶段的主要任务更加清晰，能够促进目标管理策略在组织管理实践中的有效应用。

目标管理的特点主要表现为四个方面。第一，实行参与式管理。目标管理注重上下级充分沟通，主张各层级组织以及部门动员其下属成员积极参与讨论组织以及个人的目标，有效协调组织目标与个人之间的关系。第二，重视工作成果而不是工作行为本身。以目标为标准考核组织成员的工作成果，组织成员在确保实现目标的前提下，在工作方式的选择上能够保持较强的自主性。第三，强调组织成员的自我控制。目标管理以下属的自我管理为中心，根据明确的目标、责任和奖罚标准组织，成员能够对目标实现过程进行自我把控，从而减少管理者的监督工作量。第四，建立系统的目标体系。目标管理强调将组织高层目标、基层目标以及个人目标层层联系起来，从而形成相互联系的目标体系。[②]

① 丁煌：《西方行政学说史》，武汉大学出版社 2004 年版，第 334—335 页。

② 《管理学》编写组编：《管理学》，高等教育出版社 2019 年版，第 110—111 页。

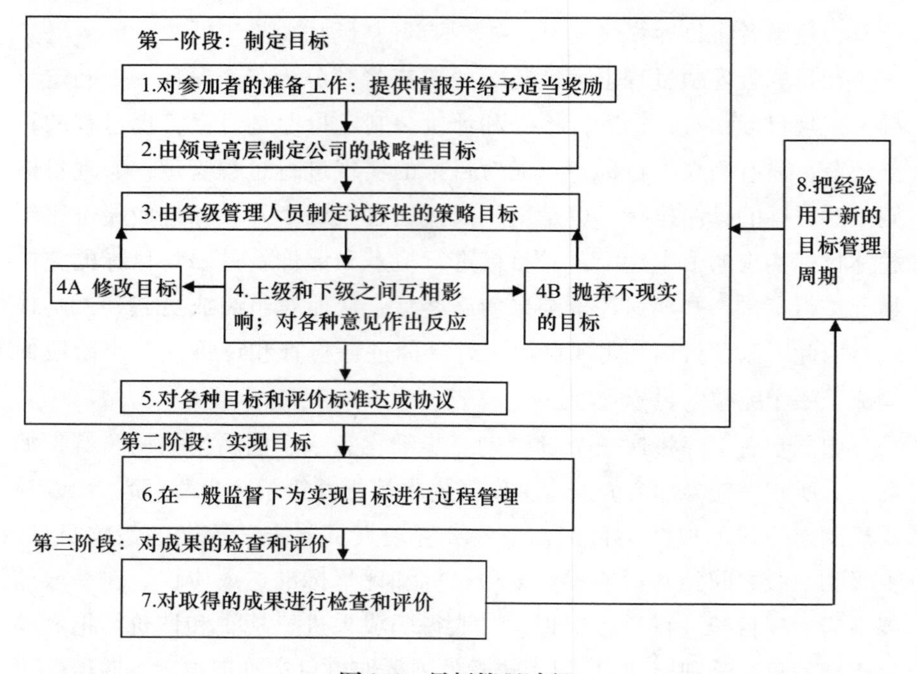

图 2.1　目标管理过程

通过上述分析可知，目标管理是一种具有较强应用性的管理工具，尤其是目标管理过程的划分更为我们后续开展跨行政区生态环境协同治理绩效问责制研究提供了重要的理论指导。这主要是因为跨行政区生态环境协同治理绩效问责制的构建必须坚持以绩效责任目标的实现为中心，而这与目标管理的结果导向性不谋而合。与此同时，跨行政区生态环境协同治理绩效问责制的实施也必须对如何确定绩效责任目标、如何落实和实现绩效责任目标、绩效责任目标的实现程度如何，以及如何针对否定性的绩效评价结果实施责任追究与改进等问题给予充分关注，这则与制定目标、实现目标、检查评价目标的目标管理过程具有较高的理论契合度。

二　协同治理理论

协同治理理论产生于西方人文主义的思潮之中，是西方民主社会发展的重要产物。进入 21 世纪以来，协同治理在理论界受到了较为广泛的关注，并且成为国内外理论研究的热点。在具体实践上，协同治理理念在政府与社会治理过程中已经逐渐成为一种共识，并且成为引领中国社会治理转型的重要理论源泉。目前，协同治理在理论研究与实践应用上均呈现蓬勃发展的态势。

就其理论渊源而言，协同治理理论是治理理论谱系中的一个重要分支，协同学和治理理论是其最主要的理论来源，因此，协同治理理论在本质上是一种交叉理论。协同学是德国物理学家赫尔曼·哈肯在20世纪70年代所创立的，哈肯认为，在一个由大量子系统所构成的复合系统中，以复杂方式相互作用着的子系统在一定条件下能够通过非线性的作用产生协同现象与协同效应，进而使得系统整体形成具有一定功能的空间、时间或时空的自组织结构。[①] 因此，协同就是子系统在序参量的支配下相互协作，通过发挥自组织的作用促进系统有序运行，并使得系统整体形成各子系统所不具备的新结构与新特征的过程。[②] 协同治理理论所提出的各治理主体之间加强协作、促进各主体之间的行为从无序向有序转变、发挥“1+1>2”的协同效应等观点便是有效吸收了协同学的重要思想。

关于协同治理的内涵，比较有代表性的是 Ansell 和 Gash 的观点以及联合国全球治理委员会对协同治理的定义。Ansell 和 Gash 认为协同治理是一种治理安排，具体指的是“一个或多个公共机构直接与非政府利益攸关方进行正式的、共识导向的和协商的集体决策，旨在制定或执行公共政策，或是管理公共项目或财产”[③]。联合国全球治理委员会则将协同治理定义为个人、公共或私人机构管理其共同事务的诸多方式的总和，同时还提出协同治理是使得相互冲突的不同利益主体得以调和并且采取联合行动的持续的过程，在这一过程中存在各种正式的与非正式的制度安排，旨在提供法律约束力，促成利益相关方之间的和解与协作。[④]

---

① ［德］赫尔曼·哈肯：《协同学：大自然的构成奥秘》，凌复华译，上海译文出版社2005年版，第2页。

② Portugali J., Meyer H., Stolk E., et al., eds., *Complexity Theories of Cities Have Come of Age: An Overview with Implications to Urban Planning and Design*, Heidelberg: Springer-Verlag Press, 2012, pp. 7–20.

③ 王浦劬、臧雷振：《治理理论与实践：经典议题研究新解》，中央编译出版社2017年版，第332页。

④ 俞可平：《治理与善治》，社会科学文献出版社2000年版，第23页。

尽管学界对于协同治理的定义尚未形成一致的论断，但是通过上述观点可知，治理目标的公共性、治理主体的多元性、治理行为的协调性以及治理过程的规范性是协同治理的重要特征。首先，公共事务是协同治理的核心内容，促进公共利益在最大限度上得到实现是协同治理的根本目标。其次，公共机构、私人机构以及个人均能够参与公共事务的处理过程，公共权力不再由政府垄断，治理主体呈现多元化的特点。再次，各治理主体在协商对话、互动合作以及达成共识的基础上共同参与协同治理过程，彼此之间通过建立良好的伙伴关系从而确保其治理行为保持协调。最后，协同治理的实施需要通过一定的法律规范、治理规则等约束各治理主体的行为、调解各种矛盾与冲突，这便为协同治理过程的规范性和有序性提供了有力保障。

协同治理作为一种治理策略，能够有效应用于跨行政区生态环境协同治理绩效问责领域，它契合了各行政区治理主体改善区域生态环境的共同诉求，通过赋予各主体共同治理区域生态环境的绩效责任、确立问责规则等方式，为打破行政壁垒，促成跨行政区各主体之间的协同问责、有序问责提供了新解。

三　整体性治理理论

整体性治理理论诞生于20世纪90年代学界对新公共管理的批判与反思之中。新公共管理有效应对了传统官僚体制所造成的低效率、机构膨胀等问题，但是由于新公共管理过于强调效率、分权、竞争与市场化操作等，因此，新公共管理改革针对政府财政危机、信任危机、管理危机所推行的市场化和管理主义方法使公共治理的结果更加碎片化、分散化。[①] 新公共管理的有效性受到质疑，于是西方国家开始对新公共管理进行批判，新公共管理理论式微。整体性治理理论的产生与发展则是为了扭转政府治理的碎片化困境，提高政府的善治水平。与此同时，信息技术在20世纪90年代得到了快速发展，数字时代来临，信息技术在政府系统得到了广泛应用，政府内部各层级、各部门之间以及政府与社会之间的信息屏障进一步被打破，政府组织结构变得更加扁平，这一系列变化

① 韩兆柱、杨洋：《整体性治理理论研究及应用》，《教学与研究》2013年第6期。

也为整体性治理理论的兴起提供了有利条件。

整体性治理的概念最早是由英国约克大学的安德鲁·邓西尔提出的，其在1990年发表了《整体性治理》一文，整体性治理理论的雏形逐渐形成；后来由英国伦敦国王学院的佩里·希克斯进行了更为深入的研究与论述，希克斯也是最早开始公开论证整体性治理的学者，希克斯在一系列著作中对整体性治理的思想进行了建构，《整体性政府》《圆桌中的治理——整体性政府的策略》《迈向整体性治理——新的改革议程》等均是希克斯系统研究整体性治理的代表性成果；英国牛津大学的帕却克·登利维则对数字化时代整体性治理的必要性与可行性做出了进一步探讨，并在其著作《数字时代的治理》中提出新公共管理已经寿终正寝，终将被整体性治理所取代。

希克斯认为整体主义的对立面是碎片化而不是专业化，整体治理所针对的是碎片化治理所带来的一系列问题。整体性治理就是政府机构组织之间以及政府与其他合作伙伴之间通过充分沟通与合作，达成有效协调与整合，彼此的政策目标连续一致，政策执行手段相互强化，达到合作无间的目标的治理行动。[①] 在整体性治理模式下，政府高级官员将他们的核心职责从管理人员和项目转变为协调各种资源以强调公共价值。[②] 整体性治理理论的主要观点包括以下几个方面。

一是重新整合。整合是整体性治理的重要思想，重新整合的目的在于加强政府机构的整体性运作，从而从部分走向整体、从分散走向集中。希克斯认为，政策、管制、服务提供和监督是整体性治理的关键活动，而这些活动的整体性运作要求在三个层面进行整合，即不同层次之间或同一层次内部的整合、功能内部以及一些功能之间的整合、公共部门与私人部门之间的整合。

二是以公众需要为基础。满足公众需求是整体性治理的根本价值导向。登利维认为，整体性治理应以公众需要为基础，这不同于新公共管理所强调的企业管理过程，它将重点放在确定一个真正以公民、服务以及需要为取向的组织基础上。希克斯也认为，处理公众最关心的问题是

① 叶璇：《整体性治理国内外研究综述》，《当代经济》2012年第6期。

② 费月：《整体性治理：一种新的治理机制》，《中共浙江省委党校学报》2010年第1期。

整体性治理的重要目标，同时也提出要对政策、顾客群体、组织和机构四个层面的目标进行考察。

三是目标、手段相互强化。希克斯根据目标与手段之间的关系，将政府分为贵族式政府、整体性政府、碎片化政府、渐进式政府以及协同型政府五种类型。在贵族式政府中，目标之间是相互冲突的，手段之间也是相互冲突的，由此会导致部门、机构各自为政；在整体性政府中，目标以及手段之间都是相互增强的，这类政府力图在一系列明确且相互增强的目标之中找出一套使各机构形成良好关系的工具①；在碎片化政府中，目标之间是相互增强的，而手段之间则是相互冲突的，因此，相互冲突的手段便难以为目标提供有效支持；在渐进式政府中，目标之间是相互冲突的，手段之间是相互增强的，而目标的相互冲突便极易造成灾难性的结果；在协同型政府中，目标之间以及手段之间是相互一致的，手段也一致支持目标，但是两者内部以及两者之间互不增强。

四是将信任、信息系统、责任感和预算作为重要功能要素。信任是一种关键性整合要素，整体性治理主张在组织之间建立信任，并将信任视为一种代理关系，委托人将自己的利益建立在有风险的行动上。希克斯认为，政府对信息的使用主要体现了政府的民主角色、治理角色以及服务提供者角色，信息技术的发展以及电子治理工具的使用能够促进信息系统的有效整合。责任感是整体性治理中最重要的功能要素，它主要包括诚实、效率、有效性或项目责任三方面内容，有效性或项目责任最为重要，要确保诚实和效率责任不与这一目标相冲突，并服务于有效性和项目责任。在预算上，整体性治理强调对输入进行管理。以结果为基础的预算对管理者而言是信息集约和研究集约型的，需要耗费大量时间，而传统上以输入为基础的“逐个项目”的预算则非常省时。从20世纪80年代“重塑政府”的公共行政改革浪潮到整体性时代，预算的一大变化便是强调对输入的管理。②

自整体性治理理论兴起以来，各国相继在政府改革中实践整体性治理理论。最早将其付诸实践的是英国的布莱尔政府，以该理论为指导，

---

① 竺乾威：《从新公共管理到整体性治理》，《中国行政管理》2008年第10期。

② 竺乾威：《从新公共管理到整体性治理》，《中国行政管理》2008年第10期。

着手推进“协同政府”的改革措施，包括建立信息化政府，重视公民需求和公共利益，加强政府在政策制定上的协同，以及区域政府间的纵向和横向合作等。继英国政府改革之后，其他一些国家也结合本国实际情况展开对整体性政府的改造，如澳大利亚主要体现在建立政府内部和机构间的伙伴关系、整合资源等方面；中国的代表性体现就是国务院大部制改革、军队联合作战指挥体制改革以及行政服务中心建设，其他有关整体性治理的实践应用大多还处于理论探讨层面。① 作为一种为解决部门化、碎片化问题而出现的治理理论，整体性治理理论不仅以其独有的理论创新性和学术包容性为我们提供了一个具有强大解释力的理论分析工具②，而且也为各国政府治理实践提供了全新的治理方式。

四　博弈论

博弈论，也可以称为“竞赛论”或“对策论”，是研究决策主体的行为发生直接相互作用时的决策以及这种决策的均衡问题的理论。③ 该理论由约翰·冯·诺伊曼于20世纪20年代提出，他也因此被称为“博弈论之父”。20世纪40年代中期，诺伊曼与摩根斯坦合著的跨时代巨作《博弈论与经济行为》一书的问世，正式奠定了博弈论的基础和理论体系。在他们的基础上，约翰·纳什将博弈论做了进一步的推进，并提出了著名的“纳什均衡”。所谓纳什均衡是一种策略组合，使每个参与人的策略是对其他参与人策略的最优反应。④ 但是纳什均衡忽略了其他参与人改变自身策略的可能性，存在一定程度的局限性。赛尔顿对纳什均衡理论进行了补充和完善，形成了子博弈完全均衡和颤抖之手完美均衡两个精炼的均衡新概念。⑤ 此后，博弈论不断向前发展，逐渐成长为一门相对成熟和完善的学科，并在经济学、数学、政治学、管理学等多个学科和领域

① 张璇：《国内外整体性治理比较研究》，《湖北社会科学》2016年第12期。

② 韩瑞波：《整体性治理在国家治理中的适用性分析：一个文献综述》，《吉首大学学报》（社会科学版）2016年第6期。

③ 傅景威、管宏友：《生态文明视域下环境管理中的利益博弈与政府责任》，《西南师范大学学报》（自然科学版）2014年第7期。

④ ［美］朱·弗登伯格、［法］让·梯若尔：《博弈论》，黄涛等译，中国人民大学出版社2015年版，第12页。

⑤ ［美］约翰·冯·诺伊曼：《博弈论》，刘霞译，沈阳出版社2020年版，第11页。

中得到广泛应用。

作为一种重要的分析工具，博弈可以理解为一些个人、团队或其他组织，面对一定的环境，在一定的约束条件下，依靠所掌握的信息，同时或先后、一次或多次，从各自可能的行为或策略集合中进行选择并实施，各自从中取得相应结果或收益的过程。[①] 从这个定义中我们可以看出，博弈包括参与人、行动、信息、策略（战略）、次序、支付（得失）、结果及均衡等构成要素。参与人也可以称为决策人或局中人，每个参与者独立进行决策，在博弈中选择最优策略或采取最佳行动，以实现自身效用最大化。若参与者为两人，则称为两人博弈；两人以上，则称为多人博弈。行动是博弈参与人在某个时间点的决策变量。信息是参与人在博弈过程中所掌握的有关其他参与人特征和行为的知识。策略是博弈过程中参与人所采取的全部行动方案或策略的集合。次序是博弈参与人做出行动或采取策略的先后顺序。支付是参与人在博弈中采取行动或做出决策后的得失。它既与参与人自身选择的策略有关，也受其他参与人策略选择的影响。结果是指博弈参与人感兴趣的要素集合，如选择的策略、采取的行动或得到的收益等。[②] 均衡，即平衡，在博弈中是指一种稳定的博弈结果，也就是前面提到的纳什均衡。

此外，根据不同的标准，博弈论也被分为不同的类型。根据参与人行动的先后顺序，可以将其分为静态博弈和动态博弈。静态博弈是参与者共同选择或非同时选择，且后参与者对先参与者选择的策略并不知情。动态博弈是指参与者所采取的行动有先后顺序之分，后参与者知晓先参与者选择的策略，如棋牌类的博弈便属于动态博弈。根据博弈参与人掌握信息的完备程度，可以将其分为完全信息博弈和不完全信息博弈。完全信息博弈是博弈参与人对其他参与人的特征、行为等有准确的信息；反之，则为不完全信息博弈。根据博弈参与人之间是否达成相对具有约束力的协议，可以将其分为合作博弈和非合作博弈。若达成具有约束力的协议，便是合作博弈；反之，则是非合作博弈。非合作博弈的理论主要出现在20世纪50年代，如Tuck在1950年提出的关于“囚徒困境”的

① 范如国、韩民春：《博弈论》，武汉大学出版社2006年版，第4页。

② 范如国、韩民春：《博弈论》，武汉大学出版社2006年版，第4页。

博弈模型就是非合作博弈的经典。非合作博弈中的参与人在选择自己的行动策略时，优先考虑的是如何维护自己的利益，强调个人理性、个人最优决策，但其结果未必是集体最优。[①] 根据复合特征来划分，它又可以分为四种不同的类型，即完全信息静态博弈、完全信息动态博弈、不完全信息静态博弈、不完全信息动态博弈。与之相对应的则是博弈论的四个均衡概念，即纳什均衡、子博弈精炼纳什均衡、贝叶斯纳什均衡、精炼贝叶斯均衡。[②] 这也正是现代博弈论研究的重点。

博弈论目前已发展为一门成熟的理论，主要被运用在企业经营、管理以及包括环境问题在内的公共产品等领域。关于跨行政区环境治理涉及的博弈多集中在政府与政府之间（府际博弈）、政府与企业之间，以及政府、企业与公众之间。在跨行政区生态环境协同治理中，存在政府、公众和企业等不同的利益主体，各利益主体间以及他们与共同利益之间的矛盾，会导致两方面的利益博弈。一是同一层次不同利益主体间的横向利益博弈，二是不同层次利益主体之间的纵向利益博弈。本书重点讨论的是区域内地方政府间的横向利益博弈，这是博弈关系的一种表现形式。博弈论作为研究利益主体相互作用时如何利用所掌握的信息进行决策以及这种决策的均衡问题的理论[③]，为跨行政区生态环境协同治理的深入研究提供了重要的理论指导。

第三节　“治理—绩效—责任—问责”内在逻辑关系分析框架

从目的与手段的关系来看，绩效问责通常作为手段出现，对于跨行政区生态环境协同治理绩效问责而言也不例外。因此，为了进一步深化对协同治理绩效问责制的理论解释，可以从协同治理、治理绩效、绩效责任以及绩效问责之间的关系入手，通过建立“治理—绩效—责任—问

① 范如国：《博弈论》，武汉大学出版社 2011 年版，第 16 页。

② ［美］罗伯特·吉本斯：《博弈论基础》，高峰译，中国社会科学出版社 1999 年版，第 2 页。

③ 李正升：《跨行政区流域水污染冲突机理分析：政府间博弈竞争的视角》，《当代经济管理》2014 年第 9 期。

责”关系的分析框架，为研究跨行政区生态环境协同治理绩效问责制提供根本思路与逻辑指引。

一 “治理—绩效”“绩效—责任”“责任—问责”“问责—治理”逻辑关系

“治理”与“绩效”，“绩效”与“责任”，“责任”与“问责”，以及“问责”与“治理”之间分别存在着密切联系，对其彼此之间的逻辑关系进行阐述，是我们有机串联起从协同治理到治理绩效、绩效责任，再到绩效问责的逻辑链条的重要基础。

第一，协同治理与治理绩效之间的逻辑关系。“绩效”有成绩、成效、效果的含义，因此，跨行政区生态环境协同治理与治理绩效之间主要表现为一种行动与结果或者投入与产出式的关系逻辑。协同治理行为的实施是取得协同治理绩效的根本途径，同理，必须首先投入各种协同治理资源，之后才会生成协同治理绩效。可以说，协同治理决定了协同治理绩效的存在与否，也深刻地影响着协同治理绩效水平的高低，也正因如此，协同治理绩效水平的高低又自然成为评判协同治理好坏的重要标准。

第二，治理绩效与绩效责任之间的逻辑关系。绩效责任是伴随治理绩效而产生的，即跨行政区政府主体首先对其旨在实现的治理绩效进行明确，并通过相对具体化的标准或者指标予以呈现，如明确规定某一区域在某一时间段内对 PM 2.5 平均浓度的控制值、重度及其污染的天数等，进而将以上反映治理绩效的相关指标分派给区域内的各地方政府以促进绩效责任的生成。可以说，在将治理绩效指标或者治理任务向不同地方政府进行分派的过程中，绩效责任随之产生；而当治理绩效未达到既定标准时，绩效责任的存在便要求区域内各治理主体承担一定的不利结果或者履行某种强制性义务。

第三，绩效责任与绩效问责之间的逻辑关系。绩效责任即为达到某一程度或标准的绩效水平所应承担的责任，严格履行绩效责任是对跨行政区生态环境协同治理主体的一种强制性规定，而这一强制性规定主要就是通过实施绩效问责来实现的。此外，绩效责任与绩效问责之间还存在一种相互依存的关系，同时两者又互为前提。一方面，绩效责任是绩效问责的直接对象，如果绩效责任不明确，绩效问责便难以实施。另一方面，虽然绩效问责具有明显的惩罚性特征，但是当大部分主体均认同或者接受绩效问责规则的时候，也就会在绩效责任的分配上达成一致意见，简言之，绩效问责的实施会促进绩效责任的明朗化。

第四，绩效问责与协同治理之间的逻辑关系。绩效问责与协同治理之间是一种间接的促进关系，两者以治理绩效为中介建立起相互连接的桥梁。通过对协同治理与治理绩效、绩效责任与绩效问责之间关系的分析可知，治理绩效是判断协同治理好坏的标尺，协同治理越好，协同治理的绩效水平越高，则协同治理绩效责任的落实程度也越高。而履行绩效责任作为一种强制性规定，越高的绩效责任完成度就需要越严格的绩效问责提供保障。循此逻辑，跨行政区生态环境协同治理也必然需要依靠绩效问责手段来保障其有效实施。

二　"治理—绩效—责任"的内在逻辑关系

在分别对"治理—绩效""责任—问责""问责—治理"相互之间的内在逻辑关系进行分析之后，我们不难发现，"治理""绩效"以及"责任"这三个元素构成了绩效问责相关元素内在逻辑关系链条上的重要节点。因此，进一步分析"治理—绩效—责任"三者之间的内在逻辑关系，有利于清晰展现跨行政区生态环境协同治理绩效问责的根本逻辑脉络。

简言之，"治理—绩效—责任"三者主要表现出一种递进式的内在逻辑关系，在其关系链条中，可以将协同治理作为逻辑起点，由协同治理向前推进得到治理绩效，再由治理绩效推进绩效责任。首先，协同治理的存在，为协同治理绩效的生成以及绩效责任的确定提供了逻辑前提，协同治理因此成为三者递进关系中的起始点。其次，取得治理绩效是实施协同治理的重要目的，协同治理同时也是得到治理绩效的根本途径，所以说，由协同治理到治理绩效的单向递进逻辑便能够得到合理性解释。最后，绩效责任作为取得某一绩效水平的责任性规定，往往需要先确定协同治理的绩效目标，进而以治理绩效为依据，对跨行政区生态环境协同治理主体进行责任安排。

三　“治理—绩效—责任—问责”的内在逻辑关系

由于绩效问责的本质在于以治理绩效为依据对相关治理主体实施责任追究，因此确定各主体为实现治理绩效所应承担的具体职责便成为实施绩效问责的基本前提，可以说，以绩效责任为切入点，可以将绩效问责有机融入“治理—绩效—责任”的关系脉络，如图 2.2 所示。具体而言，“治理—绩效—责任—问责”的内在逻辑关系主要表现在以下三个方面。

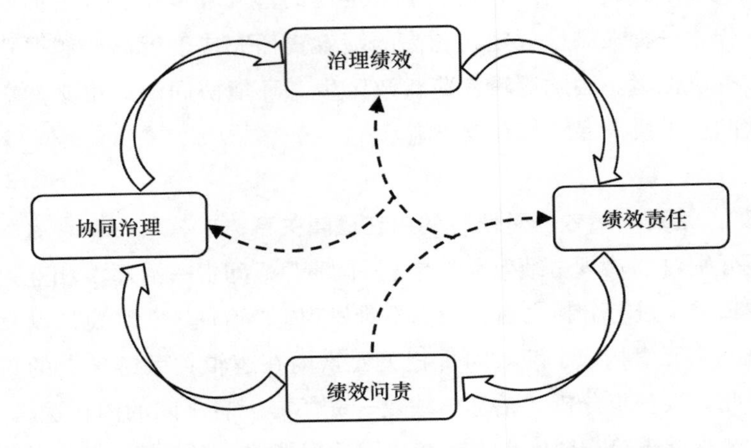

图 2.2　“治理—绩效—责任—问责”的关系逻辑

第一，提升协同治理绩效水平是跨行政区生态环境协同治理绩效问责的根本归宿。通过在“治理—绩效—责任”关系的单向递进逻辑链中加入“问责”这一元素可以发现，绩效问责对“治理—绩效—责任”关系的影响最终还是会聚集到协同治理这个逻辑起点上，这是由协同治理、治理绩效、绩效责任以及绩效问责各要素之间的相互作用而决定的，即绩效问责对于绩效责任、治理绩效的反向作用会进一步传导到协同治理上。所以说，促进协同治理的实施，不断提升跨行政区生态环境协同治理水平，便成为协同治理绩效问责的根本归宿与重要使命。

第二，促进治理绩效实现是跨行政区生态环境协同治理绩效问责的重要功能。绩效问责是负向激励协同治理绩效提升的重要手段，协同治理绩效则是跨行政区生态环境协同治理绩效问责的根本内容，因此促进协同治理绩效的实现是实施跨行政区生态环境协同治理绩效问责最为明确的功能。具体而言，治理绩效与绩效问责以绩效责任为中介实现功能上的相互作用，绩效问责通过采取各种责任追究措施对相关治理主体实施惩戒，从而能够有效激励其达到既定的治理绩效标准。

第三，明确绩效责任是有效实施跨行政区生态环境协同治理绩效问责的必要前提。从“治理—绩效—责任”关系的视角研究跨行政区生态环境协同治理绩效问责制，必须把绩效责任作为关键切入口，可以说，明确绩效责任并突出绩效责任与绩效问责之间的密切关联是研究跨行政区生态环境协同治理绩效问责的必要前提。绩效责任作为连接治理绩效与绩效问责的关键节点，向我们表明，探索跨行政区生态环境协同治理绩效问责的基本逻辑必须对相关治理主体的绩效责任进行准确定位。

四　基于“治理—绩效—责任—问责”内在逻辑关系的分析框架构建

以“治理—绩效—责任—问责”的内在逻辑关系为基础，同时有机融合目标管理理论、协同治理理论、整体性治理理论以及博弈论等理论思想，可以构建本书研究跨行政区生态环境协同治理绩效问责制的整体分析框架，如图 2.3 所示。总体而言，“治理—绩效—责任—问责”的内在关系构成了该理论分析框架的基本逻辑链条，在此基础上，围绕本研究的行动主体，即跨行政区各地方政府（既是跨行政区生态环境协同治理主体，也是跨行政区生态环境协同治理绩效责任主体），以目标管理等理论思想为指导，通过理论融合，进而形成本研究的整体理论分析框架。

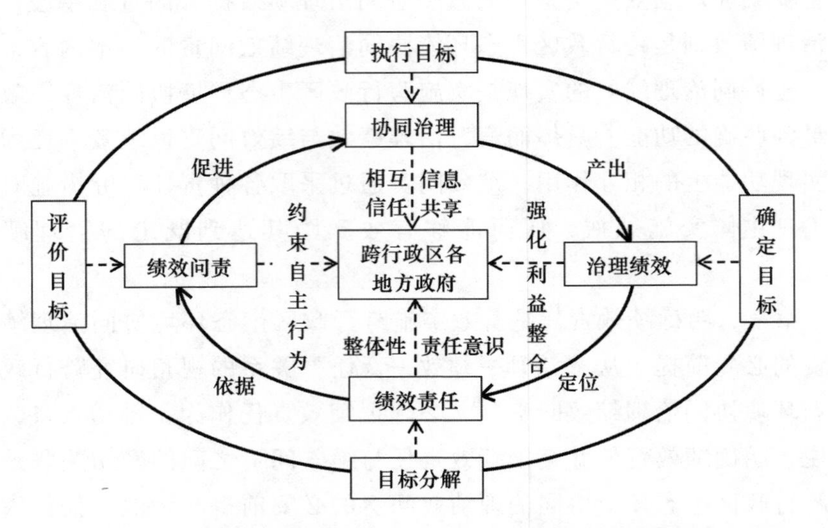

图 2.3　基于“治理—绩效—责任—问责”关系的分析框架

（一）逻辑脉络：以“治理—绩效—责任—问责”关系为主线

“治理—绩效—责任—问责”之间的内在关系构成了本研究整体分析框架的逻辑主线。跨行政区生态环境协同治理绩效问责本质上是问责领域的一种特殊形式，治理、绩效、责任均是问责的前置性条件，在前述分析中已经明确了四者之间的内在关系，即以协同治理为逻辑起点，通过协同治理产出协同治理绩效，以所要实现的协同治理绩效为依据对跨行政区相关政府主体所应承担的绩效责任进行界定，绩效责任的界定便为绩效问责的实施（即绩效责任的追究）提供了重要参考，而绩效问责本身所具有的负向激励功能与惩戒威慑力又能够促进跨行政区各地方政府严格履行协同治理职责，有效保障跨行政区生态环境协同治理的实施以及协同治理绩效水平的提升。

（二）问责过程：以目标管理过程为基础

从目标管理的视角出发可以对跨行政区生态环境协同治理绩效问责的过程进行初步阐释，从理论上对协同治理绩效问责的基本过程进行解读也是后期进行问责制度与机制研究的重要前提。按照目标管理理论的观点，目标确定、目标执行以及对目标的检查评价构成了目标管理过程的基本内容，而跨行政区生态环境协同治理绩效问责也是以问责目标的实现为导向的，即促进协同治理绩效的实现。循此逻辑，确定协同治理绩效目标的，实施协同治理的，评价协同治理绩效，进而依据绩效评价结果实施问责便构成了跨行政区生态环境协同治理绩效问责的主要过程。其中，在明确绩效目标之后，还应对目标进行分解，进而实现绩效责任的明晰。

（三）内在特征：基于协同治理、整体性治理、博弈论

协同治理理论认为，各治理主体之间通过有序合作，进而能够发挥大于单个治理主体能力之和的协同效应，因此各行政区政府在区域生态环境治理上能否实现有效协同便对治理绩效的取得具有重要影响。整体性治理强调对关键要素进行整合，主张打破公共部门治理的“碎片化困境”，树立整体性的责任意识，并将满足公众需要作为根本价值导向。因此，整体性治理理论的引入，也赋予了跨行政区生态环境协同治理绩效问责更加丰富的内涵与特征。在博弈论中，相关主体基于自身不同的利益诉求而进行各种行为博弈，这便为分析跨行政区生态环境协同治理绩效问责中的政府主体间关系提供了重要的理论分析维度。

综上所述，本书所构建的理论分析框架具有以下内在特征。

第一，通过协同治理促进协同治理绩效的生成。“协同”是跨行政区生态环境协同治理的关键特征，跨行政区生态环境协同治理所取得的绩效成果，与区域内各地方政府分别进行属地生态环境治理所取得的绩效成果存在本质性差异，在很大程度上便在于治理过程中是否有“协同”要素的参与。因此，跨行政区生态环境协同治理所产生的绩效是协同绩效，并且会受到协同效应强弱的影响，即各地方政府之间的协同程度越高，越有利于协同效应的发挥，从而达到更高的协同治理绩效水平。

第二，跨行政区各层级政府具有整体性责任意识。整体性治理理论认为，责任感是最为重要的功能要素，各地方政府在跨行政区生态环境协同治理绩效问责过程中形成整体性的责任意识，并建立起相互信任关系，是确保跨行政区生态环境协同治理绩效问责过程顺利运行的重要条件。各地方政府作为区域生态环境治理的责任主体，理应共同承担起实现区域整体生态治理绩效目标的职责，整体性责任意识的形成从而会成为各行政区政府接受协同问责的催化剂。此外，由于绩效问责能够有效促进跨行政区政府协同治理区域生态环境，所以说，跨行政区生态环境

协同治理绩效问责的实施本身也会促进各行政区政府树立起整体性责任意识。

第三，绩效问责过程中各项资源要素高度整合。通过资源以及功能上的整合加强政府机构的整体性运作是整体性治理理论的重要思想，同时这也是摆脱政府部门“碎片化”治理困境的关键所在。基于此，跨行政区生态环境协同治理绩效问责的实施也需要各行政区政府整体推进。一方面，区域内各地方政府之间有必要建立起各种横向的协作机制，以便在跨行政区生态环境协同治理绩效目标的确定、分解、执行等环节开展合作，从而加强跨行政区各层级政府之间功能上的整合。另一方面，在绩效问责过程中还应努力实现信息等资源的公开共享，跨行政区政府通过汇集区域内的各种绩效问责资源，打破信息壁垒，能够为绩效问责的实施提供有效支持。

第四，绩效问责能够有效约束各地方政府的自主行为。在现行的环境管理体制下，尽管跨行政区生态环境协同治理已经得到了广泛实施，但是属地治理模式仍然占据主导地位，而且跨行政区各地方政府之间的关系也一直处在一种动态的博弈过程中，各地方政府始终围绕自身利益诉求进行决策与行动。但是，跨行政区生态环境协同治理意味着各地方政府的自主性利益对区域整体性利益的让步，因此如何实现属地治理与协同治理之间的相互配合、相互补充便成为一个重要的现实问题。而绩效问责手段凭借其显著的功能优势，能够有效约束各地方政府的自主行为，确保跨行政区生态环境协同治理的顺利实施。

第五，协同治理绩效目标的实现能够强化跨行政区政府之间的利益整合。由于地理位置、自然资源禀赋、产业结构、能源结构以及经济发展水平等方面的差异，跨行政区各地方政府之间的生态环境治理成本必然也存在差异，这是实施协同治理以及协同治理绩效问责的一大阻碍因素。但是跨行政区生态环境协同治理着眼于区域整体，区域整体生态环境的改善会促进各行政区环境质量的提升，因此从长远来看，实施协同治理符合各行政区政府的长远利益，能够加强区域内部利益整合，并为协同治理绩效问责的实施提供必要依据。

第二部分

理论关系论证：协同治理、治理绩效与绩效问责

第三章

跨行政区生态环境协同治理的困境及动力机制分析

生态环境问题已成为中国迈向后工业化和现代化的重要制约因素，其本身所具有的公共性、不确定性、外溢性以及行政区划利益分割所带来的行政壁垒，使得生态环境的跨行政区治理成为一个十分棘手的问题。对跨行政区生态环境协同治理面临的困境及动力机制进行分析，是本研究进一步深入的现实背景和实践基础。

第一节 跨行政区生态环境协同治理困境：基于利益博弈的解释

生态环境本身所具有的整体性和系统性特征使得局域环境污染在未得到精细化治理的情况下，很容易演化成超出单个地方政府治理范围和治理能力的跨行政区环境污染危机。显然，跨行政区环境污染危机的有效治理需要各地方政府通力协作，实现协同治理。但从现实情况来看，地方政府的属地治理模式与环境污染的跨行政区性之间的冲突，使得跨行政区生态环境协同治理收效甚微。传统的以行政区划为边界的属地治理模式中，地方政府各自为政，地方保护主义盛行，而随着区域一体化进程的加快发展，跨行政区环境污染问题日益频发，并且呈现外溢性、无界性、公共性和不确定性等特征。面对频频出现的跨行政区环境治理危机，传统的行政区域分割下的地方治理模式很容易造成区域生态治理中的协同治理困境。

一　协同治理困境的外在表征

跨行政区生态环境协同治理由于具有典型的跨行政区性、外部性、信息的不对称性等特征，使得环境污染跨行政区治理变得愈加复杂。事实上，区域环境污染和协同治理的外部环境给跨行政区生态环境协同治理带来巨大压力。一是行政区划的静态性与生态环境的动态性之间的矛盾。在行政区划分割的管理模式下，地方政府往往较为关注本辖区内的生态环境问题，而对难以辨别单个地方政府贡献的区域整体生态环境治理则表现出较低的积极性，这就使得区域合作协议的达成较为困难，容易诱发协同治理困境。二是中国目前有关跨行政区环境协同治理的法律法规较为欠缺，且尚未形成完善的制度体系。地方政府缺乏良好制度环境的滋养和制度体系的保障，再加上生态环境治理的权力和责任关系并不明晰，使其难以发挥治理主体应有的作用，这在一定程度上也加剧了跨行政区生态环境协同治理困境。三是公共选择理论认为，政府官员同样具备经济人的特征，以追求自身利益最大化为内在动力。因此若缺乏系统、严密的监督体制，区域“本位主义”会加大协同治理难度，进而造成跨行政区生态环境协同治理困境。具体而言，中国跨行政区生态环境协同治理困境的外在表征主要体现在以下几个方面。

第一，协作困境：合作协议难达成。地方政府间合作协议难以达成主要从协作理念、协议成本、信任程度三个方面加以讨论。首先，中国地方政府长期奉行经济发展的价值理念，对生态环境协同治理的参与度和积极性并不高，虽然近年来跨行政区协作的呼声不断高涨，但生态环境协同治理的价值理念并未在政府间得到深化，致使合作共识难以达成。其次，地方政府为达成合作协议需要付出相应成本，如拟定协议和反复磋商讨论所耗费的时间、人力、物力和财力等成本，这些都会使得合作协议的达成较为困难。同时地方政府之间经济发展水平的差异和政治地位的强弱，也会影响合作协议的达成。最后，由于受不确定性、有限理性和机会主义等因素的影响，地方政府之间的信任程度较低，经常处于“各扫门前雪”的状况，彼此之间信任不足，对合作协议的达成和协同治理效果的期望值并不高。

第二，制度困境：制度供给较匮乏。随着区域一体化的深入推进和跨行政区环境污染的加剧，跨行政区生态环境协同治理必然需要健全完善的制度体系提供保障和支持。然而，当前跨行政区生态环境协同治理面临着制度供给匮乏的困境，主要表现为协调制度不完备、考核制度不合理、激励约束制度不健全。首先，传统的地方政府本位主义和行政区域划分所带来的治理主体间的沟通失灵，导致区域之间无法形成科学完备的协调制度。其次，激励约束制度的不健全使得对区域内地方政府的奖励和惩罚标准难以确定，容易诱发“投机主义”等行为，进而导致“公地悲剧”。

第三，责任困境：权责划分不明确。清晰明确的权责关系能够推动区域内地方政府之间的良好协作，增强地方政府生态环境治理的责任感和使命感。但在实践中，经常会出现权责不一致的现象，即个别地方政府牺牲环境而换取了经济增长，却并未承担与之相对应的生态治理责任；反之，一些地方政府并未牺牲环境而获得经济增长红利，却要承担生态环境治理的成本。跨行政区生态环境协同治理涉及多个地方政府，这就意味着治理权力的分散化和弱化，也使区域生态环境协同治理的责任边界变得较为模糊，在出现环境污染问题时，容易相互推卸责任，从而产生责任认定困难和权责不清等问题。同时，由于区域生态环境治理的复杂性，各地方政府往往希望以较少的成本获得较高的环境收益，这在一定程度上会陷入“人人有责，却不负责”的责任困境。

第四，执行困境：执行效果较欠佳。区域内地方政府间的执行困境主要表现在三个方面——信息资源共享不畅、技术资源开发运用不足、执行成本偏差。首先，跨行政区各级政府在治理生态环境时有可能获取完全信息，也有可能获取不完全信息，如信息封锁、瞒报漏报等，而当其联合行动导致的结果难以估量时，投机情绪便开始滋生。一些地方可能会通过推卸责任和欺骗，在牺牲其他地方利益的基础上实现自身利益最大化，这种不完全信息下的情形加剧了跨行政区生态环境协同治理的执行困境。其次，参与环境治理的各地方政府对信息技术的开发和运用不足，使得协同治理的执行效果难以保障。如区域内地方政府之间没有建立统一的协同治理信息技术标准，则在依托信息技术进行协同治理的进程中就会出现“共享不畅、重复投入、整合不力”等困境。最后，区域协同治理的执行必然产生成本，当执行成本超出合作协议预期的最高成本时，某个或某些地方政府就会产生“违约”行为，从而导致集体行动的执行困境。此外，一些地方政府由于自身定位与整体目标相背离，出于“利己”的考量，在协议执行中，存在主动性和协调性不足的现象，这也成为跨行政区生态环境协同治理难以有效开展的根本障碍。总之，各地方政府因为执行不到位等原因，并未实现理想的效果，使得对区域整体利益的追求反而转化为差异性利益。

第五，监督困境：监督机制不健全。为有效防止执行过程中的机会主义倾向，提高协同治理成效，对地方政府间的协作进行监督是必然举措。现阶段地方政府间签订的合作协议约束力较弱，跨行政区内各地方政府在治理目标和治理行为上仍然存在各自为政的顽疾，即使协商一致签订合作协议，进行环境污染的协同治理，也会因为缺乏有效的监督和约束机制而最终走上投机的道路。在现实的跨行政区环境治理情景下，由于缺乏健全完善的监督机制，因而不能对地方政府的治理行为进行有效的监督，也不能对其投机行为给予应有的惩罚。此外，中央政府和社会层面双重监督机制不健全，如监督渠道缺失、监督形式主义等问题在导致执行效果欠佳或无效的同时，也很容易带来执行者与监督者“合谋”的风险，使协同治理陷入博弈困境。

二　协同治理困境的内部机理

要想更加深入地剖析跨行政区生态环境协同治理困境的形成机理，不能仅仅从制度体系与运行机制等外在表征入手，还应该对协同治理困境的内部机理进行深入理性的剖析。跨行政区生态环境协同治理是个复杂的动态过程，涉及多个地区和多个治理主体，且各地方政府之间往往存在较为激烈的竞争，地区之间的良性竞争在很大程度上会提升区域生态环境协同治理的效果，反之若朝恶性竞争的方向发展，则跨行政区生态环境协同治理将不可避免地陷入困境。各级地方政府是跨行政区环境治理的重要利益主体，各自存在不同的政治偏好和利益诉求。在面临跨行政区生态环境污染问题时，作为理性经济人和政治人的各级地方政府，会受自利动机的驱使采取“搭便车”的投机行为，选择使自身利益最大化的策略，从而不可避免地陷入协同治理困境。本书首先以两个地方政府参与的博弈模型来分析跨行政区生态环境协同治理中地方政府间的利益博弈过程，并由此深入探究协同治理困境形成的内部机理。

根据博弈论的基本原理可知，参与人、策略和支付是一个博弈行为中最基本的三个要素。在跨行政区生态环境协同治理中，存在政府、企业和公众等多元参与主体，但本书仅研究区域地方政府间的横向博弈竞争关系，因此将参与人设定为地方政府 G_1 和地方政府 G_2，假设参与博弈的地方政府都是理性经济人，注重追求自身利益最大化，彼此都想在跨行政区生态环境协同治理中以尽可能少的治理成本获得或享受更多的治理收益。策略是指地方政府彼此之间都知道自己和对方可能选择的策略及各种策略下的收益。假设地方政府在跨行政区生态环境协同治理中的战略选择为治理或不治理。支付是指地方政府治理跨行政区环境污染时所取得的经济和社会收益，用 e 来示。地方政府 G_1 的环境治理收益不仅取决于自己的策略选择，还取决于地方政府 G_2 的策略选择。

当跨行政区环境污染发生时，地方政府之间面临着两种策略选择，即治理还是不治理。若地方政府 G_1 和 G_2 都选择治理策略，则成本分别是 C_1 和 C_2，而整体收益为 e，此时地方政府 G_1 和 G_2 均实现效益最大化。但现实中，作为理性经济人的地方政府会从自身利益出发，选择最有利于自身的策略。如果地方政府 G_1 选择做一个“搭便车”者，采取不治理的策略，而地方政府 G_2 治理的成本为 C_3，此时地方政府 G_1 就会享受地方政府 G_2 所创造的经济和社会收益，用 e_1 表示。原因在于环境污染具有外部效应，无论哪个地区治理，其他相邻地区都会受益，而地方政府 G_2 则要承担更大的治理成本，即 $C_3 > C_1$，$C_3 > C_2$。同时，因地方政府 G_1 不治理而给地方政府 G_2 地区带来的损害用 d 表示。根据上述假设，构建跨行政区生态环境协同治理中地方政府间的博弈矩阵，见表 3.1。

表 3.1　　跨行政区生态环境协同治理中地方政府间的博弈矩阵

		地方政府 G_1	
		治理	不治理
地方政府 G_2	治理	$(e-C_1,\ e-C_2)$	$(e_1-C_1,\ e_1)$
	不治理	$(e_1,\ e_1-C_3)$	$(0,\ -d)$

由上述博弈矩阵可知，在地方政府 G_2 选择治理这一策略的情况下，地方政府 G_1 是否治理取决于 $e-C_1$ 和 e_1 的大小。若 $e-C_1>e_1$，则选择治理；若 $e-C_1<e_1$，则选择不治理。在地方政府 G_2 选择不治理这一策略的情况下，地方政府 G_1 是否治理取决于收益 e_1 和成本 C_1 的大小。若 $e_1>C_1$，则选择治理；若 $e_1<C_1$，则选择不治理。通常情况下，地方政府治理的收益是小于成本的，而且环境治理所带来的收益往往较为漫长且并不是显然易见的。因而在跨行政区生态环境协同治理实践中，无论地方政府 G_2 选择治理还是不治理，不治理都是地方政府 G_1 的占优策略（所有策略中收益最大的策略）。同样，在地方政府 G_1 选择不治理这一策略的情况下，地方政府 G_2 是否治理取决于治理的收益成本 e_1-C_3 和不治理的环境损害 d 的大小。若 $e_1-C_3>d$，则选择治理；若 $e_1-C_3<d$，则选择不治理。此时，每个地区都从各自利益出发选择不治理的策略，虽然这一策略能够保证各自地区利益最大化，却没有实现区域整体利益最大化，从而不可避免地陷入跨行政区环境污染治理的“囚徒困境”。因此，区域内地方政府间的利益冲突是导致跨行政区生态环境协同治理困境的深层次原因。

三　协同治理困境形成的一般博弈模型

在现实的跨行政区生态环境协同治理情境中，既包括两个地方政府之间的利益博弈，也包括多个地方政府之间的利益博弈。囚徒困境解释的是两个地方政府之间进行的博弈，反映出个人最佳选择并非团体最佳选择，这是协同治理困境形成的特殊情形。当博弈参与者增加到两个以上的地方政府时，可以通过构建一般博弈模型，分析博弈策略和均衡结果是否发生变化，进而阐述协同治理困境形成的一般情形。本书将跨行政区生态环境协同治理视为公共产品供给消费博弈的一种。根据萨缪尔森对公共产品的定义可以发现，跨行政区生态环境协同治理作为典型的区域公共产品，具有消费上的非排他性和非竞争性的特征。简单来说，区域环境产品一旦被提供，无论消费者（区域内各地方政府）是否付费，如何付费，都不应排除在使用范围之外，且消费量相等并等于区域环境产品的总供给量。下面将通过一般博弈模型详细展开对跨行政区生态环境协同治理这一公共产品供给的分析。

在一般博弈模型中，博弈的基本构成要素和博弈假设如下。第一，博弈参与者集合：$P=\{i;\ i=1,\ 2,\ 3,\ \cdots,\ n\}$，$n$ 为自然数，表示跨行政区生态环境协同治理中的 n 个地方政府。假设地方政府对区域环境产品的消费具有非竞争性，所有参与博弈的地方政府在环境产品被提供的情况下享有同等的消费量。第二，策略集：$S=\{C_i\geqslant 0;\ i=1,\ 2,\ 3,\ \cdots,\ n\}$，表示跨行政区生态环境协同治理中每个地方政府消费区域环境产品所付出的成本。假设博弈参与者的策略集和信息集相同。第三，支付函数：$U_i=f(\sum_{i=1}^{n}C_i)-C_i$，其中 $U=f(\sum_{i=1}^{n}C_i)-C_i\geqslant 0$ 为实增函数且 $f(0)=0$。函数 U_i 策略 C_i（参与人自主选择带来的成本）的函数，也可以理解为总成本的函数。函数 $U=f(\sum_{i=1}^{n}C_i)-C_i$ 表示博弈参与者 i 消费区域内环境产品所带来的收益，收益与成本之差即为净收益。假设博弈参与者的支付函数一致，且不存在收益的外部性影响，主要由收益和成本决定。通常情况下，地方政府 i 治理环境付出的成本 C_i 越大，收益也就会越多，但其收益的增幅 <1，即 $0<\partial f\dfrac{(\sum_{i=1}^{n}C_i)}{\partial C_i}<1$，$\forall Ci\geqslant 0$。这一假设认定 $\dfrac{\partial U_i}{\partial C_i}\leqslant 0$，$\forall C_i\geqslant 0$，即博弈参与者的边际收益 $<$ 边际成本，其结果必然产生协同治理困境。

根据上述假设提到的 $\dfrac{\partial U_i}{\partial C_i}\leqslant 0$，$\forall C_i\geqslant 0$，可知其相应收益为 $U'_i=f(C'_i)-C'_i<0$，而博弈均衡状态下的策略为 $S^*=\{C_1{}^*=0,\ C_2{}^*=0,\ \cdots,C_n{}^*=0\}$，其均衡结果为 $U_i{}^*=\{U_1{}^*=0,\ U_2{}^*=0,\ \cdots,\ U_n{}^*=$

0}。此时 $U'_i < U_i^*$ ，即该情形下的收益<均衡状态下的收益，博弈参与者更倾向于选择收益较大的策略，因而不治理是跨行政区各级地方政府的占优选择。通过对上述一般博弈模型的分析可以发现，对于单个的博弈参与者，即区域内地方政府而言，不治理是占优策略，但导致的结果是跨行政区环境污染得不到有效治理，区域内地方政府无环境产品可以消费，也就是说，地方政府谋求各自利益最大化的个体理性并非实现区域协同治理的集体理性，致使协同治理陷入集体行动困境。地方政府的自利性和环境治理的公共产品属性是一般博弈模型分析中协同治理困境形成的根本原因。

四 博弈结果的政策意涵

从上述对博弈模型的分析和博弈结果可以发现，如果仅靠区域内地方政府的自主博弈，很难实现跨行政区生态环境的良好治理。跨行政区各级地方政府在生态环境协同治理中出于理性思考，会倾向于选择不治理作为最优策略来避免利益受损，以期谋求更多收益。但单个地方政府的理性行为却常常会造成跨行政区环境污染治理失灵这样的结果。因此，对于作为理性经济人的区域内各地方政府而言，一方面，跨行政区生态环境协同治理具有非排他性和非竞争性的区域公共产品特性。所谓的非排他性是指跨行政区各级地方政府拥有享受环境产品的同等权利。而非竞争性是指区域内各地方政府对环境产品的消费不会影响到其他地方政府的消费。另一方面，对于单个的博弈参与者，也就是区域内地方政府来说，若参与协同治理的成本由各地方承担，其结果必然是地方收益与区域收益不一致。此时，理性的地方政府定不会主动参与治理而是尽可能享受区域环境治理的成果，那么协同治理困境便由此产生。

尽管现有的博弈分析结果深刻表明个体理性与集体理性之间的冲突，并强有力地证明了协同治理困境存在的根本原因，认为由追求所辖区域利益最大化和具备经济人特征的各地方政府组成的跨行政区整体会通过协调合作以实现区域整体利益和生态环境的良好治理在通常情况下是不可能的。但是，从现实的环境治理状况来看，跨行政区生态环境协同治理并非总是陷入博弈困境。国家战略指导下区域一体化的发展要求使得我们不能仅依据上述博弈分析结果就否定跨行政区生态环境协同治理实现的可能性。从理论上看，博弈模型和分析结果都是建立在一系列基本假设条件的基础上，而现实情况往往较为复杂，需要考虑地方政府之间的经济发展水平差异、合作历史等多方面因素，可能与理论假设存在差异。当前，应立足现实情境，深入了解地方政府实现生态环境协同治理的必备条件，并据此修改和完善博弈模型，克服跨行政区生态环境协同治理的障碍，从而更好地实现区域生态环境治理。

第二节　跨行政区生态环境协同治理动力机制分析

生态环境从其总体状况来看，具有边界上的模糊性，并在传播中呈现单向或多向流动的特性。实践证明，原来依靠行政区划进行单一属地治理的环境治理模式已无法适应生态环境自身特性及有效治理的现实需要。跨行政区生态环境政府间协同治理已成为提升政府环境治理水平与治理效果的重要途径。目前国内学界已经分别从协同治理模式的原因、协同治理的运行结构及制约因素、优化建议和保障举措等方面对跨行政区生态环境协同治理进行了充分研究，为协同治理理论体系及框架的逐步完善奠定了重要基础。但有关协同治理动力机制层面的研究较少。协同治理是哪些作用力共同推动的结果？协同动力的承载场域及作用方式又有何特点？目前对这些问题仍缺乏较好的解释。本节拟重点对跨行政区生态环境协同治理的动力机制进行探讨。

所谓动力机制是指将推动跨行政区生态环境协同治理的诸多动能综合转化为协同治理原动力，在承载场域支持下实现协同治理目标的一种作用机制。这种机制能将复杂的、互不相关的各种动能充分调动，综合协调并在一定承载场域的支撑下为协同治理过程提供长效性动力，进而推动协同治理目标的实现。稳定性、协调性和可持续性是其主要特点，稳定性是指在一般情况下动力机制的运行状态不因外部环境因素变动而发生变动，动力机制会自发、稳定且持续地为协同工作的开展提供动力；协调性则是指动力机制能够调和来自不同维度的诸多动能并使之形成合力，共同推动跨行政区生态环境协同治理的实践过程；可持续性是指在动力机制包含的承载场域的支撑下，多种动能充分作用，为协同治理的整个过程源源不断地供给动力。对于治理模式整体而言，基于不同动力源流所构建起的特征相异的动力机制，在治理模式形成、演化及变迁中具有核心作用。协同治理的动力机制是整个协同治理模式的核心动力源，对整个协同治理过程的有序性起着决定性作用。①

一 理论基础与分析框架

（一）理论基础

1. 公共能量场理论

公共能量场理论是由福克斯和米勒二人所提出的后现代公共行政中的话语理论的核心概念，是现代物理学的场理论和现象学理论相互作用、互为补充的成果。该理论强调作为公共政策制定和修订的场域，公共能量场中存在各种公共能量和力的作用。福克斯等认为，首先公共能量场是由人在不断变化的当下谋划时产生的意图、情感、目的和动机所构成，被各种类型的参与者以参与方式积极或消极地控制着，而各主体间的相互依赖则是其根本特性；其次，政策和行政行为的产生过程也是各种话语与力量进行对抗性交流的过程。②

因而，公共能量场理论以公共政策与行政行为为着力点，以不同类型的承载场域来反映各参与主体及其行为间相互依赖、相互渗透的互动过程，能为展示跨行政区生态环境治理这一动态协同过程提供研究“平台”，有助于从宏观、整体性视角研究跨行政区生态环境治理中各主体间的协同行为，对跨行政区生态环境协同治理动力机制及实践情境会更具解释力。

2. “动力—结构—过程”模型

在生态环境治理研究领域，OECD 和 UNEP 于 20 世纪八九十年代共同提出的“压力—状态—响应”（以下简称“PSR 模型”）分析框架体系是一种用于研究环境问题的常见分析框架③，多用于环境质量评价、环境

---

① 司林波、张锦超：《跨行政区生态环境协同治理的动力机制、治理模式与实践情境——基于国家生态治理重点区域典型案例的比较分析》，《青海社会科学》2021 年第 4 期。

② ［美］查尔斯·J. 福克斯、休·T. 米勒：《后现代公共行政——话语指向》，吴琼译，中国人民大学出版社 2013 年版，第 73—79 页。

③ 徐浩田、周林飞、成遣：《基于 PSR 模型的凌河口湿地生态系统健康评价与预警研究》，《生态学报》2017 年第 24 期。

压力负载度评价、环境治理综合效果评价等环境评价场景。这一模型由“压力”“状态”“响应”三个维度构成，三者间的转化协调能够实现整个系统的有序运转，但这一模型缺乏对事物结构方面的有力解释。后来，OECD 单独提出的“结构—过程”模型则更适用于协同治理领域，这一模型能有效解释“协同是什么”这一基本命题。① 其中，结构性维度侧重于解释分析协同治理中有关组织设计、结构设置、人员配备等的静态事物，而过程性维度则侧重于解释分析协同治理中相关事物的运行状况及运行逻辑等动态事物。PSR 模型与“结构—过程”模型针对跨行政区生态环境治理的某一具体问题，基于不同维度可以给出侧重不同的解释路径。若将二者进行整合，将 PSR 模型中的“压力”维度提炼出来分析协同动力，与分析协同结构及协同过程的“结构—过程”模型结合，建构起“动力—结构—过程”分析模型，有助于从微观、操作层面更好地理解跨行政区生态环境治理的整体过程，如图 3. 1 所示。

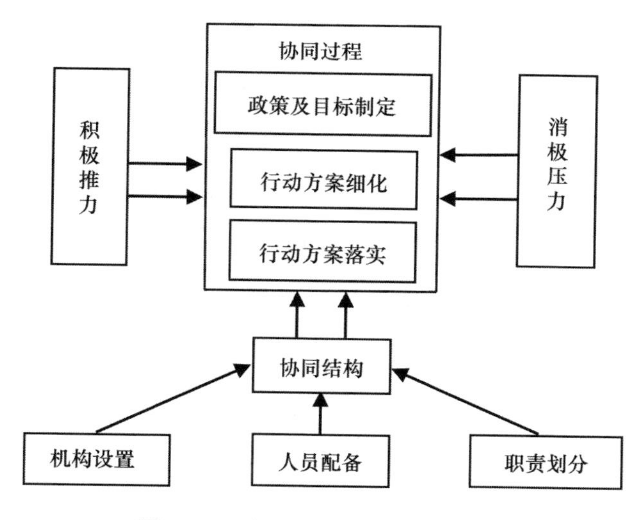

图 3. 1　“动力—结构—过程”模型

① 魏娜、孟庆国：《大气污染跨行政区协同治理的机制考察与制度逻辑——基于京津冀的协同实践》，《中国软科学》2018 年第 10 期。

（二）分析框架构建

为了更好地分析与阐释跨行政区生态环境协同治理的动力机制，完善公共能量场偏向宏观、“动力—结构—过程”模型偏向微观的缺陷，本书拟将公共能量场理论与“动力—结构—过程”模型相结合，从微观、操作层面分析协同动力源流、协同结构及协同过程，从宏观、整体性视角分析支撑实现跨行政区生态环境协同治理总体过程的承载场域，构建起一个综合性的跨行政区生态环境协同治理动力机制分析框架，为研究跨行政区生态环境协同治理动力机制提供分析解释路径。其所构建起的分析框架如图3.2所示。

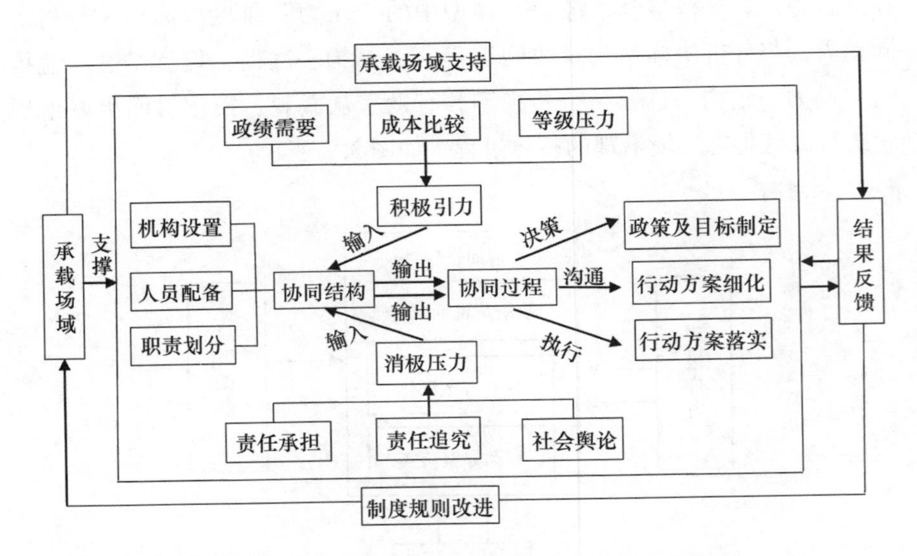

图3.2　跨行政区生态环境协同治理动力机制分析框架

在跨行政区生态环境协同治理中，由积极动力和消极动力所组成的协同动力源将源源不断的协同动能输入协同结构，经过机构设置、人员配备及职责划分等结构性维度，将协同动力分解为决策力、沟通力、执行力并付诸相应的协同过程环节。承载场域作为协同治理实践的承载基础，支撑上述协同治理的全过程及治理结果的绩效反馈。同时，治理结果绩效反馈也为承载场域提供了制度规则改进的依据。

1. 动力源流

对于跨行政区生态环境协同治理而言，其协同动力可定义为促使协同参与主体采取行动参与跨行政区生态环境协同治理的各种作用力，其动力源由积极引力和消极压力两个方面所构成。所谓积极引力，是指促使区域内各级政府主体主动行动起来采取协同方式进行环境治理的一种正向驱动力，包括官员对政绩的需要、成本—收益比较及上级压力等，其本质是一种基于奖励性质的激励驱动方式，这种激励不仅源于行政系统内部，还源于行政系统外部，源自行政系统内部的激励侧重于工资待遇及职务晋升等物质方面，而源自行政系统外部的激励则侧重于政府形象、舆论民意等精神层面，在积极引力的正向驱动下各主体会采取协同的方式来解决所涉及的共同问题。所谓消极压力是指迫使区域内各主体不得不采取协同方式进行环境治理的一种反向驱动力。如责任承担、问责制度、社会舆论及政府形象等。就其本质而言，是一种基于惩罚性质的激励驱动方式，来源于政府及行政人员对利益损失或失败后遭受惩罚的恐惧，同样这种惩罚不仅仅来源于行政系统内部，来源于行政系统外部的惩罚往往也使得政府及其行政人员采取行动来避免遭受惩罚性措施。

2. 承载场域

所谓承载场域，是“动力—结构—过程”模型中的协同结构维度的延伸，狭义上是指完成整个跨行政区生态环境协同治理过程所涉及的包括机构设置、人员配备及职责分配等方面的结构性框架；广义上从公共能量场理论来看，协同结构也为整个治理活动提供了一个稳定坚实的“承载场域”，是支撑协同动力作用的力场所在，也是协同各方开展对话协商的话语场所。随着国家治理理念的不断优化发展，为贯彻上级政府顶层设计的目标与决策，有效治理区域内大气污染问题，作为国家生态治理重点区域的京津冀、长三角、汾渭平原地区纷纷出台相应实施细则，采取相应的联防联控机制来实现区域内生态环境的协同治理。其中，京津冀地区成立“京津冀及周边地区大气污染防治领导小组”，长三角地区成立“长三角区域大气污染防治协作小组”，汾渭平原地区则成立“汾渭平原大气污染防治协作小组”，这些组织机构及其工作人员共同组成了协同结构的整体框架。同时，以协同结构为核心，协同治理政治生态、经济基础及文化根源等要素共同构成了承载场域。

3. 协同过程

所谓协同过程，广义上泛指跨行政区生态环境协同治理实践中协同动力集聚、作用及运转的全过程，狭义上则指跨行政区生态环境协同治理的工作全流程，是包括“政策及目标制定”“行动方案细化”“方案执行与评估”及“结果评价与反馈”等在内的流程体系，是协同动力传输并作用于协同结构的整个过程及结果。就跨行政区协同治理工作整体而言，实践中则侧重于协同结构下的各协同主体间的政治角力及其结果。

可以看出，动力源流、承载场域及协同过程是跨行政区生态环境协同治理动力机制模型的核心构成要素。跨行政区环境治理作为一种新兴的环境治理模式在各地都进行了实践。其中最为典型的就是京津冀、长三角、汾渭平原地区。本书将根据上述三个核心构成要素，分别对京津冀、长三角和汾渭平原的跨行政区生态环境协同治理的动力机制展开研究与分析，从各核心要素间的相互作用得出三个地区动力机制的运作特征。

二　对协同治理动力机制的实践阐释

本书按照代表性、典型性和可比性的原则进行案例选择。从代表性和典型性来看，2018 年印发的《打赢蓝天保卫战三年计划》，将京津冀、长三角及汾渭平原列为国家生态治理重点区域。[①] 从可比性来看，三地都已开展跨行政区生态环境协同治理工作并取得一定进展。基于此，笔者选用京津冀、长三角及汾渭平原地区的跨行政区生态环境协同治理实践对跨行政区生态环境协同治理的动力机制进行实践阐释。

（一）典型案例述评

1. 京津冀地区跨行政区生态环境协同治理实践

京津冀地区是中国大气污染情况最为严重的区域之一，也是较早开展跨行政区大气污染联防联控机制实践的地区。2008 年北京夏季奥运会的大气质量保障联合行动是京津冀地区所开展的最早的跨行政区治理大

① 《国务院关于印发打赢蓝天保卫战三年行动计划的通知》，中国政府网，2018 年 6 月 27 日，http：//www. gov. cn/zhengce/content/2018 - 07/03/content_ 5303158. htm？ trs = 1，2022 年 12 月 11 日。

气污染协作实践，已然具备了跨行政区生态环境协同治理的雏形；2014年APEC会议及2019年新中国成立70周年阅兵活动期间的空气质量保障任务体现了通过跨行政区协同治理来实现生态环境有效治理的必要性和成功经验。

2. 长三角地区跨行政区生态环境协同治理实践

与京津冀地区相似，长三角地区同样具有较为久远的合作历史。早在1982年，国务院决定建立的上海经济区，就包括当时的苏锡常和杭嘉湖等上海市外的地区。1997年，长江三角洲城市经济协调会正式成立，首批成员包括长三角15个城市。2018年年初，由三省一市联合组建的长三角区域合作办公室在上海挂牌成立，《长三角地区一体化发展三年行动计划（2018—2020年）》随之发布。2019年长三角一体化发展更是上升为国家级战略。这不仅体现了长三角地区在跨行政区协同治理问题上丰富的实践经验，还体现出国家对长三角地区跨行政区协同治理的重视态度及其紧迫性。

3. 汾渭平原地区跨行政区生态环境协同治理实践

汾渭平原全称为黄河流域汾渭平原，是汾河平原、渭河平原及周围地区的总称，包括陕西省西安市、铜川市、宝鸡市、咸阳市、渭南市、韩城市及西咸新区、杨凌示范区，山西省晋中市、运城市、临汾市、吕梁市，河南省三门峡市、洛阳市等3省12市2区，区域面积达7万多平方千米。2018—2019年秋冬季，汾渭平原地区污染天数同比增长42.9%，4个城市PM 2.5浓度上升，空气质量在全国处于末位，生态环境问题十分严峻。2018年9月29日，陕西、山西、河南三省会同国务院10个有关部委举行会议，成立了汾渭平原大气污染防治协作小组，研究、制定并部署了《2019汾渭平原大气污染防治攻坚行动计划》，由此汾渭平原地区大气污染协同治理工作开始步入正轨。

（二）案例分析

通过上述案例简介可以看出，京津冀、长三角及汾渭平原地区因政治生态、经济基础、文化根源不同，所呈现的治理现状也各不相同，基于此，从动力源流、承载场域、协同过程这三个核心要素出发对国家生态治理三大重点地区跨行政区大气污染协同治理实践展开分析，见表3.2。

表 3.2　　国家生态治理三大重点区域协同治理动力源流比较

典型案例	动力源流	动力特征
京津冀跨行政区生态环境协同治理	“政绩需求”与“行政问责”相结合	以激励与惩罚为导向
长三角跨行政区生态环境协同治理	协同治理的“成本—收益”对比	以利益考量为导向
汾渭平原跨行政区生态环境协同治理	“政治动员”与“社会舆论”相结合	以政治与舆论的“过关”为导向

1. 动力源流

（1）京津冀地区

京津冀地区是中国社会、经济发展的重点区域，同时也一直是中国政治中心区域。其协同动力更多类属于自上而下的行政组织体系所带来的等级压力。[①] 从积极引力来看，主要表现为官员升迁对于政绩的需要。从消极压力来看，主要表现为终身问责制度确立所带来的行政追责对行政人员的惩戒作用。党的十八大以来，中央明确提出国家机关工作人员实行重大决策终身问责制，现行的问责制度已由以往的“时段问责”逐渐发展为终身问责[②]，注重并加大对行政决策、行政执行及行政监督方面的问责力度。这使得京津冀地区的各协同主体不得不采取更为有效的治理方式来处理跨行政区生态环境问题，以使自身免受行政追责的惩处。

（2）长三角地区

与京津冀地区不同，长三角地区是中国经济中心区域，其协同动力更倾向于跨行政区协同治理所带来的协同收益的吸引力。主要表现为

① 陈水生：《从压力型体制到督办责任体制：中国国家现代化导向下政府运作模式的转型与机制创新》，《行政论坛》2017 年第 5 期。

② 常纪文：《党政同责、一岗双责、失职追责：环境保护的重大体制、制度和机制创新——〈党政领导干部生态环境损害责任追究办法（试行）〉之解读》，《环境保护》2015 年第 21 期。

“成本—收益”比较分析下，跨行政区生态环境协同治理所带来的收益远大于不合作所带来的收益，跨行政区生态环境协同治理的成本也远远小于未采取协同方式进行环境治理所带来的成本。[①] 从治理成本角度进行分析，各协同主体通过协商协作对全域性生态环境问题进行处理所付出的成本远小于单个政府组织独自处理环境问题的成本。从合作收益的角度来看，协同治理能够破除行政区划所造成的行政藩篱，协调区域内各地政府组织的行政行为，统筹协调区域内的各种资源，其所带来的收益远大于单个政府组织独自处理环境问题所带来的收益。因而，跨行政区生态环境治理所带来的成本的缩小和收益的扩大是促使长三角地区各地政府主体采取协同治理解决环境问题的关键所在。

（3）汾渭平原地区

驱动汾渭平原地区进行跨行政区生态环境协同治理实践的动力源由两方面交织而成。一方面是响应中央环保号召的行政压力。当中央或上级政府发出环保任务的政治信号时，汾渭平原区域各协同主体会做出相应的政治动员，采取区域内协同治理的方式处理区域生态环境问题，达到中央或上级政府所要求的环保标准，呈现“运动式”治理模式的特征。另一方面是社会民众的舆论压力。社会经济的不断发展在促进民众生活水平不断提高的同时，也使得民众的权益意识不断增强，愈加关注与自身密切相关的生态环境问题。作为与社会民众关系最为密切的公共权益之一的生态环境，其质量的恶化不仅使作为生态环境治理责任主体的政府面临的外部舆论压力倍增，还会导致政府的社会形象及公信力大大受损。

汾渭平原各地区政府正是在这两种动力源的作用下，一方面响应上级环保号召，另一方面回应社会诉求，通过协同治理的方式实现跨行政区生态环境的有效治理。

2. 承载场域

承载场域是协同主体在其协同动力的驱使下完成协同过程、达成协同目标的治理场所，也是协同动力相互作用的场域。三个地区生态环境

---

① 席恒、雷晓康：《合作收益与公共管理：一个分析框架及其应用》，《中国行政管理》2009 年第 1 期。

协同治理的承载场域各不相同，如图 3.3 所示。

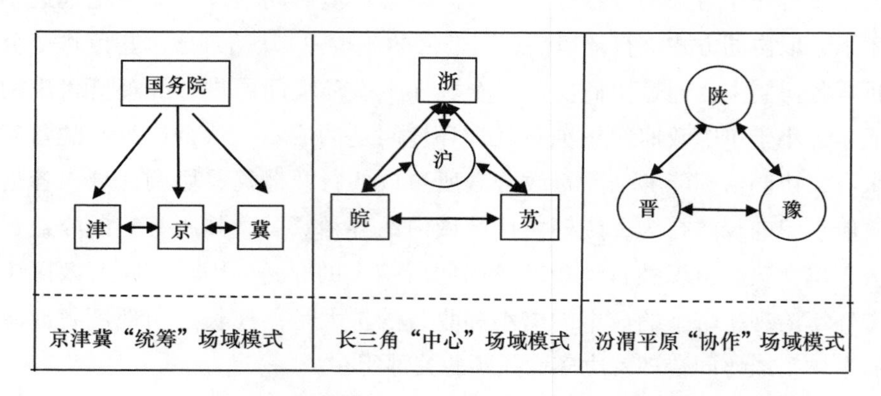

图 3.3　三大跨行政区生态环境协同治理承载场域类型

（1）京津冀地区

为应对环境治理压力，京津冀三地政府于 2013 年在北京召开首次会议并成立了“京津冀及周边地区大气污染防治协作小组”（以下简称“京津冀协作小组”）。京津冀协作小组成员由京津冀及周边地区共七个省份和国务院八个部委机关组成，其中小组组长由北京市委书记担任，环保部部长及北京、河北、天津三地区的省长、市长分别担任副组长。京津冀跨行政区协同治理的各协同主体在形式及结构上处于对等地位，但从实践来看，河北省在跨行政区生态环境实践中获益微小，间接导致其参与协同治理的积极性不高。2018 年，中央决定将“京津冀及周边地区大气污染防治协作小组”调整为“京津冀及周边地区大气污染防治领导小组”（以下简称“领导小组”）。领导小组成员得到了进一步扩充，小组组长由北京市委书记变为由国务院副总理（政治局常委）担任，明确指出领导小组办公室设在生态环境部，由生态环境部副部长兼任办公室主任。从由北京市牵头负责转向由国务院统筹三地跨行政区协同治理具体工作，这一转变可以看作北京市、天津市和河北省在跨行政区生态环境协同治理中政治博弈的具体行为，是三地政府基于地区利益进行政治考量和角力后所做出的共赢选择。

（2）长三角地区

长三角地区在跨行政区生态环境治理方面，是以大气污染联防联控机制作为整个协同工作的承载场域，其大气污染联防联控机制由“决策层—执行层—参谋辅助层”三个分工和作用不同的独立层级所构成，表现为以上海市为中心，皖、苏、浙三省辅助协作的中心治理的场域特征。

一是决策层。主要决策机构为“长三角区域大气污染协作小组”。2014 年 1 月 7 日，长三角地区三省一市会同国家九部委正式构建长三角区域大气污染防治协作机制，召开会议并成立长三角区域大气污染防治协作小组，小组组长由上海市委书记担任，副组长由生态环境部部长、上海市市长、浙江省省长、江苏省省长、安徽省省长担任。协作小组主要负责制定区域大气污染治理行动方案并确定相应的职责分工，统筹区域内各项资源以完成计划目标。

二是执行层。主要执行机构为协作小组下设的小组办公室，主要负责处理日常事务及协调各方工作。办公室主任由上海市副市长与生态环境部副部长共同担任，办公室成员由三省一市所辖生态环境厅（局）的厅（局）长及国务院有关部委机关负责人共同组成。协作小组办公室依托上海市生态环境局综合规划处设立，主要负责日常事务处理及各部门间的协调工作。

三是参谋辅助层。在实践中，长三角地区充分调动各协同主体参与治理，不仅通过发挥社会公共组织的作用进行宣传、调查等方面工作，还依托高校及智库等组织专门成立了长三角区域大气污染协作专家小组，使得治理决策的民主化与科学化得到提高。此外还依托上海环境监测中心成立了长三角空气质量预测预报中心，为大气质量预测、污染治理效果的反馈与考核提供科学依据。

（3）汾渭平原地区

汾渭平原地区的跨行政区生态环境协同治理是在以对等协商为特征的承载场域实现的，陕西、山西及河南三地政府在协同中居于同等地位。在决策机构方面，汾渭平原地区大气污染协同治理机制的决策机构是汾渭平原大气污染防治协作小组（以下简称“汾渭协作小组”），主要负责制定汾渭平原地区大气治理行动方案，确定各相关单位的职责与分工，统筹规划区域内各项资源以顺利实现预期效果。小组成员由环保部部长、三省省长共同担任。在执行机构方面，汾渭协作小组下设汾渭平原大气污染防治协调小组办公室，小组办公室依托陕西省生态环境厅下设的大气环境办公室设立，主要负责日常事务处理与各单位间的协调工作。在保障辅助性机构方面，汾渭协作小组依托西北环境监测中心及陕西省环境监测中心成立了汾渭平原环境空气质量预测会商中心作为汾渭平原空气质量情况通报与协商平台，依托陕西省气象局成立汾渭平原环境气象预报预警中心共同作为环境预测及环境治理考核的平台，这为环境质量监测预测、大气污染治理效果的评价反馈提供了考核依据。

3. 协同过程

（1）京津冀地区

京津冀地区跨行政区协同治理的具体协作主要通过会议的方式进行协商讨论，由国务院负责牵头召开，呈现上下级政府间、同层级政府间的复合型政府双向型互动特征。在具体运作方面，协作小组与领导小组都实行工作会议制度和信息报送制度。会议内容主要是就大气污染协作治理方面的问题进行沟通与决策，制定相应工作计划并细化以确定各个单位的具体分工，相关部门还需向大会汇报本单位大气污染防治任务完成情况及下阶段的工作计划，例如《京津冀及周边地区2019—2020年秋冬季大气污染综合攻坚治理行动方案》等。具体工作会议由组长或由组长委托副组长定期或不定期召开，主要对任务分解、职责分配等方面内容进行商议。在协同治理工作结束后会对其结果进行相应的评价、反馈，为工作绩效考核和后续改进工作提供依据。

（2）长三角地区

长三角跨行政区生态环境协同治理在宏观层面是以上海市为中心，由浙、皖、苏三省辅助协作的过程，在微观层面是决策层、执行层和参谋辅助层相互支撑、相互博弈的过程。

在宏观层面，上海市在长三角地区具有特殊的经济与政治地位，在博弈中居于主导地位，苏、浙、皖三省处于配合地位。当面临跨行政区生态问题时，往往由上海市牵头领导，与其他三省协商并做好分工。在微观层面，决策层负责制定区域生态环境治理的总体目标，根据总体目标制定相应的行动规划，随后将行动规划划分为具体的行动计划并确定执行计划的相应人事及职责安排。执行层负责具体行动方案的落实，是决定政策效果好坏的关键所在，决策层往往通过管理、监督及考核等方式，使得执行层能完美实现决策层所制定政策的政策意图，但实践中往往忽略执行层的实际执行能力与利益诉求，导致政策意图难以达成。参谋辅助层对决策层与执行层的支撑十分重要，一方面参谋辅助层自身发展离不开决策层在政策及资金方面的支持；另一方面执行层的政策执行反馈对于参谋辅助层也至关重要。三个层级的相互作用构成了整个长三角跨行政区生态环境协同治理的全过程。

（3）汾渭平原地区

汾渭平原地区的跨行政区生态环境协同治理是区域内3省2区12市，政府相互博弈及协作的过程。在实践中，一方面各协同主体面临跨行政区生态环境问题时都能互相协调，在协商的基础上克服困难，充分利用自身资源与其他协同主体形成合力，共同解决跨行政区生态问题。如陕晋豫三地省级检察院联合开展汾渭平原大气污染治理专项监督工作，通过相关法律法规来监督大气污染防治工作。另一方面，各协同主体参与协同的力度存在差异，未能在跨行政区生态环境治理问题上实现力度匹配。相对于晋、豫二省而言，陕西地区污染情况最为严重，需要更大的治理力度。[①] 跨行政区生态环境治理的成果收益由三省共享，但治理力度差异所带来的治理成本差异会使得治理收益不尽相同，治理力度较大的省市其治理行为会产生“正外部性”，协同治理的整体效果得到提升的同时治理力度较大的省市却未因此得到成本补偿，致使其治理收益减少，参与协同治理的积极性下降。

上述国家生态治理三大重点区域协同治理过程与特征见表3.3。

表3.3　国家生态治理 三大重点区域协同治理过程与特征

对比内容	协同中心	协同参与者	协同执行	协同特征
京津冀跨行政区生态环境协同治理	国务院	北京市 天津市 河北省	复合型政府间双向协同	中央统筹 权责分明

① 黄小刚、邵天杰、赵景波等：《汾渭平原PM 2.5浓度的影响因素及空间溢出效应》，《中国环境科学》2019年第8期。

续表

对比内容	协同中心	协同参与者	协同执行	协同特征
长三角跨行政区生态环境协同治理	上海市	浙江省 江苏省 安徽省	环中心型主体协同	协作基础深厚 向心力强
汾渭平原跨行政区生态环境协同治理	“陕晋豫”三省多中心	陕西省 山西省 河南省	同层级间的多中心协同	相互信任 异质性低

三　协同治理动力机制模式分析

三大地区跨行政区生态环境协同治理的实践描绘了协同治理动力相互作用及传输的动态全过程。京津冀、长三角及汾渭平原地区开展跨行政区生态环境协同治理是在不同动力源所形成的动力机制的驱动下，在各具特征的承载场域的支撑下实现区域内跨行政区生态环境问题的有效治理。不同治理实践中特征相异的动力机制在治理模式的形成、演化及变迁中具有核心作用。同时，为更好地理解和把握跨行政区生态环境协同治理的各种类型的动力机制模式，将京津冀、长三角和汾渭平原地区跨行政区生态环境协同治理的动力机制进行类型学比较分析，以其各具特征的动力机制作为模式划分的依据，可归纳得出三个地区不同类型特征的跨行政区生态环境协同治理动力机制模式，如图 3.4 所示。

基于三个地区跨行政区生态环境协同治理在动力源流及动力承载场域所表现出的典型特征，可以将三个地区协同治理的动力机制模式分别归纳为以政治权威为特征的京津冀模式、以府际协商为特征的长三角模式和以运动治理为特征的汾渭平原模式。

（一）以政治权威为特征的京津冀模式

一般而言，权威可以界定为使组织或他人服从的权力。马克斯·韦伯认为，任何形式组织的形成、建立、运行都建立在一定的权威基础之上。他将权威分为传统型权威、卡里斯马型权威及法理型权威。[①] 同理，

① 陈传明：《管理学》，高等教育出版社 2019 年版，第 52—53 页。

跨行政区大气污染协同治理组织的组织构建、组织运行及作用也是建立在一定的权威基础之上的。相关学者将中国跨行政区政府间协同治理的动力模式归纳为三种类型，其中之一便是以权威为依托的等级制纵向协同模式。① 从京津冀地区大气污染防治的跨行政区协同治理实践来看，其跨行政区生态环境协同治理实践主要为政治权威所驱动，源自中央宏观调控下的任务分配与监督考核，将治理成效与奖赏、问责相挂钩，共同构成了京津冀地区协同治理的动力源。在动力源驱使下作用于统筹型承载场域，使得京津冀地区跨行政区生态环境问题得到有效改善。

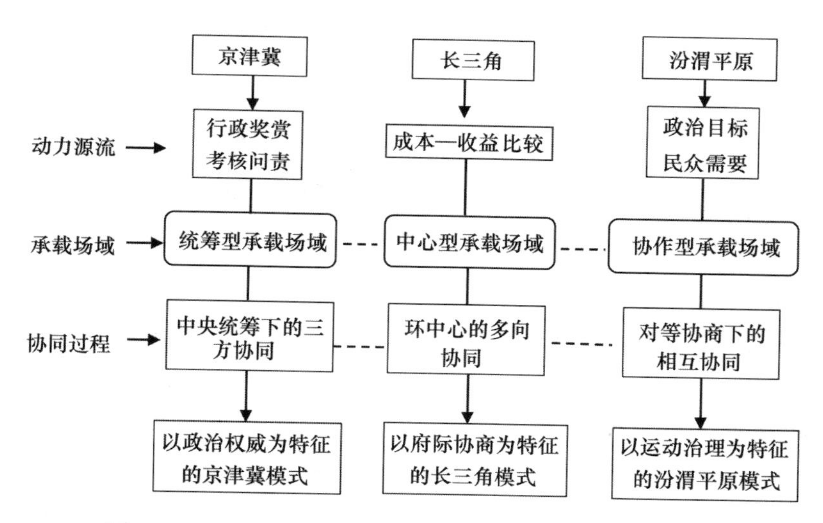

图 3.4　国家重点污染治理三大区域跨行政区生态环境协同治理动力机制模式

（二）以府际协商为特征的长三角模式

对于长三角地区而言，其跨行政区生态环境协同治理实践主要为“成本—收益”所驱动，主要目的是通过府际协商来降低生态环境的治理成本并扩大其所带来的治理收益。该地区在跨行政区生态环境协同治理实践中所体现的最大特征为以跨地区部门间联席会议为载体的府际协商。

① 周志忍、蒋敏娟：《中国政府跨部门协同机制探析——一个叙事与诊断框架》，《公共行政评论》2013 年第 1 期。

其根本目的是针对跨行政区特定事项达成共识并减少分歧、消除障碍，进而使得各政府主体在实现利益共赢。[①]这种动力源以长三角地区中心型承载场域为基础，通过决策层、执行层、参谋辅助层的共同作用，不仅实现了长三角地区环境质量的显著提高，还为长三角地区在文旅、交通、户籍制度、信用制度、政法警务、疗养养老及城市综合管理等方面的协同治理提供了可靠经验。长三角地区参谋辅助层在决策制定、决策实施及考核监督方面的技术支撑对协同治理的整体成效及治理水平的提高发挥了重要作用。这是长三角跨行政区生态环境协同治理实践的独到之处。

（三）以运动治理为特征的汾渭平原模式

汾渭平原地区生态环境协同治理主要为等级及舆论压力所驱动，主要体现为以任务目标为中心的“运动式”治理模式。所谓运动式治理，是指以自上而下、政治动员的方式来调动资源，集中各方力量和注意力，来保障和完成某一项特定的政治任务，这种治理模式呈间歇式运作，在长期中趋于消散，其主要特性为非常规性和非制度性。[②]在汾渭平原大气污染协同治理实践中，每当空气污染“爆表”，上级环保信号发出及民众舆论压力增大时，当地政府为了达成环保考核目标往往采取“一停到底”的处理方式，即采取不顾实际情况的“粗暴式”处理方式应对考核以达到临时性过关的目的，环境质量稍有好转，这种“运动式”治理模式便偃旗息鼓。从实践来看，汾渭平原地区的协同治理还呈现一种特殊“变化”——治理过程中虽仍以运动式治理为主要特征，但当运动式治理结束后，为完成任务而临时设置的组织制度与机构的政治生命并没有就此完结，而是通过转正或转设的方式得以存续下来继续发挥作用。这说明，汾渭平原跨行政区生态环境治理正由应急型运动式治理向短期运动式治理，再向常态化治理的混合型协同治理模式转变。

总的来说，对于京津冀地区而言，在以政治权威为特征的治理体制实践中取得了不俗成绩的同时，更要关注其所带来的弊端，即治理灵活

---

① 杨妍、孙涛:《跨区域环境治理与地方政府合作机制研究》,《中国行政管理》2009 年第1 期。

② 周雪光:《运动型治理机制: 中国国家治理的制度逻辑再思考》,《开放时代》2012 年第9 期。

性的缺失与“唯上媚权”现象的出现；对于长三角地区而言，以府际协商为中心的治理模式下更要提高治理的准确程度以实现对环境问题的精准治理；对于以“运动式”治理为特征的汾渭平原地区而言，则要用常规治理的制度化方式去弥补“运动式”治理显现的弊端。

通过以上分析可知，跨行政区生态环境协同治理的动力机制是实现协同治理目标、有效解决跨行政区生态环境问题的必要支撑和重要基础。三大地区跨行政区生态环境协同治理的实践描绘了协同治理动力相互作用及传输的动态全过程。京津冀、长三角及汾渭平原开展跨行政区生态环境协同治理是在不同动力源所形成的动力机制的驱动下，在各具特征的承载场域的支撑下实现区域内跨行政区生态环境问题的有效治理。不同治理实践中特征相异的动力机制在治理模式的形成、演化及变迁中具有核心作用。

需要明确的是，跨行政区生态环境协同治理从根本上说，不仅是操作层面的政府间的互动行为，本质上还是囊括政治经济利益与成本分担、制度建设、政府间关系和地方保护主义等方面的治理全过程。协同治理动力的持续生成与利益分配机制的完善是协调协同各方利益、确保协同治理过程有序运行的根本保障；协同治理组织建设是完善承载场域、提升治理效能的必要手段；协同文化的形成是克服各协同主体的主观差异、达成治理共识，进而持续提升协同治理水平的重要条件。因此，必须从治理动力、利益分配、组织建设、协同文化等层面完善跨行政区生态环境治理政策并开展协同治理实践，并基于不同的实践情境，因地制宜选择最适用和最有效的协同治理模式与治理工具。

第四章

跨行政区生态环境协同治理系统分析

政策文本是研究政策过程的基本依据，通过对政策文本的分析能够把握生态环境治理过程的一般规律，发现协同治理过程中凸显的问题。本章通过扎根理论方法对政策文本进行分析，建构出跨行政区生态环境协同治理的政策过程系统模型，从而为后续探讨协同治理系统协同度与治理绩效的关系奠定理论基础。

第一节 扎根理论研究方法及其应用有效性分析

扎根理论是由美国学者格拉泽和施特劳斯于 1967 年提出的一种从资料中建立理论的特殊方法论，主要在于发现意义、获得理解以及发展经验知识。[①] 扎根理论对许多从事质性研究的研究者来说，是一种非常有用的研究方法，它提供了解决问题的新思路。扎根理论产生于西方，被誉为 20 世纪末“应用最为广泛的质性研究解释框架”。扎根理论的诞生有其特殊的历史背景，是芝加哥学派和哥伦比亚学派学术之争的产物。在这样的学术争论背景下，接受哥伦比亚大学实证主义传统影响的格拉泽和出身于芝加哥大学社会学系并受实用主义哲学影响的施特劳斯，在各自学派的影响下，为了弥合理论研究与经验研究之间的分歧，使研究结

---

① ［美］朱丽叶·M. 科宾、安塞尔姆·L. 施特劳斯：《质性研究的基础：形成扎根理论的程序与方法》，朱光明译，重庆大学出版社 2015 年版，第 48—96 页。

果更加具有可靠性和可验证性，提出了扎根理论这一质性研究方法。后来，随着学术思潮的不断传播，在国内学术界也产生了日益深远的影响，学者们纷纷对扎根理论进行梳理总结和创新，并将其广泛运用于社会学、管理学等各个研究领域，使其成为一个完整的方法论体系。

当前，国内学者对扎根理论的研究大致集中在两个方面。一是对扎根理论的内涵和发展历程等方面的介绍和探究。如陈向明着重介绍了程序化扎根理论的方法，特别是其基本思路和操作程序[①]，率先将其引入中国社会科学研究领域。费小东在介绍和解释扎根理论研究方法论的不同版本及和其他方法论之比较的基础上，主要介绍原始版本的扎根理论之要素、研究程序和评判标准。[②] 他也是最先向公共管理学界介绍经典扎根理论的代表性学者。贾旭东等结合以往运用扎根理论的研究经验及扎根理论经典著述，综合比较三大扎根理论学派，融合定性与定量研究方法，遵循建构型扎根理论思想，以经典扎根理论的数据处理程序为主框架，以程序化扎根理论的因果关系为辅助结构，结合认知地图工具，探索性地提出了一个中国本土管理理论构建的一般范式。[③] 吴肃然等详细回顾了扎根理论的产生与发展，归纳了其核心技术特征与研究逻辑，在此基础上进一步梳理、澄清和总结扎根理论的内部分歧以及相应的方法论问题。[④]

二是对扎根理论在各个领域的运用和创新。如王璐等介绍了运用扎根理论方法进行管理学研究的主要操作步骤，并指出了运用扎根理论方法进行管理学研究应该注意的问题和未来发展方向。[⑤] 贾哲敏在梳理中国公共管理研究扎根理论应用现状的基础上，分析了扎根理论的特点与优势，提出了适用扎根理论的四类公共管理问题，讨论了扎根理论应用的

---

① 陈向明：《扎根理论的思路和方法》，《教育研究与实验》1999年第4期。

② 费小冬：《扎根理论研究方法论：要素、研究程序和评判标准》，《公共行政评论》2008年第3期。

③ 贾旭东、衡量：《基于“扎根精神”的中国本土管理理论构建范式初探》，《管理学报》2016年第3期。

④ 吴肃然、李名荟：《扎根理论的历史与逻辑》，《社会学研究》2020年第2期。

⑤ 王璐、高鹏：《扎根理论及其在管理学研究中的应用问题探讨》，《外国经济与管理》2010年第12期。

操作程序和重点步骤，并探讨了运用该方法需要注意的问题。① 盛东方探索并展现了中国图书情报研究中扎根理论的应用情况全景，明确了该理论的领域应用价值，识别了研究中存在的争议和问题，并进一步探讨了该方法的演进方向，旨在为图书情报领域的扎根理论研究者提供参考。②

经过探索和发展，目前扎根理论已经形成了三大主流学派，分别是以格拉泽为代表的经典扎根理论、以施特劳斯为代表的程序化扎根理论以格拉泽和施特劳斯的学生凯西·卡麦兹为代表的建构主义扎根理论。扎根理论三大学派的差异主要体现为认识论、方法论以及具体编码环节的不同。这三大学派分别体现了实证主义、解释主义和建构主义的认识论，也体现了这三位代表人物的不同学术背景与方法取向。③ 此外，对于经典扎根理论来说，研究方法只提供一套指导性的步骤，研究者自身的研究能力非常重要；程序化扎根理论则提供了一套严格的程序和概念框架，它大大缓解了研究者自身的创造压力；建构主义扎根理论与前两个版本的扎根理论有着最本质的区别，即不再致力于寻找“科学”解释。④

当前，学术界应用最为广泛的是以施特劳斯和科宾为代表的程序化扎根理论，他们给初学者和经验老到的研究者开展扎根理论研究项目时带来灵感，并对自己的研究进行指导。施特劳斯与科宾承认研究者可以运用头脑中已有的与实质性领域有关的视角或框架去演绎数据，并在此基础上形成更具一般性和普遍解释力的理论。⑤ 这样一种新颖和严谨的研究方法，扩展了我们对所研究问题的了解和认知，并且提供了具有想象力的解释路径。在程序化扎根理论中，具体的编码过程包括开放性编码、轴心编码、选择性编码等步骤，并最终形成具有因果关系的理论模型。

在质性研究者看来，扎根理论是一个提出问题、不断比较、建立联系和建构模型的过程，其所要建构的是与实际问题密切相关的中层理论，能够深入实际情境真正解决问题，而不局限于经验研究和空洞的宏大理

---

① 贾哲敏：《扎根理论在公共管理研究中的应用：方法与实践》，《中国行政管理》2015 年第 3 期。

② 盛东方：《我国图书情报研究中的扎根理论应用》，《图书馆论坛》2020 年第 8 期。

③ 贾旭东、衡量：《扎根理论的“丛林”、过往与进路》，《科研管理》2020 年第 5 期。

④ 吴肃然、李名荟：《扎根理论的历史与逻辑》，《社会学研究》2020 年第 2 期。

⑤ 李贺楼：《扎根理论方法与国内公共管理研究》，《中国行政管理》2015 年第 11 期。

论。有学者认为，扎根理论与其他质性研究相比，具有一套完整、相对规范的操作流程，提高了质性研究的科学性，也具有较强的实用性，非常适合于解读过程类问题。[①] 因而，本书采用程序化扎根理论的研究方法对跨行政区生态环境协同治理的政策过程展开探索和研究，建构起中国跨行政区生态环境协同治理的政策过程模型，以期为今后跨行政区生态环境协同治理政策过程的理论研究与实践操作提供参考。

第二节　跨行政区生态环境协同治理系统模型构建

一　资料来源

扎根理论的资料来源可以是多种多样、不拘一格的，研究者既可以亲自实地收集资料，也可以借鉴其他研究者的资料。为准确把握本书的研究问题，保证研究的信度和效度，资料主要来自中央以及京津冀、长三角、汾渭平原三个区域的省级（直辖市）地方国家机关官方网站2010—2020年发布的关于生态环境治理的法律、行政法规、部门规章以及党政机关日常公文等规范性文件。

环境治理政策是分析和把握环境治理进程的关键维度[②]，政策文本作为研究资料具有独特的优势。首先，政策文本是政府处理公共事务的真实反映和行为印迹，能够有效揭示政府行为逻辑，是一种可观测的政策信息物化载体。[③] 通过对政策文本进行解读，可以推测出政策制定者的思想观点，从而对事物的发展趋势作出预测和假设。[④] 其次，政策文本研究与问卷调查、深度访谈、参与式观察相比，能够减少研究者介入造成的

---

① 贾哲敏：《扎根理论在公共管理研究中的应用：方法与实践》，《中国行政管理》2015年第3期。

② 叶娟丽、韩瑞波、王亚茹：《我国环境治理政策的研究路径与演变规律分析——基于CNKI论文的文献计量分析》，《吉首大学学报》（社会科学版）2018年第5期。

③ 黄萃、任弢、张剑：《政策文献量化研究：公共政策研究的新方向》，《公共管理学报》2015年第2期。

④ 刘丽杭、岳鑫：《地方政府政策如何促进医疗联合体建设——基于扎根理论的政策文本研究》，《中国卫生政策研究》2019年第9期。

测量误差，从而提高测量的可信度和精确度①，对于涉及众多政策主体的跨行政区生态环境协同治理问题的研究也更具可行性和可操作性。最后，政策文本是政府意图的体现，具有数据和信息易获得的优点，且政策文本格式比较规范，对文本内容进行编码分析，会大大降低工作量和工作难度，也使得研究结果更具权威性和客观性。因此，选择政策文本作为研究跨行政区生态环境协同治理政策过程的资料，在逻辑上具备合理性，在操作中具备可行性。

通过互联网途径，在中央政府网站、生态环境部网站、三个地区省级地方政府及其生态环境部门官方网站中进行检索，经过筛选，剔除内容相近或者相关度不高的文本，最终获取了262份有效政策文本。按照程序化扎根理论的要求，研究选取了2/3的政策文本（即175份）用于编码分析与模型建构（部分代表性政策文本见表4.1），余下的1/3（即87份）用于扎根理论饱和度检验。通过将抽取的175份政策文本进行开放性编码、轴心编码和选择性编码等，不断提炼概念并予以范畴化，同时根据各概念和范畴之间的联系构建出反映现实问题的政策过程理论模型。最后，通过理论饱和度检验来修正和发展该理论模型。

表4.1　　部分代表性政策文本

文件名称	发文机关	颁布时间	地区
《国务院办公厅转发环境保护部等部门关于〈推进大气污染联防联控工作改善区域空气质量指导意见〉的通知》	国务院办公厅	2010/05/11	中央（共50份）
《国务院关于印发〈大气污染防治行动计划〉的通知》	国务院	2013/09/10	
《中共中央　国务院关于〈全面加强生态环境保护　坚决打好污染防治攻坚战〉的意见》	中共中央、国务院	2018/06/16	

① 任弢、黄萃、苏竣：《公共政策文本研究的路径与发展趋势》，《中国行政管理》2017年第5期。

续表

文件名称	发文机关	颁布时间	地区
《关于印发〈京津冀及周边地区落实大气污染防治行动计划实施细则〉的通知》	环境保护部、国家发展和改革委员会等部门	2013/09/17	京津冀（共70份）
《关于印发〈京津冀及周边地区2017—2018年秋冬季大气污染综合治理攻坚行动方案〉的通知》	环境保护部、国家发展和改革委员会等部门	2017/08/21	
《关于印发〈京津冀及周边地区2019—2020年秋冬季大气污染综合治理攻坚行动方案〉的通知》	生态环境部、国家发展和改革委员会等部门	2019/10/11	
《关于印发〈长三角地区2018—2019年秋冬季大气污染综合治理攻坚行动方案〉的通知》	生态环境部、国家发展和改革委员会等部门	2018/11/02	长三角（共114份）
《国家发展改革委关于印发〈长三角生态绿色一体化发展示范区总体方案〉的通知》	国家发展和改革委员会	2019/10/26	
《长三角生态绿色一体化发展示范区生态环境管理“三统一”制度建设行动方案》	长三角一体化示范区执委会、两省一市生态环境部门	2020/10/19	
《关于印发〈汾渭平原2018—2019年秋冬季大气污染综合治理攻坚行动方案〉的通知》	生态环境部、国家发展和改革委员会等部门	2018/10/25	汾渭平原（共28份）
《关于公布〈汾渭平原“一市一策”驻点跟踪研究阶段工作考核结果〉的函》	生态环境部科技与财务司	2020/03/19	

二　编码过程

（一）开放性编码

开放性编码是定性数据分析的初始阶段。它是对政策文本进行逐步分析，以识别将文本内容与所研究的问题联系起来的关键词或短语，并对抽象出来的概念进行聚类和整合，形成范畴以构造更抽象的类别。[①] 本书将随机抽取的175份政策文本录入Nvivo 11软件，把可以完整表达出明确概念的语句或段落视为一个分析单元，通过对每一个分析单元所蕴含的核心观点进行抽象化提炼，最终得到相关概念与范畴。由于原始资料数量较多且内容及初始概念存在一定程度的重合，我们进一步提炼，最终得出144个初始范畴。受篇幅限制，这里仅列举部分开放性编码过程，见表4.2。

表4.2　开放性编码节选

序号	部分政策文本内容（原始资料）	初始概念	范畴
1-1	开展烟气脱硝、有毒有害气体治理、洁净煤利用、挥发性有机污染物和大气汞污染治理、农村生物质能开发等技术攻关	开展技术攻关	科技支撑
1-2	大气污染联防联控的重点污染物是二氧化硫、氮氧化物、颗粒物、挥发性有机物等	重点污染物	防控重点
2-1	按照国家建立的汾渭平原大气污染防治协作机制，加强对关中地区大气污染防治工作的统一领导，实行统一规划、统一标准、统一监测、统一防治措施	区域防治措施	区域联防联控
2-2	坚持铁腕治污，综合运用按日连续处罚、查封扣押、限产停产等手段依法严罚环境违法行为	严惩违法行为	处罚措施
3-1	本市大气污染防治工作遵循以人为本、预防为主、防治结合、共同治理、区域联动、损害担责的原则	工作原则	基本原则
3-2	地方各级党委和政府要全面落实“党政同责”“一岗双责”，对本行政区域大气污染防治工作及环境空气质量负总责，主要领导为第一责任人	政府职责	主体责任

① Moghaddam A., “Coding Issues in Grounded Theory”, *Issues in Educational Research*, Vol. 16, No. 1, January 2006, pp. 52-66.

续表

序号	部分政策文本内容（原始资料）	初始概念	范畴
4-1	进一步强化中央大气污染防治专项资金安排与地方空气质量改善联动机制，充分调动地方政府治理大气污染的积极性	专项资金支持	资金支持与管理
4-2	到2017年，北京市、天津市、河北省细颗粒物（PM 2.5）浓度在2012年基础上下降25%左右	具体指标	治理目标
175-1	自2019年10月起，各省（市）每月10日前将审核后的上月区县环境空气质量日报数据报送中国环境监测总站	监测数据报送	信息报送与发布
175-2	各城市要将本地2019—2020年秋冬季大气污染综合治理攻坚行动方案细化分解到各区县、各部门，明确时间表和责任人	方案细化分解	责任落实

（二）轴心编码

在持续比较分析中，若多个初始范畴能被联系起来形成一个更高层面的范畴，则可将这些范畴称作次范畴或副范畴，并将由副范畴联系而成的范畴称作主范畴。① 轴心编码的主要任务是使核心和重要的概念浮现出来，并建立概念与类属之间的各种联系，为扎根理论方法建构理论提供框架。② 其目的在于深度挖掘开放性编码所形成的初始范畴间的内在关系，使初始范畴之间能够形成更为紧密的联系。在该过程中，通过对开放性编码阶段形成的143个初始范畴进行系统分析和重新组合，归纳出15个副范畴，并在此基础上提炼出包括系统情境、政策信念、政策互动、政策产出和政策优化在内的5个主范畴，见表4.3。

① 李贺楼：《扎根理论方法与国内公共管理研究》，《中国行政管理》2015年第11期。

② 贾哲敏：《扎根理论在公共管理研究中的应用：方法与实践》，《中国行政管理》2015年第3期。

表 4.3　　轴心编码形成的主范畴及副范畴

主范畴	副范畴	开放性范畴
系统情境	政策环境	法规制度体系、环境管理制度、环保标准体系、环境管理平台
	权力与资源结构	权责配置、科技资源、资金支持与管理、环境信息资源
	社会与文化传统	社会风气、文化程度、社会发展状况
政策信念	政府态度	指导思想、政策导向、价值理念、领导重视、政府动员、政策响应
	认知模式	环境形势、环保意识、宣传教育、现状认知、会议学习、交流探讨、区域定位、生态诉求、上级调研
政策互动	参与主体	政府角色、参与方式、全民参与、社会监督
	协调合作	区域协作机制、联保联治、区域联防联控、科研交流合作、协同合作机制、联席会议制度、利益共享机制、组织协调
	协同决策	规划目标、规划项目、工作安排、工作要求、保障机制、部门职责分工、防控重点、分区管理、风险防范、沟通反馈机制、基本思路、基本原则、生态红线管控、预案管理、治理规划、治理体系、重点区域范围、重点任务、主体责任、总体要求、组织机构、组织领导、组织培训、保障措施
	协同行动	联动执法、联络机制、协调联动、人员安排、响应措施、行动部署、科技支撑、应急保障、应急管理、应急联动、应急平台建设、应急响应、应急演练、责任落实、执法互认机制、执法监管、治理措施、治理目标、专项行动、组织实施

续表

主范畴	副范畴	开放性范畴
政策产出	产出评价	总结评价、协同评价、评价主体、评价体系、内部评价、考评指标、考评内容、考评管理、考评办法、考核制度、考核通报、环评核查、环境影响评价、环境效益评价、环境技术评价、环境损害评审、环境风险评价与管理、规划环评、跟踪评价
	奖励激励	表彰奖励、物质奖励、典型推广、示范引领、生态补偿
	监督问责	处罚措施、环保监管平台、环境监管、监测管理、监测情况、监测体系、监测网络、监测预警、监督检查、监管方式、监督机制、考核问责、责任追究
	信息公开	信息通报、信息公开制度、信息公开平台、信息公开培训、信息报送与发布、环境信息公布、环境监测信息公开、环境核查与审批信息公开
政策优化	督察整改	整改措施、巡查整改、整改要求、整改情况、整改进展、整改工作、整改方案、修订内容、问题整改、环保督察、核查验收、生态恢复
	监督帮扶	环保督查、跟踪帮扶、帮扶措施、纠纷调处

（三）选择性编码

选择性编码是对多个主范畴及其各自连接的范畴进行比较分析，以发掘出能以之为核心并将其他所有范畴连接在一起的“故事线”范畴，即核心范畴，这便是最终呈现的实质性理论。① 在对各个主范畴进行持续不断的比较之后，提炼出本研究的核心范畴是“跨行政区生态环境协同治理系统”，它由系统情境、政策信念、政策互动、政策产出和政策优化5个主范畴组成。

围绕这一核心范畴所产生的故事线，大致可以理解为，跨行政区生态环境协同治理系统是在特定的系统情境下，产生政策信念驱动力，并

---

① 李贺楼：《扎根理论方法与国内公共管理研究》，《中国行政管理》2015年第11期。

持续地影响政策互动和政策产出的动态运行过程。协同治理系统的启动和运行依赖于特定的现实场域，即系统情境。系统情境中的各个要素从多方面促进或约束着协同治理系统的展开和运行。政策信念是协同治理系统成功启动的助推器，也是连接系统情境与政策互动的纽带。从萨巴蒂尔对信念体系的划分和界定来看，信念体系可以被视为一整套基本价值观、因果假设以及由此形成的对问题的认知体系。[①] 而政策核心信念是指关于获得政策领域或子系统中深层核心信念的基本策略和根本政策立场。[②] 对中国而言，跨行政区各级政府在作为工具性的以实现政策核心价值为目标的次要方面信念会有所不同，但在政策核心信念上是一致的。正是由于政策核心信念的一致性，使得跨行政区各级政府能凝聚在一起协调行动，进而引发政策互动。政策互动是协同治理系统最核心的部分，是参与主体、协调合作、协同决策和协同行动相互作用的联动机制。参与主体通过协调合作进行协同决策并开展协同行动，这必然会对区域环境问题的解决、政策目标的达成以及所处的系统情境产生影响，这种影响就是政策产出。为保证协同行动的实际效果，就需要进行政策优化以更好地实现政策主体的政策目标。主范畴在故事线下呈现的典型关系结构见表4.4。

表4.4　主范畴的典型关系结构

典型关系结构	关系结构的内涵
系统情境→政策信念	系统情境是跨行政区生态环境协同治理系统的情境性条件，对政策信念的形成有着直接影响
系统情境（↓政策信念、↓政策互动） 政策信念→政策互动	信念指导行动，跨行政区各级政府在政策信念的指导下，展开政策互动过程，构成跨行政区生态环境协同治理系统的关键环节

① 余章宝:《政策理论中的倡导联盟框架及其应用》,《厦门大学学报》(哲学社会科学版)2009年第1期。

② 黄丽、杨志军:《超越政策过程中的倡议联盟框架》,《甘肃行政学院学报》2015年第1期。

续表

典型关系结构	关系结构的内涵
系统情境←政策产出 ↓　　　　↑ 政策信念→政策互动	跨行政区生态环境协同治理系统是在系统情境中展开的，它决定着“信念—互动”传导的动力持续性，甚至直接影响着政策执行效果，即政策产出
政策信念←政策优化 系统情境 政策互动→政策产出	政策优化是对政策执行效果的改善和提高，这是跨行政区生态环境协同治理系统不可或缺的最后环节

基于以上对线索和关系结构的分析，可以建构出中国跨行政区生态环境协同治理系统模型，如图 4.1 所示。

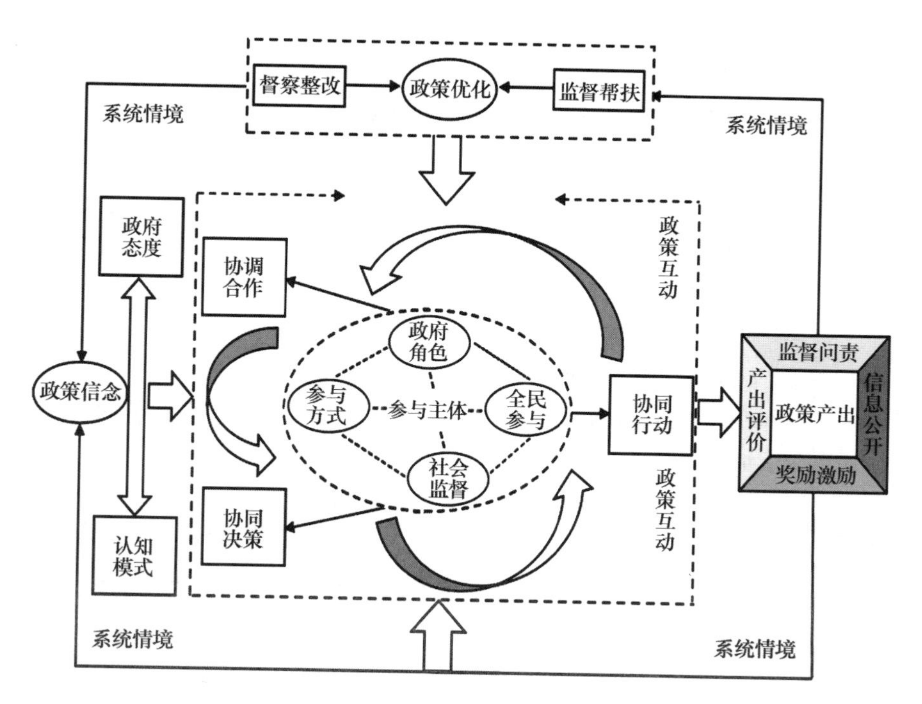

图 4.1　跨行政区生态环境协同治理系统模型

（四）理论饱和度检验

理论饱和度检验（Theoretical Saturation Test）是指当理论抽样的数据

所产生的类别没有新的属性出现时，就意味着类别的属性饱和，理论范畴没有出现新的性质，即达到了理论饱和。① 本书同样按照扎根理论程序对余下的87份政策文本进行编码分析，检验理论饱和度，其中部分检验见表4.5。结果表明，范畴出现重合和相似，并未出现新的重要范畴和关系，模型中的范畴已相当丰富。因此，本书所建构的跨行政区生态环境协同治理系统模型在理论上是饱和的。

表4.5　　　　理论饱和度检验编码（部分）

序号	部分政策文本内容（原始资料）	初始概念	范畴
1-1	事业单位领导干部考核注重德才表现和工作实绩。	领导干部考核	考评内容
1-2	事业单位领导班子要对本年度工作做全面总结……重点突出履职自我检查、自我管理和自我评价的内容……	总结自评	内部评价
2-1	本市各级人民政府应当对本行政区域的环境质量负责，推进本行政区域内的生态文明建设和环境保护工作……	政府环保职责	主体责任
2-2	各级人民政府及其有关部门应当加强环境保护宣传和普及工作，组织开展环境保护法律法规和环境保护知识宣传……	环保宣传工作	宣传教育
87-1	负有环境保护监督管理职责的部门应当将本领域的环境保护信息按照规定向环境保护信息平台归集，并共享相关信息。	环境信息共享	信息报送与发布
87-2	地方各级人民政府及有关部门应当鼓励和支持大气污染防治的科学技术研究……	科学技术研发	科技支撑

① Charmaz K.，"The Power and Potential of Grounded Theory"，*Medical Sociology Online*，Vol. 6，No. 3，October 2012，pp. 2-15.

第三节　跨行政区生态环境协同治理系统模型阐释

跨行政区生态环境协同治理系统模型，完整地勾勒出影响跨行政区生态环境协同治理系统的核心要素。基于所构建的协同治理系统模型，可以深入分析跨行政区生态环境协同治理的运作逻辑。

一　系统情境

系统情境是跨行政区生态环境协同治理发生的现实场域，也是协同治理系统产生和启动的情境性条件。政策环境、权力与资源结构、社会与文化传统是系统情境的三个主范畴，也是协同治理政策过程现实场域的基本构成要素。政策环境是协同治理政策过程的制度背景，决定着政策过程的发展空间。另外，政策环境还包括法规制度体系、环境管理制度，以及各种政策组成的制度框架。这些制度体系构成的政策环境不仅影响着政策信念的形成，也影响着整个政策运行过程。倡导联盟框架将影响政策子系统的外部因素分为相对稳定的参数和外部（系统）事件①，因而权力与资源结构也就构成影响协同治理系统的情境因素。对于协同治理系统而言，权力的分享是必要的，只有在权力均衡配置的基础上，跨行政区各级政府才能就政策议题发表观点，并相互影响和作用。然而，权力结构的失衡在实践中成为常态，这实际上与资源配置有关。无论是科技、资金等有形资源，还是能力、信息等无形资源，都可以增强参与主体对协同治理系统以及他人的影响力。权力与资源结构影响和制约着协同治理政策过程的进展，它们塑造着参与主体的个体观念与行为倾向，是参与主体是否参与政策过程以实现政策目标的判断依据。社会与文化传统包括社会风气、文化程度、社会发展状况等范畴，它们共同构成影响协同治理系统的社会、文化环境。因此，对系统情境的深入分析和考察可以使协同治理的参与者更准确地把握协同治理的契机，并有效甄别制约因素。

---

①　王春诚：《公共政策过程的逻辑：倡导联盟框架解析、应用与发展》，中国社会科学出版社2013年版，第71页。

二　政策信念

政策信念是跨行政区生态环境协同治理系统的动力源泉，在系统情境的作用下对跨行政区生态环境协同治理系统发挥着思想引领的作用。政策信念包括两个主范畴——政府态度和认知模式，它将跨行政区生态环境协同治理纳入政府关注的领域和职能范围。政府态度指的是政府在生态环境问题上所持的理念、思想以及由此而产生的行为倾向，影响着政府政策的方向。认知模式指的是政府通过何种方式来了解生态环境污染的现状，以及如何获取和处理当前生态环境污染的相关信息。如2018年国务院颁布的《打赢蓝天保卫战三年行动计划》中指出，以习近平新时代中国特色社会主义思想为指导，全面贯彻党的十九大和十九届二中、三中全会精神……以京津冀及周边地区、长三角地区、汾渭平原等区域（以下简称“重点区域”）为重点，持续开展大气污染防治行动。[①] 随后，生态环境部办公厅印发的《2019年全国大气污染防治工作要点》中提出，要及时调度《落实〈打赢蓝天保卫战三年行动计划〉重点任务细化分工方案》重点措施进展情况，督促各有关部门按时限要求完成任务。[②] 由此可见，在系统情境的作用下，政府态度和认知模式不仅会影响政府自身决策和具体工作的开展，而且会直接或间接地影响到政策执行对象的决策和行动。

三　政策互动

政策互动是跨行政区生态环境协同治理系统的关键环节，也是打破各行政区各自为政，实现相互合作和资源共享的过程。该环节主要包括参与主体、协调合作、协同决策和协同行动四个主范畴，它们是对跨行政区生态环境协同治理系统的有效探索。其中，参与主体是协同治理系统的必备要素，原因在于协同治理系统的高效运转依赖于参与主体的行

---

① 《国务院关于印发打赢蓝天保卫战三年行动计划的通知》，http：//www. gov. cn/zhengce/content/2018 – 07/03/content_ 5303158. htm。

② 中华人民共和国生态环境部：《关于印发〈2019年全国大气污染防治工作要点〉的通知》，https：//www. mee. gov. cn/xxgk2018/xxgk/xxgk05/201903/t20190306_ 694550. html。

动。参与主体的后续任务是对各种环境信息、观点和想法的综合考察，并最终进行协同决策，这个过程就是协调合作。在这个过程中，参与主体不仅表达各自的利益诉求，而且还就区域环境问题的解决倾听他人的观点和意见，并作出理性判断。具体而言，通过协调合作，参与主体间彼此交换信息、共享资源，以寻求对区域环境问题的深入理解和对行动方案的科学规划。协调合作的根本价值就在于改善政策制定的结果和影响协同行动。协同决策是后续协同行动开展的前提条件，也为跨行政区生态环境协同治理系统描绘了蓝图，提供了思路。如中共中央、国务院2018年出台的《关于全面加强生态环境保护 坚决打好污染防治攻坚战的意见》等政策文件，这是中国在跨行政区生态环境协同治理上的总体政策规划。协同行动是跨行政区生态环境协同治理系统的具体落实环节，也是跨行政区生态环境协同治理由政策内容转变为实际行动的动态过程。由于生态环境治理具有跨行政区的特性，这就决定了政府在执行过程中要始终坚持协同治理、联动执行，确保政策顺利实施。

四 政策产出

政策产出，即协同行动后的实际效果。[①] 这一环节由四个主范畴构成——产出评价、奖励激励、监督问责和信息公开。产出评价是对协同行动是否实现预定目标的评价，这对于加强生态环境保护，打赢蓝天保卫战等一系列重大决策都发挥着重要作用。对政策互动过程所产生的实际效果进行评价，有助于考察协同行动是否符合政策要求，跨行政区环境问题是否得到良好解决。与产出评价相伴而生的是奖惩问责，这是因为协同治理政策的有效推行，除了系统情境和政策方案的设计之外，还需要对参与主体的协同行动进行奖励激励和监督问责。奖励激励是当跨行政区生态环境协同治理成效显著、取得预期效果时，所采取的激励措施。正如《蓝天保卫战重点区域强化监督定点帮扶工作实施细则（试行）》中所提到的，生态环境部会根据考评结

---

① 唐啸、胡鞍钢、杭承政：《二元激励路径下中国环境政策执行——基于扎根理论的研究发现》，《清华大学学报》（哲学社会科学版）2016年第3期。

果对治理成效显著的单位和个人通报表扬。[①] 协同行动目标的顺利达成，需要建立相应的约束机制以确保参与主体的行动符合政策要求，否则就要进行问责。对于跨行政区生态环境协同治理过程中出现的环境问题，生态环境部及其他相关部门应当依法履行监督管理职责，依法查处并追究相关人员责任。最后，信息公开是跨行政区生态环境协同治理政策文本中反复提到的应当坚持的基本原则，简单来说，就是把政策互动过程中的各种信息以及结束之后的评价和奖惩结果通过各种信息渠道反馈给政策制定者。

五　政策优化

政策优化是跨行政区生态环境协同治理系统不可或缺的环节，也是对原有政策进行补充、修正和完善，并使之成为新政策的一种政治行为。政策优化由督察整改和监督帮扶两个主范畴构成，主要是对跨行政区生态环境协同治理系统中存在的问题和薄弱环节进行分析，制定切实可行的政策优化方案，从而更好地指导实践并完成政策目标。如《北京市打赢蓝天保卫战三年行动计划》强调，对中央环保督察、生态环境部蓝天保卫战强化督查等反馈的各类问题，应健全整改机制，立行立改、边督边改，确保整改到位，并举一反三，标本兼治。[②] 从当前所研究的政策文本来看，政策优化是根据监督问责的结果对政策进行重新制定和完善，这为协同治理系统的良好运转奠定了坚实的政策基础。政策优化使得跨行政区生态环境协同治理系统形成了良性循环，从而在系统情境和政策信念的影响下，开始新一轮的政策循环过程。

通过对上述五个主范畴的详细分析，可知跨行政区生态环境协同治理系统的各个环节之间是相互连接、不可分割的。这些范畴以非线性和动态的方式一同作用以产生行动，得出结果（政策产出），并反过来导致适应性调整（政策优化）。因此，我们可以归纳出跨行政区生态环境协同

---

① 《关于印发〈蓝天保卫战重点区域强化监督定点帮扶工作实施细则（试行）〉的通知》，http：//www. gov. cn/zhengce/zhengceku/2019 - 11/25/content_ 5455308. htm。

② 《关于印发〈北京市打赢蓝天保卫战三年行动计划〉的通知》，http：//www. beijing. gov. cn/zhengce/zhengcefagui/201905/t20190522_ 61552. html。

治理的运作逻辑——在系统情境的影响和作用下，政策信念构成了跨行政区生态环境协同治理的行为动机和逻辑基础，并指导和影响着政策互动过程的顺利推进。政策互动要想实现政策主体的目标，就需要政策产出和政策优化环节的有效运作。跨行政区生态环境协同治理的运作逻辑旨在展示协同治理的运行环境、信念体系与协同过程，解释影响协同治理高效运转的构成要素和相关变量，并根据系统情境变化和参与主体行为等因素预测协同治理的发展态势和协同效果。它不仅涵盖了协同治理系统的构成要素，还呈现了各要素间相互作用和相互影响的动态机制。对政策文本内容的深度挖掘，有助于梳理跨行政区生态环境协同治理系统的运作逻辑。

第四节　跨行政区生态环境协同治理系统协同度评价

根据协同学原理可知，各个子系统在相互协作下可以形成复合系统。跨行政区生态环境协同治理系统作为典型的复合系统，其内部由若干相互关联的子系统构成，这些子系统首尾相连，不单单是线性递进的过程，同时也存在彼此间的互动，如政策信念推动政策互动的产生和发展，反过来政策互动也会影响政策信念的更新和完善，该系统中的每一个子系统都处于相互影响、相互作用的情境之中。通过计算各个子系统的有序程度进而分析协同治理系统的协同程度。基于对协同度评价方法的综合考量，拟采用复合系统协同度评价模型对协同治理系统的协同度进行测量。首先，构建协同度测量评价指标体系，确定序参量及评价指标。其次，计算序参量的有序度以及各子系统的有序度。最后，测量协同治理系统的整体协同度。

一　协同度评价指标体系构建

评价指标体系构建是指通过多个指标所构成的有机整体来描述系统的状态和发展变化情况。跨行政区生态环境协同治理系统是一个由若干子系统构成的复合系统，如果各个子系统自身或者彼此间的发展不能有序协同，就会出现子系统失衡的状况，甚至会影响整个协同治理系统的协同效应。故而构建协同度评价指标体系对跨行政区生态环境协同治理系统的协同情况进行科学评价。根据前述扎根理论构建的跨行政区生态环境协同治理系统理论框架，将政策信念、政策互动、政策产出和政策优化划分为协同治理的四个子系统，每个子系统内部又有若干与之相对应的序参量。序参量指标的选取既要遵循科学性、系统性和可行性等原则，又要考虑数据的可得性，在参考国内相关文献和政策文件等基础上进行指标的筛选和整理，最终研究选取 14 个指标构建跨行政区生态环境协同治理系统协同度评价指标体系，见表 4.6。

表 4.6　　跨行政区生态环境协同治理系统协同度评价指标体系

子系统	维度	序参量指标	指标方向	指标来源
政策信念 X_1	政府态度	X_{11} 环境污染治理投资力度	正	《中国环境统计年鉴》《中国统计年鉴》
		X_{12} 承办人大建议和政协提案数	正	《中国环境年鉴》
	认知模式	X_{13} 突发环境事件次数（次）	负	《中国统计年鉴》《中国环境年鉴》
政策互动 X_2	参与主体	X_{21} 环保系统机构数（个）	正	《中国环境年鉴》
	协调合作	X_{22} 区域环保部门稳定联网数（个）	正	《中国环境年鉴》
	协同决策	X_{23} 生态环境法规与规章数（份）	正	《中国环境年鉴》
	协同执行	X_{24} 工业废气治理施工项目	正	《中国环境年鉴》
		X_{25} 生态环境执法情况（个）	正	《中国环境年鉴》

续表

子系统	维度	序参量指标	指标方向	指标来源
政策产出 X_3	产出评价	X_{31} 环保验收项目合格数（个）	正	《中国环境年鉴》
	奖励激励	X_{32} 环保专项资金支持（亿元）	正	《中国财政年鉴》
	监督问责	X_{33} 环境行政处罚强度（件）	正	《中国环境年鉴》
	信息公开	X_{34} 环境信息公开情况	正	《京津冀、长三角、汾渭平原三个地区省级政府环保部门年度政府信息公开工作报告》
政策优化 X_4	督察整改	X_{41} 环境监察机构人员数（人）	正	《中国环境年鉴》
	监督帮扶	X_{42} 环境监管运行保障（万元）	正	《中国环境年鉴》

由表4.6可知，为准确客观地测量协同治理系统的协同度，本书设置了政策信念、政策互动、政策产出和政策优化4个子系统以及14个序参量指标。这些序参量指标既能够表征各个子系统的协同能力，又能够充分反映出协同治理系统的整体协同度。

（一）政策信念子系统

政策信念是跨行政区生态环境协同治理系统的基础和前提，能够为协同治理的顺利开展提供理论指导和思想支持，对整个协同治理发挥着重要的作用。因而本书主要通过政府态度和认知模式两个维度来体现跨行政区生态环境协同治理政策信念子系统。政府态度体现的是政府在生态环境问题上所持有的观念和产生的行为倾向，主要选取了环境污染治理投资力度和承办人大建议、政协提案数两个指标来表征政府在跨行政区治理上的态度。其中，环境污染治理投资力度能够表明政府对环境治理的态度和决心。

承办人大建议和政协提案数这一指标也能够使政府的政策意图得到进一步优化，增强对跨行政区环境治理的指导力度。认知模式体现的是人们对当前生态环境污染状况的认识程度以及对相关信息的获取和处理。通常来讲，突发环境事件可能会造成重大人员伤亡、财产损失或地区经济社会危害，从而进一步影响人们对当前中国环境污染状况的认识。随着突发环境事件的增多，政府的环境保护意识日渐觉醒，因此这里用突发环境事件次数这一指标来表明人们对生态环境治理的认识以及参与环境治理的积极性和主动性。因此，本书选取环境污染治理投资力度、承办人大建议和政协提案数以及突发环境事件次数 3 个评价指标来评价政策信念子系统。

（二）政策互动子系统

政策互动指的是各行政区政府之间协调合作、资源共享的过程，这是实现跨行政区生态环境协同治理系统“协同效应”的关键环节。政策互动的强弱在很大程度上影响着整个系统协同程度的大小。本书根据扎根理论提供的指标体系，从参与主体、协调合作、协同决策、协同执行 4 个维度来反映政策互动子系统。其中，参与主体这一序参量用环保系统机构数来表示。跨行政区环境治理目标的实现离不开环保机构这一参与主体，有效的机构配备可以达到促进彼此高效协作和资源共享的效果。协调合作是一个坦诚交流和相互合作的沟通过程，这里用区域环保部门稳定联网数来反映协调合作的水平。协同决策指的是区域内各地方政府为实现跨行政区环境治理的任务和目标而进行的共同谋划。通常情况下，跨行政区各级政府会就区域环境问题界定、政策方案制定和利益诉求等一系列问题展开协商，生态环境法规与规章数则表明跨行政区各级政府在环境治理上达成的政策共识。协同执行反映的是区域内地方政府通过彼此间协调一致的行动，将观念化的政策方案付诸实施的过程。工业废气治理施工项目可以体现出政府对于环境污染治理的重视，以及彼此间在实际实施过程中的合作努力程度。原因在于工业污染物的复杂性和多样性要求政府在环境治理中必须彼此协作，否则难以取得良好的治理效果。除了上述指标之外，生态环境执法情况也是直接反映协同执行情况的关键指标。在《中国环境年鉴》中，用已实施自动监控的重点排污单位数来表示生态环境执法情况。总之，本书选择工业废气治理施工项目和生态环境执法情况两个指标来反映协同执行的水平。

（三）政策产出子系统

政策产出是协同治理政策互动过程的输出机制，也是政策参与主体的相关行动所产生的结果和影响。这里主要从产出评价、奖励激励、监督问责和信息公开4个维度来衡量政策产出子系统。产出评价体现为对区域内地方政府协同决策以及协同行动效果的评判和检验。环保验收项目合格数可以表示为协同执行后，经环保部门验收和评价一次合格的建设项目数。因此，本书选择环保验收项目合格数来反映产出评价情况。奖励激励体现的是对重点区域任务完成情况及环境质量改善状况的奖励，既包括物质奖励，也包括精神奖励。由于精神奖励难以量化，这里主要以物质奖励，即环保专项资金支持来表示。该指标主要是对开展跨行政区污染防治、实施生态补偿、推动各种污染深度治理的地区进行的资金支持。监督问责强调的是对相关责任机构和人员的监督管理和责任追究。环境行政处罚案件数越多，表明政府的问责力度越大，因此这里用环境行政处罚案件数这个评价指标来表示政府监督问责的强度。信息公开体现的是跨行政区各级地方政府主动将环境信息向社会公众公开的程度。这是各地方政府进行跨行政区生态环境协同治理不可或缺的重要渠道，一般情况下，信息公开的程度越高，区域内地方政府之间的交流和合作越便利和迅速。因此，本书选择环境信息公开情况指标来反映政府环境信息公开的水平。

（四）政策优化子系统

政策优化是提升政策质量、改善政策效果和优化政策过程的有力抓手。只有通过政策的不断优化，协同治理系统才能保持协同发展的态势。从现实角度来看，政策优化不仅是督促跨行政区环境治理任务和目标实现的重要手段，更是影响协同治理系统活力和效力的积极性政策行为选择，其最终目标是实现跨行政区生态环境的良好治理。因而本书主要从督察整改和监督帮扶两个维度来展示政策优化子系统。督察整改表现为对政策规定的跨行政区环境治理任务和目标的监督检察以及后续的整顿改进，这是深入推进跨行政区生态环境协同治理的重要举措。环境监察机构人员数可以体现出对跨行政区治理中组织或个人进行监督和约束的程度，这对政策的进一步改进和各项整改任务的真正落实发挥着重要的保障作用。监督帮扶就是寓监督于帮扶之中，寓帮扶于监督之中，在对地方政府的跨行政区环境治理进行监督的同时，注意统筹各方资源，为一些地区提供必要的帮助和指导。因此，可以用环境监管运行保障这一指标来表示对跨行政区环境治理的监督帮扶力度。

综上所述，我们将跨行政区生态环境协同治理系统视为一个完整的系统，那么指标体系中的序参量就是维持协同治理系统协调运转的必要条件。通过对这些序参量指标的掌握，能够更加充分、客观地了解协同治理系统的实际状态，进而实现测量整个协同治理系统协同度的目标。

二　协同度评价模型构建

（一）子系统有序度模型

跨行政区生态环境协同治理系统是一个由众多子系统构成的复杂系统，且各子系统之间相互影响、相互作用。为便于清晰表述，将跨行政区生态环境协同治理作为复合系统表示为 $X=\{x_1, x_2, x_3, x_4\}$，其中，x_1—x_4 分别为政策信念子系统、政策互动子系统、政策产出子系统和政策优化子系统。设子系统 x_i，$i\in[1, 4]$，所对应的序参量为 x_{ik}，$k\in[1, n]$，其中 $n\geqslant 1$，表示每个子系统所对应的序参量个数。$\alpha_{ik}\leqslant x_{ik}\leqslant\beta_{ik}$，$\alpha_{ik}$ 和 β_{ik} 分别为第 i 子系统第 k 序参量的下限和上限，取值为2010—2019年各序参量最小值和最大值的110%。由于序参量的变化会对子系统的协同度造成正向和负向两种作用，当产生正向作用时，x_{ik} 值越大，子系统的有序度相应就越高。反之，当产生负向作用时，x_{ik} 值越大，子系统的有序度就会变得越低。这里假定序参量 $x_{i1}, x_{i2}, \cdots, x_{im}$ 为正向指标，而序参量 $x_{im+1}, x_{im+2}, \cdots, x_{in}$ 为负向指标。因此，子系统 x_i 的序参量 x_{ik} 的系统有序度表示为：

$$\mu(x_{ik})=\begin{cases}\dfrac{\chi_{ik}-\alpha_{ik}}{\beta_{ik}-\alpha_{ik}}, k\in[1, m]\\[2ex]\dfrac{\beta_{ik}-\chi_{ik}}{\beta_{ik}-\alpha_{ik}}, k\in[m+1, n]\end{cases} \tag{4.1}$$

式（4.1）中，$\mu(x_{ik})\in[0,1]$，其数值越大，表明序参量 x_{ik} 对子系统有序度的贡献就越大。因此，序参量 x_{ik} 对子系统 x_i 有序度的总贡献可以通过 $\mu(x_{ik})\in[0,1]$ 的集成来实现。而集成结果从理论上讲不仅取决于各序参量数值的大小，更取决于它们之间的耦合形式。[①] 因此，本书在借

---

① 孟庆松、韩文秀：《复合系统协调度模型研究》，《天津大学学报》2000年第4期。

鉴以往研究的基础上，拟采用线性加权法计算子系统 x_i 的有序度 $\mu(\chi i)$，即：

$$\mu(\chi_i) = \sum_{k=1}^{n} W_k \mu(\chi_{ik}), W_k \geqslant 0, \sum_{k=1}^{n} W_k = 1 \tag{4.2}$$

式（4.2）中，W_k是序参量的权重系数，$\mu(\chi_i) \in [0, 1]$，表示子系统的有序度，$\mu(\chi_i)$ 数值越大，则子系统的有序度就越高；反之，子系统的有序度就越低。

（二）复合系统协同度模型

协同度是指在子系统的有序水平及各子系统之间有序匹配水平下，系统通过结构演化实现高效有序的程度。[①] 由此可见，协同度不仅取决于各子系统本身有序程度的高低，也取决于各子系统之间有序匹配程度的高低。假设给定的初始时刻从 t_0 演变到 t_1，各子系统的有序度分别为 $\mu_i^0(\chi_i)$，$\mu_i^1(\chi_i)$，其中 $i \in [1, 4]$，定义 S 为跨行政区生态环境协同治理系统的协同度，构建系统协同度模型，如公式（4.3）所示。

$$S = \lambda \sum_{i=1}^{k} \delta_i [\,|\mu_i^1(\chi_i) - \mu_i^0(\chi_i)|\,], \delta_i \geqslant 0 \text{ 且} \sum_{i=1}^{k} \delta_i = 1 \tag{4.3}$$

其中，δ_i为各子系统的权重系数，是子系统 x_i从初始时刻 t_0到 t_1时间段中协同度的变化范围。参数λ的取值如公式（4.4）所示。

$$\lambda = \frac{\min\limits_{k}[u_k^1(\lambda_k) - u_k^0(\lambda_k)]}{|\min\limits_{k}[u_k^1(\lambda_k) - u_k^0(\lambda_k)]|} \tag{4.4}$$

从式（4.3）、式（4.4）可知，跨行政区生态环境协同治理各子系统的变化能够反映出复合系统的协同度。跨行政区生态环境协同治理系统的协同度 $S \in [-1, 1]$，数值越大，其协同度就越高，反之就会越低。参数λ的作用在于判断各子系统有序度的协调方向，若$\lambda = 1$，表明复合系统有正的协同度，各子系统有序度上升，跨行政区生态环境协同治理系统处于协调有序的发展状态；若$\lambda = -1$，表明复合系统有负的协同度，即至少有一个子系统的有序度下降，此时跨行政区生态环境协同治理系统没有处于协调有序的发展状态；同时，系统协同度模型 S 也会受到各子

① 褚衍昌、陈飞超、侯云燕：《基于复合系统协同度模型的京津冀民航协同发展研究》，《重庆交通大学学报》（自然科学版）2020 年第 10 期。

系统的影响，如果各子系统的有序程度差别较大，则整个系统将处于不协调或不能很好地协调的状态，体现为 $S \in [-1, 0]$。

跨行政区生态环境协同治理系统是一个复杂系统，因而协同状态的类型也具有复杂性和多样性。根据四个协同治理子系统的有序度以及系统协同度的不同，将会产生多种协同发展状态和模式。本书根据复合系统协同度将协同治理系统不同的协同发展状态和合理化水平划分为四种，见表 4.7。

表 4.7　协同治理各子系统协同发展状态及系统结构合理化水平[①]

系统协同度 S	协同发展状态	系统结构合理化水平	系统协同状态
$-1 \leqslant S \leqslant 0$	不协同	不合理	至少有一个子系统处于无序发展状态或发展较慢
$0 < S \leqslant 0.5$	一般协同	一般合理	四个子系统均低度有序发展，系统协同度较低
$0.5 < S \leqslant 0.8$	比较协同	比较合理	四个子系统均处于比较有序发展状态，发展水平较高且较为均衡
$0.8 < S \leqslant 1$	高度协同	非常合理	四个子系统均高度有序发展

三　数据收集及处理

本书主要以京津冀、长三角以及汾渭平原三个地区为研究对象，选取 2010—2019 年共 10 年的数据进行分析。所采用的指标数据基本来自官方网站发布的权威数据，其中包括《中国环境年鉴》《中国统计年鉴》《中国环境统计年鉴》《中国财政年鉴》，还包括生态环境部发布的《中国环境统计年报》《中国生态环境统计年报》，以及各省生态环境局信息公开年度工作报告等，为保证评价结果的可靠性和真实性奠定基础。大部分评价指标数据可直接由官方公布的数据获取，部分数据需要经过简

① 周丽君：《协同视角下我国生态环境保护制度系统结构研究》，硕士学位论文，东南大学，2016 年。

单计算处理后得到，如承办人大建议和政协提案数（件）、生态环境法规与规章数（份）等指标。

由于本研究涉及的指标较多，体系相对复杂，且时间跨度较长，使得指标数据在实际的获取过程中可能存在缺失，因而为减少指标数据缺失对本研究造成的影响，将采取一些特殊的方法对数据进行补充。考虑到协同度评价指标缺失数据分布零散，存在某些时刻或地点的数据缺失，且数量较多，因此，本研究采用 K 最近邻（KNN）填充算法预测缺失数据，该算法利用数据在各维度上的相关性对数据中的缺失值或者异常值进行填补和修正。如某指标 2010 年的数据缺失，该算法会利用带有缺失值样本的多个近邻的综合情况，对 2010 年的数据进行填充。这种 KNN 插值填充方法较传统方法填充效果更好，能够解决大比例缺失数据填充问题，准确率较高且适用范围广。

（一）数据标准化处理

跨行政区生态环境协同治理系统协同度评价指标体系涉及大量数据，且这些收集到的数据存在量纲上的差异，无法直接进行计算。因此，为保证评价结果的可靠性，本书采用最大值标准化法对原始数据进行处理。具体计算如式（4.5）所示。

$$Y_{ij} = \frac{X_{ij}}{\max(X_{ij})} \tag{4.5}$$

其中，X_{ij}表示第 i 年第 j 项指标的数值，max（X_{ij}）表示第 j 项指标在所有年份中的最大值。y_{ij}是无量纲化后的数值。最大值标准化法不会改变数据的稀疏性和原始数据的分布，能够使不同单位或量级的指标进行比较和加权。跨行政区生态环境协同治理系统原始数据按照上述公式计算可得标准化后数据，见表 4.8 至表 4.10。

表 4.8　京津冀地区生态环境协同治理系统数据标准化处理统计情况

指标	2010 年	2011 年	2012 年	2013 年	2014 年	2015 年	2016 年	2017 年	2018 年	2019 年
X_{11}	0.5240	0.3025	0.6981	0.9730	0.0628	0.7500	0.3130	0.2205	0.5932	0.1974
X_{12}	0.7447	0.4102	1.0000	1.0000	0.0628	0.7667	0.1580	0.1851	0.9370	0.2338

续表

指标	2010 年	2011 年	2012 年	2013 年	2014 年	2015 年	2016 年	2017 年	2018 年	2019 年
X_{13}	0. 7258	0. 4478	0. 6792	0. 9315	0. 1928	0. 7667	0. 2594	0. 1976	1. 0000	0. 3130
X_{21}	0. 8204	0. 9412	0. 3585	0. 9739	0. 2805	0. 7333	0. 4217	0. 1979	0. 8411	0. 3907
X_{22}	1. 0000	1. 0000	0. 2642	0. 9778	0. 1147	1. 0000	0. 6420	0. 2323	0. 8242	0. 5233
X_{23}	0. 6891	0. 8474	0. 4151	0. 9846	0. 2246	0. 6833	0. 5536	0. 2141	0. 9178	0. 6271
X_{24}	0. 8296	0. 8494	0. 2642	0. 9604	0. 5033	0. 8833	0. 6812	0. 7241	0. 8714	0. 6567
X_{25}	0. 9879	0. 9366	0. 2453	0. 9662	1. 0000	0. 7167	1. 0000	1. 0000	0. 8618	0. 8723
X_{31}	0. 6171	0. 5528	0. 6981	0. 9894	0. 5701	0. 3667	0. 5783	0. 5362	0. 9108	0. 8578
X_{32}	0. 7319	0. 7596	0. 4340	0. 9903	0. 7206	0. 4333	0. 4841	0. 8097	0. 8491	1. 0000
X_{33}	0. 5240	0. 3025	0. 6981	0. 9730	0. 0628	0. 7500	0. 3130	0. 2205	0. 5932	0. 1974
X_{34}	0. 7447	0. 4102	1. 0000	1. 0000	0. 0628	0. 7667	0. 1580	0. 1851	0. 9370	0. 2338
X_{41}	0. 7258	0. 4478	0. 6792	0. 9315	0. 1928	0. 7667	0. 2594	0. 1976	1. 0000	0. 3130
X_{42}	0. 8204	0. 9412	0. 3585	0. 9739	0. 2805	0. 7333	0. 4217	0. 1979	0. 8411	0. 3907

表 4. 9　长三角地区生态环境协同治理系统数据标准化处理统计情况

指标	2010 年	2011 年	2012 年	2013 年	2014 年	2015 年	2016 年	2017 年	2018 年	2019 年
X_{11}	0. 5255	0. 5111	0. 5711	0. 9871	0. 0851	0. 0410	0. 2860	0. 2504	0. 8819	0. 3234
X_{12}	0. 5163	0. 5034	0. 6544	1. 0000	0. 1094	0. 5949	0. 5143	0. 2548	0. 8528	0. 3703
X_{13}	0. 7060	0. 6298	0. 7647	0. 9124	0. 2002	0. 5949	0. 3544	0. 2630	0. 9583	0. 4414
X_{21}	0. 8450	0. 6945	1. 0000	0. 9421	0. 2784	0. 5897	0. 4422	0. 2968	0. 9627	0. 4878
X_{22}	0. 9593	1. 0000	0. 5245	0. 9466	0. 3165	0. 6051	0. 5120	0. 3754	0. 9293	0. 5235
X_{23}	0. 9682	0. 8251	0. 1642	0. 9320	0. 2844	0. 6308	0. 7710	0. 3023	1. 0000	0. 6345
X_{24}	1. 0000	0. 7253	0. 0858	0. 9556	0. 5199	0. 7128	1. 0000	0. 7856	0. 9473	0. 6729
X_{25}	0. 8651	0. 6477	0. 0613	0. 9719	0. 6953	1. 0000	0. 8881	0. 8342	0. 9389	0. 8041
X_{31}	0. 8063	0. 4035	0. 0515	0. 9747	0. 7853	0. 4462	0. 7778	0. 7145	0. 9689	0. 8265
X_{32}	0. 7850	0. 5911	0. 0613	0. 9669	1. 0000	0. 4718	0. 8326	1. 0000	0. 9526	1. 0000

续表

指标	2010 年	2011 年	2012 年	2013 年	2014 年	2015 年	2016 年	2017 年	2018 年	2019 年
X_{33}	0. 5255	0. 5111	0. 5711	0. 9871	0. 0851	0. 0410	0. 2860	0. 2504	0. 8819	0. 3234
X_{34}	0. 5163	0. 5034	0. 6544	1. 0000	0. 1094	0. 5949	0. 5143	0. 2548	0. 8528	0. 3703
X_{41}	0. 7060	0. 6298	0. 7647	0. 9124	0. 2002	0. 5949	0. 3544	0. 2630	0. 9583	0. 4414
X_{42}	0. 8450	0. 6945	1. 0000	0. 9421	0. 2784	0. 5897	0. 4422	0. 2968	0. 9627	0. 4878

表 4. 10　　汾渭平原地区生态环境协同治理系统数据标准化处理统计情况

指标	2010 年	2011 年	2012 年	2013 年	2014 年	2015 年	2016 年	2017 年	2018 年	2019 年
X_{11}	0. 3757	0. 3848	0. 2432	0. 9403	0. 1240	0. 0349	1. 0000	0. 3847	0. 6326	0. 3215
X_{12}	0. 3056	0. 4838	0. 2568	1. 0000	0. 0626	0. 0233	0. 8874	0. 3401	0. 7846	0. 3472
X_{13}	0. 5205	0. 5626	0. 2500	0. 9532	0. 2106	0. 4884	0. 4545	0. 4208	0. 7612	0. 3748
X_{21}	0. 5955	0. 7633	1. 0000	0. 9747	0. 2199	0. 7674	0. 6028	0. 4301	0. 9664	0. 4002
X_{22}	0. 6332	1. 0000	0. 6351	0. 9796	0. 1776	0. 8488	0. 8399	0. 2719	0. 8829	0. 4223
X_{23}	0. 5754	0. 9334	0. 4797	0. 9892	0. 2304	0. 7093	0. 7787	0. 2562	1. 0000	0. 5264
X_{24}	0. 8718	0. 8875	0. 4189	0. 9758	0. 6548	0. 5465	0. 9565	0. 8537	0. 9341	0. 5219
X_{25}	0. 8944	0. 9581	0. 3784	0. 9720	1. 0000	1. 0000	0. 8182	1. 0000	0. 9297	0. 6181
X_{31}	0. 8220	0. 8681	0. 3446	0. 9742	0. 6435	0. 2791	0. 6067	0. 5455	0. 9369	0. 8241
X_{32}	1. 0000	0. 8834	0. 3446	0. 9763	0. 6772	0. 1977	0. 7866	0. 5239	0. 8404	1. 0000
X_{33}	0. 3757	0. 3848	0. 2432	0. 9403	0. 1240	0. 0349	1. 0000	0. 3847	0. 6326	0. 3215
X_{34}	0. 3056	0. 4838	0. 2568	1. 0000	0. 0626	0. 0233	0. 8874	0. 3401	0. 7846	0. 3472
X_{41}	0. 5205	0. 5626	0. 2500	0. 9532	0. 2106	0. 4884	0. 4545	0. 4208	0. 7612	0. 3748
X_{42}	0. 5955	0. 7633	1. 0000	0. 9747	0. 2199	0. 7674	0. 6028	0. 4301	0. 9664	0. 4002

（二）指标权重计算

指标权重表示指标的相对重要程度，其计算方法可以分为主观赋权法和客观赋权法。鉴于指标数据均为客观数据，且为了保证研究结果的客观性，减少主观误差，本书采用客观赋权法即熵值法确定指标权重。指标的熵值越小，不确定性就越小，提供的有用信息量就越多，指标也越重要，进而权重就高[①]；反之亦然。由于熵值法能在一定程度上反映指标间的内在联系，且相对于主观赋权法而言具有更高的可信度，同时评价过程也具有透明性和再现性[②]，因而本书采用熵值法进行指标权重的计算。

熵值法的详细计算步骤如下。

第一，计算第 i 年第 j 项指标的特征比重：$P_{ij} = \frac{x_{ij}}{\sum_{i=1}^{n} x_{ij}}; i = 1,2,\cdots,n, j = 1,2,\cdots,m$。

第二，计算第 j 项指标的熵值：$g_j = -k\sum_{i=1}^{n} p_{ij}\ln(p_{ij})$，其中 $k = \frac{1}{\ln(n)} > 0$，满足 $g_j > 0$。

第三，计算信息熵冗余度：$d_j = 1 - g_j$。其中，d_j 为政策过程系统第 j 项指标的差异系数，差异系数越大，表明该指标越重要。

第四，计算各项指标的权重：$W_j = \frac{d_j}{\sum_{j=1}^{m} d_j}, j = 1,2,\cdots,m$。其中，$W_j$ 为政策过程系统第 j 项指标的权重。

通过上述步骤计算出序参量指标权重后，根据任海军等[③]的观点可知，子系统的权重可以通过各项序参量指标权重累加确定，见表 4.11。

---

① 司林波、裴索亚：《国家生态治理重点区域政府环境数据开放利用水平评价与优化建议——基于京津冀、长三角、珠三角和汾渭平原政府数据开放平台的分析》，《图书情报工作》2021 年第 5 期。

② 宋辉、辛欣：《基于熵值赋权的中国绿色经济发展水平评价》，《当代经济》2020 年第 5 期。

③ 任海军、曹盘龙、张爽：《基于熵值法的生态社会评价指标体系研究——以我国西部地区为例》，《华东经济管理》2014 年第 5 期。

表 4.11　　跨行政区生态环境协同治理系统评价指标权重统计情况

指标	京津冀地区	长三角地区	汾渭平原地区
X_{11}	0.0393	0.0499	0.0470
X_{12}	0.0448	0.0490	0.0391
X_{13}	0.0311	0.0404	0.0244
X_{21}	0.0259	0.0384	0.0316
X_{22}	0.0943	0.0804	0.0801
X_{23}	0.0364	0.0276	0.0626
X_{24}	0.0470	0.0549	0.0348
X_{25}	0.1396	0.1289	0.0850
X_{31}	0.0229	0.0331	0.0298
X_{32}	0.0610	0.0619	0.0912
X_{33}	0.0671	0.0681	0.1180
X_{34}	0.0974	0.0811	0.0612
X_{41}	0.1234	0.0975	0.0981
X_{42}	0.1696	0.1888	0.1970
X_1	0.1153	0.1394	0.1105
X_2	0.3433	0.3302	0.2942
X_3	0.2484	0.2442	0.3002
X_4	0.2930	0.2860	0.2950

四　治理系统协同度评价

（一）协同治理各子系统有序度分析

在确定以上标准化数据和指标权重的基础上，依照式（4.1）计算得出京津冀、长三角和汾渭平原三个地区生态环境协同治理各子系统序参量的有序度，见表 4.12 至表 4.14。

表 4.12 京津冀地区生态环境协同治理各子系统的序参量有序度

指标	2010 年	2011 年	2012 年	2013 年	2014 年	2015 年	2016 年	2017 年	2018 年	2019 年
X_{11}	0.0834	0.4346	0.4045	0.5551	0.8409	0.3462	0.5698	0.8217	0.2316	0.4142
X_{12}	0.0365	0.1666	0.2121	0.8082	0.8792	0.6949	0.6973	0.8026	0.3390	0.5887
X_{13}	0.4571	0.1137	0.4785	0.8433	0.9506	0.7790	0.9506	0.9721	0.4571	0.7575
X_{21}	0.5146	0.6179	0.3560	0.5183	0.5330	0.5588	0.4666	0.4887	0.5773	0.5810
X_{22}	0.0060	0.0060	0.1306	0.2146	0.0557	0.1611	0.4281	0.9042	0.4922	0.6364
X_{23}	0.5455	0.5671	0.5671	0.5238	0.8701	0.4589	0.7186	0.5022	0.0476	0.1342
X_{24}	0.1784	0.0165	0.1224	0.2919	0.5219	0.4296	0.5627	0.8956	0.4553	0.3569
X_{25}	0.0577	0.0198	0.0332	0.0335	0.0704	0.0508	0.5973	0.8929	0.3960	0.6890
X_{31}	0.1048	0.7122	0.8234	0.5428	0.5129	0.6782	0.5962	0.5792	0.6659	0.5569
X_{32}	0.0214	0.0608	0.1467	0.2309	0.3748	0.4872	0.5194	0.7531	0.7374	0.8916
X_{33}	0.9884	0.8870	0.8688	0.5253	0.6601	0.9150	0.6515	0.1004	0.7770	0.4920
X_{34}	0.0203	0.0612	0.1592	0.3258	0.2048	0.1085	0.8925	0.3523	0.6173	0.0420
X_{41}	0.0610	0.1142	0.0929	0.1107	0.1036	0.1674	0.8592	0.7847	0.3058	0.2951
X_{42}	0.0210	0.0197	0.0035	0.0468	0.0320	0.9063	0.0917	0.1239	0.2008	0.1115

表 4.13 长三角地区生态环境协同治理各子系统的序参量有序度

指标	2010 年	2011 年	2012 年	2013 年	2014 年	2015 年	2016 年	2017 年	2018 年	2019 年
X_{11}	0.0958	0.0813	0.3798	0.5986	0.7786	0.7925	0.8426	0.6302	0.5377	0.5041
X_{12}	0.2008	0.1903	0.3619	0.4497	0.8643	0.6269	0.4914	0.3861	0.0548	0.3093
X_{13}	0.5020	0.4229	0.3182	0.0949	0.5462	0.8881	0.9625	0.9858	0.9951	0.9858
X_{21}	0.5951	0.6414	0.3272	0.4339	0.4500	0.3977	0.4823	0.5407	0.5508	0.5226
X_{22}	0.0083	0.0321	0.1208	0.1972	0.2344	0.2031	0.4331	0.6046	0.6925	0.9023
X_{23}	0.0039	0.5248	0.5248	0.5200	0.5345	0.5586	0.6358	0.9059	0.3849	0.4091
X_{24}	0.0339	0.3048	0.1150	0.2193	0.3021	0.6096	0.8813	0.7486	0.6176	0.6826
X_{25}	0.0286	0.0336	0.0430	0.0817	0.1716	0.0879	0.6406	0.6961	0.5592	0.8857

续表

指标	2010 年	2011 年	2012 年	2013 年	2014 年	2015 年	2016 年	2017 年	2018 年	2019 年
X_{31}	0. 3440	0. 2565	0. 5737	0. 5870	0. 4866	0. 6992	0. 5406	0. 5155	0. 6056	0. 5568
X_{32}	0. 0400	0. 0979	0. 1859	0. 2432	0. 2873	0. 4245	0. 4720	0. 6342	0. 6619	0. 8764
X_{33}	0. 4574	0. 8840	0. 9410	0. 8572	0. 7694	0. 6928	0. 3811	0. 1391	0. 6679	0. 4580
X_{34}	0. 0465	0. 1402	0. 1260	0. 0772	0. 5803	0. 5353	0. 7085	0. 8711	0. 2526	0. 7190
X_{41}	0. 0273	0. 0293	0. 1270	0. 1289	0. 1641	0. 1895	0. 8867	0. 5098	0. 3672	0. 5078
X_{42}	0. 0193	0. 0206	0. 0102	0. 0235	0. 0374	0. 0753	0. 1420	0. 1568	0. 9008	0. 3155

表 4. 14　汾渭平原地区生态环境协同治理各子系统的序参量有序度

指标	2010 年	2011 年	2012 年	2013 年	2014 年	2015 年	2016 年	2017 年	2018 年	2019 年
X_{11}	0. 1219	0. 0371	0. 2975	0. 3884	0. 4342	0. 3641	0. 7234	0. 7508	0. 6630	0. 8788
X_{12}	0. 0511	0. 1824	0. 2869	0. 5532	0. 8673	0. 7789	0. 7180	0. 8118	0. 6924	0. 7127
X_{13}	0. 9724	0. 9571	0. 9647	0. 1135	0. 5276	0. 7040	0. 7730	0. 8190	0. 8574	0. 8574
X_{21}	0. 3706	0. 6058	0. 4215	0. 5063	0. 5253	0. 5635	0. 5105	0. 4957	0. 5041	0. 5126
X_{22}	0. 0648	0. 0060	0. 1477	0. 1567	0. 1162	0. 1668	0. 5735	0. 9042	0. 5626	0. 5949
X_{23}	0. 0129	0. 0022	0. 4332	0. 6918	0. 7672	0. 6379	0. 4871	0. 9073	0. 2392	0. 1638
X_{24}	0. 8553	0. 6922	0. 0658	0. 2803	0. 6236	0. 5349	0. 7923	0. 5921	0. 2860	0. 5463
X_{25}	0. 1772	0. 1259	0. 2188	0. 2294	0. 0475	0. 0295	0. 7167	0. 8850	0. 3622	0. 3373
X_{31}	0. 1192	0. 4057	0. 3615	0. 7481	0. 5909	0. 8115	0. 6873	0. 6791	0. 6927	0. 5108
X_{32}	0. 0397	0. 0713	0. 1054	0. 1368	0. 1640	0. 2924	0. 2869	0. 4055	0. 6597	0. 8766
X_{33}	0. 8597	0. 9631	0. 9790	0. 9781	0. 9111	0. 8592	0. 5585	0. 4738	0. 6298	0. 1081
X_{34}	0. 0622	0. 2605	0. 3170	0. 5948	0. 0667	0. 4578	0. 7361	0. 7151	0. 8582	0. 3597
X_{41}	0. 0161	0. 0510	0. 0943	0. 1124	0. 1054	0. 1376	0. 5314	0. 8959	0. 5859	0. 5203
X_{42}	0. 0108	0. 0128	0. 0020	0. 0139	0. 0185	0. 0257	0. 4202	0. 1026	0. 1872	0. 9074

将表4.12至表4.14中得到的序参量有序度值代入式（4.2），得出中国跨行政区生态环境协同治理各子系统有序度，见表4.15。

表4.15 跨行政区生态环境协同治理各子系统有序度

子系统		有序度									
		2010年	2011年	2012年	2013年	2014年	2015年	2016年	2017年	2018年	2019年
京津冀	$\mu(\chi_1)$	0.0191	0.0281	0.0403	0.0843	0.1021	0.0690	0.0832	0.0985	0.0385	0.0662
	$\mu(\chi_2)$	0.0502	0.0408	0.0526	0.0712	0.0851	0.0737	0.1885	0.2830	0.1398	0.1930
	$\mu(\chi_3)$	0.0720	0.0855	0.1016	0.0935	0.0988	0.1172	0.1760	0.1002	0.1725	0.1042
	$\mu(\chi_4)$	0.0111	0.0174	0.0121	0.0216	0.0182	0.1744	0.1216	0.1179	0.0718	0.0553
长三角	$\mu(\chi_1)$	0.0349	0.0305	0.0496	0.0558	0.1033	0.1062	0.1051	0.0903	0.0698	0.0802
	$\mu(\chi_2)$	0.0292	0.0627	0.0486	0.0694	0.0896	0.0918	0.2018	0.2252	0.1934	0.2555
	$\mu(\chi_3)$	0.0488	0.0861	0.1048	0.0991	0.1333	0.1400	0.1305	0.1364	0.1269	0.1622
	$\mu(\chi_4)$	0.0063	0.0068	0.0143	0.0170	0.0231	0.0327	0.1133	0.0793	0.2059	0.1091
汾渭平原	$\mu(\chi_1)$	0.0314	0.0322	0.0487	0.0427	0.0672	0.0648	0.0810	0.0870	0.0792	0.0901
	$\mu(\chi_2)$	0.0626	0.0546	0.0732	0.1011	0.0997	0.0923	0.1811	0.2408	0.1168	0.1218
	$\mu(\chi_3)$	0.1124	0.1482	0.1553	0.1866	0.1441	0.1802	0.1576	0.1569	0.2076	0.1300
	$\mu(\chi_4)$	0.0037	0.0075	0.0096	0.0138	0.0140	0.0186	0.1349	0.1081	0.0943	0.2298

为方便探寻跨行政区生态环境协同治理各子系统有序度的波动原因，绘制出子系统有序度的波动趋势，如图4.2至图4.4所示。

图4.2至图4.4呈现了京津冀、长三角和汾渭平原三个地区协同治理各子系统在2010—2019年的发展变化趋势。从中我们可以清晰地看出，2010—2019年京津冀、长三角和汾渭平原三个地区政策信念子系统、政策互动子系统、政策产出子系统和政策优化子系统的有序度整体上处于上升的状态，都在朝着有序的方向发展。

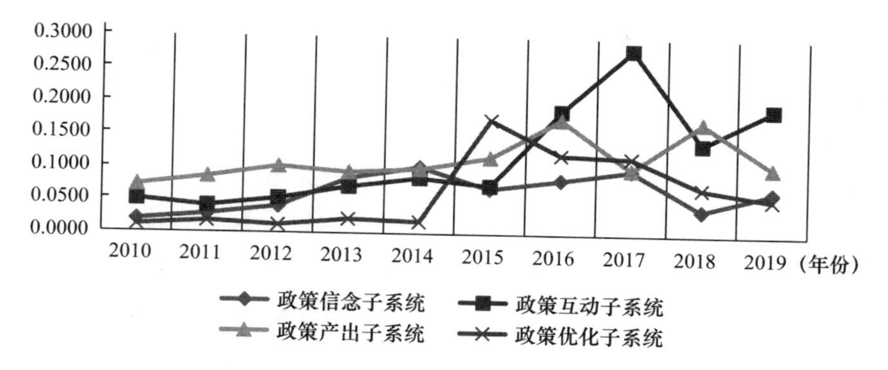

图 4.2　京津冀地区生态环境协同治理各子系统的有序度

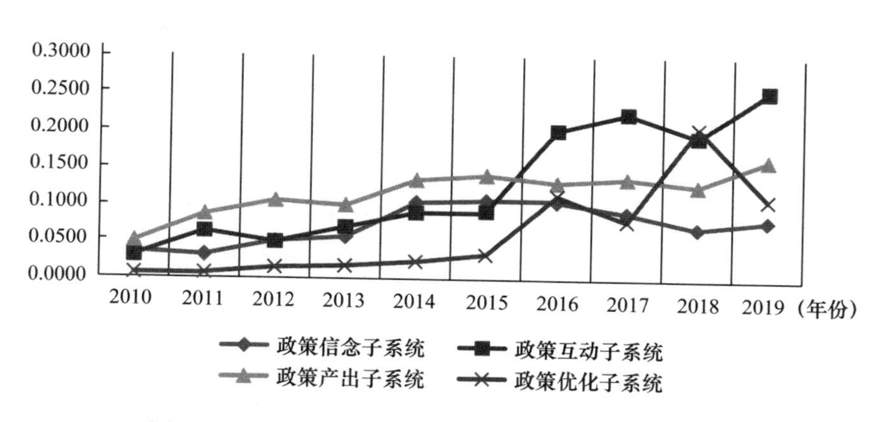

图 4.3　长三角地区生态环境协同治理各子系统的有序度

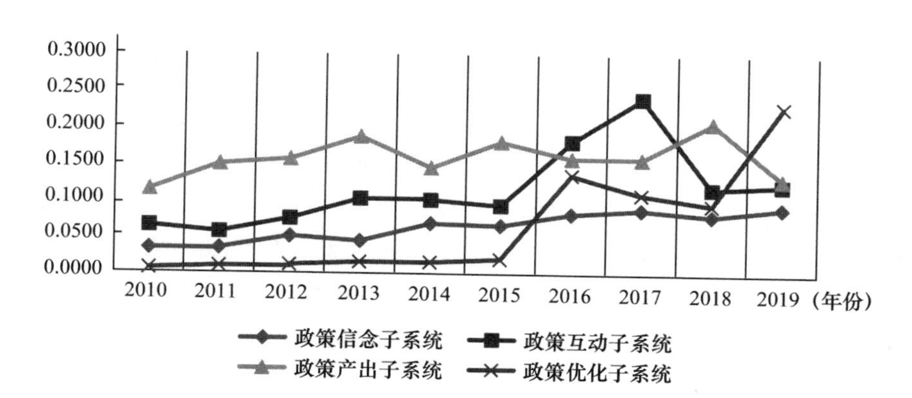

图 4.4　汾渭平原地区生态环境协同治理各子系统的有序度

结合表 4. 15 中京津冀地区协同治理子系统有序度的计算结果和图 4. 2中协同治理各子系统有序度的变化趋势可知，京津冀地区政策信念子系统的有序度在 2010—2019 年整体上处于平稳发展的状态。与政策互动子系统、政策产出子系统相比，整体发展稍显缓慢。2010—2014 年有序度增长较快，在 2014 年达到最大值 0. 1021，原因在于承办人大建议和政协提案数增多，政府对生态环境治理的诉求以及重视程度有所提升。政策互动子系统的有序度在 2010—2019 年呈现持续上升趋势，总体水平较高且发展状态也较稳定。2017 年有序度大幅度攀升至峰值 0. 2830，这主要得益于生态环境执法情况的好转。政策产出子系统的有序度在 2010—2016 年呈现稳步上升的趋势，2017 年有序度有所下降，2018 年有序度明显提高，这主要得益于京津冀地区加大了环境处罚和信息公开的力度，使得政策产出子系统的有序度得到提升。这也进一步说明近年来京津冀地区生态环境协同治理的政策产出效果正在逐步改善。政策优化子系统的有序度在 2010—2014 年发展较为缓慢，有序度值明显偏低，2015 年有序度值得到迅速提升，但之后开始逐渐下降，这从侧面反映出当前京津冀地区生态环境协同治理值得注意和深思的问题。

结合表 4. 15 中长三角地区协同治理子系统有序度的计算结果和图 4. 3中协同治理各子系统有序度的变化趋势可知，长三角地区政策信念子系统的有序度在 2010—2019 年发展较为平缓，在 2010—2015 年增长较快，而在 2015 年之后呈现下降趋势。从表 4. 13 中可以看出，长三角地区政策信念子系统的有序度在 2015 年之后未能实现有序发展是由于承办人大建议和政协提案数的有序度存在小幅度下降。政策互动子系统的有序度在 2010—2019 年总体上处于“坡度式”上升的趋势，这说明政策互动子系统在这十年间一直处于有序发展状态，政策子系统内部不断进行着自组织演进。政策产出子系统的有序度在 2010—2019 年处于稳步发展的态势，仅次于政策互动子系统的有序度。通过表 4. 13 可知，作为政策产出子系统序参量之一的环保专项资金支持的有序度在 2010—2019 年一直处于连续增长的状态，这说明长三角地区各级政府对于跨行政区生态环境协同治理较为重视，政策产出效果显著。政策优化子系统的有序度在 2010—2015 年发展速度缓慢，2016 年之后开始波动上升，表明长三角地区的政策优化子系统运行状况得到进一步改善。

结合表 4.15 中汾渭平原地区协同治理子系统有序度的计算结果和图 4.4中协同治理各子系统有序度的变化趋势可知，汾渭平原地区政策信念子系统的有序度在 2010—2019 年波动较小，总体上处于平稳上升的发展状态。这也说明了政府对跨行政区环境治理的认识程度在稳步加深。政策互动子系统的有序度在 2010—2019 年呈现波动上升，且上升幅度较大，尤其是 2017 年达到最高值 0.2408，之后开始出现小幅回落，这说明汾渭平原地区政策互动子系统“有序化”进程虽然潜力较大，但上升态势不稳定，仍然面临一定困难，亟须寻求进一步提升“有序化”进程的动力。政策产出子系统的有序度在 2010—2019 年发展较为平稳，但发展水平高于其他政策子系统，这表明汾渭平原地区政策产出子系统有序度正逐渐由低级向高级发展，并具有良好的自组织能力，不断自我完善和发展。政策优化子系统的有序度虽然在 2016 年以前低于其他政策子系统，但总体仍然处于不断上升的状态，尤其是 2018 年以后有序化程度有了明显的提高。2018 年汾渭平原地区首次被列为国家大气污染防控的重点区域以来，子系统有序度得到进一步提升，这与国家的支持、相关政策的颁布和实施是密切相关的。总体上说，汾渭平原地区政策优化子系统的有序度发展空间较大。

从京津冀、长三角和汾渭平原三个地区协同治理子系统有序度及其变化趋势可以看出，政策互动子系统、政策产出子系统的有序度要高于政策信念子系统和政策优化子系统。政策互动子系统是协同发展的关键，处在不停的运转中，已经具备适合自身发展的自组织特性，系统内各序参量基本上能够实现有序发展。政策产出子系统是中国跨行政区生态环境协同治理取得良好效果的重要保障，因为政策产出子系统本质上是对政策执行结果的检验、奖惩以及政策信息的传递和反馈的过程，其有序运转能够保证协同治理的良好绩效。政策产出子系统作为促进协同治理绩效提升的一种手段，本身就意味着要具备协同运转的能力和水平。而政策信念子系统和政策优化子系统在实际的政策运行过程中受重视程度较低，还不能有效地协调系统内各参量，使其有序发展。就目前来讲，政策理念意识不强、政策动力不足、政策优化的规范性不足、部分政策内容并未发生实质性的变化、整改文件有所欠缺以及政策修订存在被动和消极态度等，都是导致政策信念子系统和政策优化子系统发展缓慢和不稳定的原因。

（二）治理系统整体协同度分析

根据2010—2019年跨行政区生态环境协同治理各子系统的有序度以及各子系统权重，选择2010年为基期，利用复合系统协同度模型，按照式（4.3）和式（4.4）计算得出跨行政区生态环境协同治理系统整体协同度，见表4.16。

表4.16　　跨行政区生态环境协同治理系统协同度

地区	协同度									
	2011年	2012年	2013年	2014年	2015年	2016年	2017年	2018年	2019年	均值
京津冀	-0.0095	0.0109	0.0231	0.0303	0.0729	0.1131	0.1274	0.0758	0.0754	0.0577
长三角	-0.0209	0.0244	0.0315	0.0549	0.0604	0.1174	0.1147	0.1353	0.1382	0.0729
汾渭平原	-0.0143	0.0197	0.0378	0.0275	0.0372	0.0926	0.1027	0.0766	0.0959	0.0528

根据表4.7可知中国跨行政区生态环境协同治理各子系统的协同发展状态及系统结构合理化水平，见表4.17。

表4.17　　跨行政区生态环境协同治理系统协同发展状态

地区	系统协同度均值	系统协同状态	系统结构合理化水平
京津冀	0.0577	一般协同	一般合理
长三角	0.0729	一般协同	一般合理
汾渭平原	0.0528	一般协同	一般合理

为更加详细、直观地描绘跨行政区生态环境协同治理系统整体协同度的变化趋势，绘制了折线图，如图4.5所示。

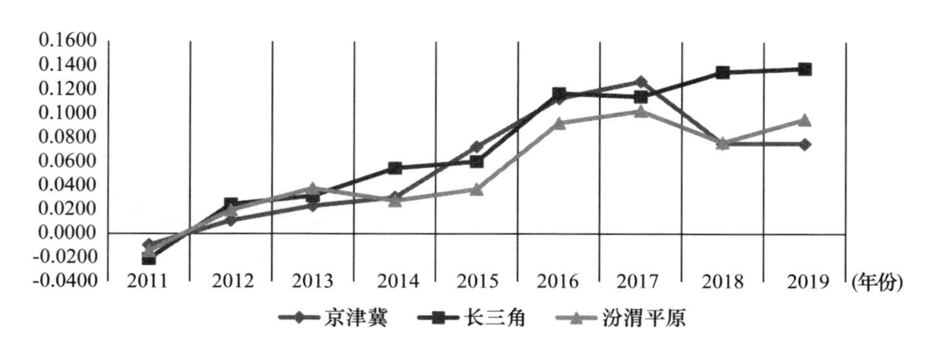

图 4.5　跨行政区生态环境协同治理系统整体协同度变化趋势

跨行政区生态环境协同治理系统是否处于协同发展的状态，是由政策信念子系统、政策互动子系统、政策产出子系统和政策优化子系统相互之间的协同效应决定的，而协同作用的强弱又是由四个子系统有序度的发展变化情况决定的，因此，跨行政区生态环境协同治理系统的协同发展状态是综合了四个政策子系统的有序度状态而表现出的一种形态。从表 4.16 中可以看出，京津冀、长三角和汾渭平原三个地区 2011—2019 年治理系统协同度均值分别为 0.0577、0.0729、0.0528，这说明从总体上看，三个地区治理系统协同度值偏小，协同效果和发展状况不容乐观。由于治理系统协同关系均不稳定，其协同发展面临较多困难，如协同程度较低、起伏波动较大，造成整体协同度较低的关键在于治理系统各子系统的有序性差异较大。尽管京津冀、长三角和汾渭平原三个地区的治理系统协同度较低，但从总体上看处于不断增长的趋势，且随着时间的推移，跨行政区生态环境协同治理系统协同度将不断上升，协同能力也将有所提高。

第五章

跨行政区生态环境协同治理系统协同度与治理绩效的关系分析

协同治理能够有效应对环境污染的外溢性与扩散性，已经成为政府施策普遍遵循的基本原则。作为一个制度和过程，协同治理系统中不同要素间通过相互协调与配合会产生拉动效应，进而促进治理绩效的生成。为了能够科学合理地认识跨行政区生态环境协同治理系统协同度与治理绩效二者间的关系，将运用面板数据回归分析的实证分析方法对二者间的关系进行论证。

第一节　跨行政区生态环境协同治理系统协同度与治理绩效的概念分析

跨行政区生态环境协同治理系统是一个复杂的自组织系统，其协同度既取决于子系统内部的有序化发展，也受到子系统间动态协同的影响。只有协同治理子系统内部各构成要素之间实现有序发展，才有可能推动各子系统全面协同发展。另外，特别值得注意的是，整个治理系统的协同发展具有动态性，并不刻意追求任何时刻各个子系统之间都是彼此协同的，出现短暂的不协同是正常的，协同发展的路径应当是一个“不协同—协同—不协同—更高层次协同”的螺旋式上升的演进过程。[①] 协同运行规律描述的是系统内部各个子系统通过协同作用的方式促使系统由无

① 贺灵：《区域协同创新能力测评及增进机制研究》，博士学位论文，中南大学，2013年，第104页。

序向有序发展[①]，而跨行政区生态环境协同治理绩效是协同治理系统协同度和发展优劣的业绩指标，其治理绩效的提升依赖于治理系统的推动，只有明确治理系统协同度与治理绩效二者的关系，才能在促进系统协同发展的同时有针对性地提高治理绩效。因此，本书主要以京津冀、长三角和汾渭平原三个地区为例，实证分析和深入探讨协同治理系统协同度与治理绩效的关系。

协同治理作为一种新的治理形态，必然区别于传统的生态治理模式，并遵循特定的运作逻辑。前述扎根理论对跨行政区生态环境协同治理系统进行了全面阐述和分析，即系统情境产生政策信念以推进政策互动过程，政策互动过程的协调运转及其结果产出又会反过来推动政策优化，从而形成新一轮的循环。跨行政区生态环境协同治理内部各子系统之间存在紧密的联结关系，这种特殊的关系会促进整个协同治理系统的协调运转。

具体来说，治理系统协同发展有两方面原因。一方面源于子系统内部的有序化发展，即子系统内部各要素自身的发展和协同。子系统内部的序参量有序发展是子系统之间实现全面协同发展的前提条件。子系统自身的有序发展即指内部序参量之间通过相互作用达到协调状态，也指序参量发展水平的提升。另一方面源于子系统之间的协调有序，即各子系统之间的非线性优化组合，以实现整个治理系统的协同。子系统之间的协同发展既包括各个子系统之间发展水平相当，也包括各子系统之间形成良性的互动关系，这种关系会促进协同治理系统由无序向有序转变。

跨行政区生态环境协同治理绩效可以理解为协同治理的效果，它主要表现为政策信念、政策互动过程等多方面的协同效应。简而言之，协同治理绩效的提升离不开协同治理系统的推动，而协同治理系统的发展又有赖于政策信念、政策互动、政策产出和政策优化四个子系统的有序发展以及彼此之间的协同发展。因此，协同治理四个子系统的有序化水平以及整体协同度对跨行政区生态环境协同治理绩效具有正向影响。需

---

① 梁郁：《区域企业双重创新系统协同及其与创新绩效关系的研究》，硕士学位论文，江苏科技大学，2019 年。

要说明的是，本节不考虑协同治理各子系统的有序度对协同治理绩效的影响。在后续的治理系统协同度与治理绩效关系的实证分析中，将专门对二者之间的关系进行全面系统的探讨和分析。

第二节　跨行政区生态环境协同治理绩效的测算

跨行政区生态环境协同治理绩效测算是指利用适当的指标对环境管理成效进行持续的、阶段性的、定量的测量评估。[①] 由于协同治理绩效测算较为复杂，因此评价指标体系要从全局和系统的角度出发，既能高度契合跨行政区生态环境协同治理的内在要求，又能符合生态文明建设和绿色发展理念，从整体上体现出跨行政区生态环境协同治理绩效的真实水平。国家发展改革委、环境保护部等部门制定的《绿色发展指标体系》和《生态文明建设考核目标体系》是测算跨行政区生态环境协同治理绩效的权威依据。为能真实地凸显出当前政策理念和协同治理的特性，本书决定采用上述指标体系综合评价区域资源环境保护和协同治理的成效，该指标体系主要由环境质量、生态保护、资源可持续利用和环境治理等指标以及相应的具体指标构成。同时，考虑到中国跨行政区生态环境协同治理的现实情况和数据的可得性，对指标作出相应的动态调整，以确保在跨行政区生态环境协同治理绩效评价方面更具有针对性和合理性，见表 5.1。

为保证区域环境治理绩效数据的权威性和真实性，本书采用《中国环境统计年鉴》《中国统计年鉴》等官方公开的权威数据作为区域治理绩效的原始数据来源。由于治理绩效的原始数据缺失值较少，且集中在最后两年的单一指标中，因而这里采用 XGBoost 模型对缺失值进行预测。XGBoost 是基于决策树的集成机器学习算法，它以梯度提升为框架，旨在

① 董战峰、郝春旭、王婷等：《中国省级区域环境绩效评价方法研究》，《环境污染与防治》2016 年第 2 期。

实现高效、灵活和便捷的数据科学工作。[①] 通过标出缺省数据坐标、明确缺省数据的特征维度、将缺省的维度定义为目标特征、使用5重交叉验证计算学习曲线并得到最优的输入样本量等步骤进行机器学习算法建模，最终计算出缺失数据。基于科学、合理的指标选取，数据收集和缺失值处理，最大值标准化处理，并以熵值法确定指标权重，最终计算出京津冀、长三角和汾渭平原三个地区2011—2019年的治理绩效效用值，见表5.2。

表5.1　　跨行政区生态环境协同治理绩效评价指标

环境质量指标	生态保护指标	资源可持续利用指标	环境治理指标
PM 10区域污染浓度、NO_2区域污染浓度、SO_2区域污染浓度、工业废物协同处置量、区域环境噪声、地区用水普及率	水土流失协同治理面积、区域森林覆盖率、区域绿化覆盖率	工业固体废物综合利用程度、地区工业用水重复利用率	SO_2协同排放强度、水域污染处理率、工业废水综合排放量、工业废气（NOx）协同排放强度、工业烟尘协同治理程度、工业污染协同治理投资额、污水COD协同排放力度

表5.2　　跨行政区生态环境协同治理绩效效用值

地区	2011年	2012年	2013年	2014年	2015年	2016年	2017年	2018年	2019年
京津冀	44.3812	42.9888	48.0263	52.1467	51.2061	57.1496	65.9177	68.3533	65.9928
长三角	47.0624	46.4562	46.5347	52.7298	51.0908	62.3083	62.0065	72.6836	73.9133
汾渭平原	31.8299	33.9310	54.5680	33.1615	33.8515	47.2816	49.7524	53.0342	59.0039

① Chen T., Guestrin C., "XGBoost: A Scalable Tree Boosting System", The 22nd ACM SIGKDD International Conference, University of Washington, ACM, August 2016.

第三节　治理系统协同度与治理绩效关系的实证分析

为检验跨行政区生态环境协同治理系统协同度与治理绩效之间的关系，需要选择适当的分析方法。本书采用计量经济分析技术中的面板数据回归分析方法进行实证研究。[①] 具体的实证分析过程可以分为以下三步。首先，对各变量进行描述性统计，呈现所研究变量的整体特征。其次，运用 Python 对面板数据进行单位根检验和协整检验，以判断数据是否适用于进行面板数据回归。如果经过检验，则可以认为样本数据适合于面板数据回归模型。最后，根据面板数据模型的假设检验结果，判断数据适合的模型形式。

一　变量描述性统计

本研究中的解释变量是跨行政区生态环境协同治理系统协同度 *govperf*（以下简称“系统协同度”），被解释变量是跨行政区生态环境协同治理绩效 *syn*（以下简称“治理绩效”）。在实证分析之前，首先要对各变量进行描述性统计分析。各变量的描述性统计结果见表 5.3。由于上节计算的跨行政区生态环境协同治理系统协同度是以 2010 年的统计数据为基期的，通过计算得到的协同度和其他变量的数据均来自三个地区 2011—2019 年的统计年鉴。因此本书选择 2011—2019 年为样本考察期，收集京津冀、长三角、汾渭平原三个地区的面板数据，得到 27 个样本并对其进行分析。面板数据可以很好地将时间序列数据和截面数据的共同点结合起来，还可以明显地增加样本容量，以提高实证结果的有效性和可靠性。[②] 这对于本书所研究的问题具有适用性和有效性。

---

① 刘友金、易秋平、贺灵：《产学研协同创新对地区创新绩效的影响——以长江经济带 11 省市为例》，《经济地理》2017 年第 9 期。

② 徐晓慧、廖涵：《环境规制、FDI 与制造业产业结构升级——基于长江经济带面板数据的实证检验》，《湖北社会科学》2021 年第 7 期。

表 5.3 各变量的描述性统计

变量	观察数	平均值	标准差	最小值	最大值
govperf	27	52.1245	11.4521	31.8299	73.9133
syn	27	0.0611	0.0463	-0.0209	0.1382

由表 5.3 可以看出，治理绩效的平均值为 52.1245，最小值为 31.8299，最大值为 73.9133；系统协同度（*syn*）的最小值为 -0.0209，最大值为 0.1382；虽然二者的数值差异比较明显，但总体来说，二者都处于不断增长的发展态势。

二 面板数据检验

变量平稳性检验是后续实证研究的前提。[①] 一般包括两个方面，一是面板单位根检验，主要检验面板数据是否为平稳的；二是面板协整关系检验，对变量是否存在协整关系进行协整检验。[②] 面板数据模型要求时间序列为平稳时间序列，否则会出现伪回归的现象[③]，即本身不直接相关，但在某些非平稳时间序列间呈现相同的变化趋势，因此首先需要对各变量进行单位根检验，以保证数据的平稳性。

对此，提出以下两个假设。

原假设 H_0：存在单位根。

备择假设 H_1：不存在单位根。

如果检验结果拒绝原假设，表明不存在单位根，数据是平稳的，可以进行面板数据回归分析，反之亦然。本书使用 Python 对各变量进行 ADF 单位根检验，由于治理绩效表现出不平稳的特征，因此，本书将原始变量序列取一阶差分，再次进行 ADF 单位根检验，如果仍然存在

① 杨浩、南锐：《社会治理支出与经济增长：抑制还是促进?》，《经济与管理研究》2015 年第 1 期。

② 张燕航：《技术创新活动中政府和企业作用的实证分析》，《技术经济与管理研究》2015 年第 5 期。

③ 汪立鑫、左川：《中心城市回荡扩散效应框架下城市间政府竞争的演化——以长三角都市圈为例》，《上海经济研究》2018 年第 10 期。

单位根，则进行二阶甚至高阶差分后再进行检验，直至序列平稳为止。检验结果见表5.4。注意，ADF值一般为负，也有正的，但是它只有在小于1%的水平下才能被认为是极其显著地拒绝原假设。

表5.4　　　　ADF单位根检验结果

选项	变量	T统计量	1%临界值	5%临界值	10%临界值	P值	结论
原值	*govperf*	1.5705	-3.8590	-3.0420	-2.6609	0.9978	不平稳
	syn	-4.7718	-3.7697	-3.0054	-2.6425	0.0000	平稳
一阶差分	*govperf*	-0.4578	-3.8893	-3.0544	-2.6670	0.9000	不平稳
	syn	-4.2461	-3.8092	-3.0216	-2.6507	0.0005	平稳
二阶差分	*govperf*	-5.1272	-3.8590	-3.0420	-2.6609	0.0000	平稳
	syn	-2.9544	-3.8893	-3.0544	-2.6670	0.0393	平稳

从面板数据的单位根检验结果来看，原序列中系统协同度 *syn* 的T统计量均小于1%、5%、10%临界值，且P值<0.05；而治理绩效 *govperf* 由于ADF检验的T统计量大于临界值且P值>0.05，不拒绝原假设，这表明为非平稳序列。对所有变量进行二阶差分后，各变量均通过ADF检验且分别在1%、5%、10%的显著性水平上拒绝原假设，即数据是平稳的。

为定量分析二者之间的关系，本书在对面板数据进行单位根检验的基础上，进一步对面板数据进行协整检验。[①] 由于分析结果显示各变量间存在同阶单整关系，满足协整检验的条件，因此可以对面板数据继续进行协整检验，以判断数据间是否存在长期稳定的均衡关系。在此基础上对原方程进行回归分析，其结果更为确切和可靠。对此，本研究采用

① 朱孔来、张晓、李励等：《基于面板数据模型的社会保障与经济发展关系分析》，《统计与信息论坛》2015年第12期。

Egel 和 Granger 提出的协整检验法①，检验治理系统协同度 *syn* 与治理绩效 *govperf* 之间是否存在长期关系，具体检验结果见表 5.5。

表 5.5　　　　协整检验结果

检验方法	检验统计量名称	统计量值	P 值
EG 检验法	T-statistic	-3.3459	0.0487

从表 5.5 的检验结果可以看出，T 检验统计量的值为 -3.3459，其对应的 P 值为 0.0487，即 P 值 <0.05，这说明在 5% 的置信水平下拒绝了"不存在协整关系"的原假设，即治理系统协同度 *syn* 与治理绩效 *govperf* 之间存在长期稳定的均衡关系。

三　模型设定与识别

根据上述面板数据检验结果可知，系统协同度与治理绩效之间不会出现伪回归的现象，可以对此进行面板数据回归分析。与分别将京津冀、长三角、汾渭平原三个地区的治理系统协同度与治理绩效独立地进行回归分析相比，利用三个地区的面板数据进行研究能够获得更多的信息，且能在一定程度上减少解释变量间的多重共线性问题，也能够很好地控制横截面个体的异质性，适当增加自由度，进而增强参数估计的准确性。

为分析治理系统协同度与治理绩效之间的关系，构造出如公式（5.1）所示的面板数据回归模型，采用双对数模式是为了消除或减少所构建模型可能存在的异方差问题。

$$govperf_{it} = \alpha_i + \beta 1 \ln(syn_{it}) + \varepsilon_{it} \tag{5.1}$$

其中，i 表示各样本地区，t 表示时间序列，*govperf* 表示治理绩效，*syn* 表示系统协同度，α 表示个体效应的截距参数，ε 表示模型的随机误差项。

面板数据回归模型一般分为混合回归（OLS）模型、固定效应（FE）

---

① 刘金全、云航、郑挺国：《人民币汇率购买力平价假说的计量检验——基于 Markov 区制转移的 Engel-Granger 协整分析》，《管理世界》2006 年第 3 期。

模型和随机效应（FE）模型三种类型。①

第一，OLS 模型。混合效应模型指的是把所有观测数据混合在一起进行回归，其假定所有观测对象的回归系数都是相同的。② 面板数据回归模型如下：

$$y_{it} = \alpha + \beta x_{it} + \varepsilon_{it}, i = 1, \cdots, n; \ t = 1, \cdots, T \quad (5.2)$$

该模型在基本假设上有别于其他两种类型，假定解释变量 x_{it} 对被解释变量 y_{it} 的影响与个体无关，也可以理解为无论对任何个体和截面，回归系数和截距都是相同的③，而固定效应模型和随机效应模型是个体效应存在的两种不同形态。

第二，FE 模型。FE 模型是面板数据中随个体变化但不随时间变化的一种模型形式。面板数据回归模型如下：

$$y_{it} = \alpha_i + \beta x_{it} + \varepsilon_{it}, i = 1, \cdots, n; \ t = 1, \cdots, T \quad (5.3)$$

其中，a_i 是与解释变量 x_{it} 相关的一种随机变量，也被称为个体固定效应项。FE 模型将未观察到的解释变量的个体效应确定为不会随时间变化的常数，即固定值。同时该模型假定回归系数 β 不会随着个体和时间的变动而变动。

第三，RE 模型。RE 模型是将固定效应模型的回归系数 β 看作随机变量的模型形式。如果截距项 α_i 是一个均值为 α 的随机变量，可以表示为 $\alpha_i = \alpha + v_i$，将其带入固定效应模型，可得以下随机效应模型方程：

$$\begin{aligned} y_{it} &= \alpha + \beta x_{it} + v_i + \varepsilon_{it} \\ &= \alpha + \beta x_{it} + u_{it}, i = 1, \cdots, n; \ t = 1, \cdots, T \end{aligned} \quad (5.4)$$

其中，$u_{it} = v_i + \varepsilon_{it}$，误差项 u_{it} 包括两个部分，v_i 为个体效应，它代表随个体变动的不可观测的异质性，但不随时间变动；ε_{it} 代表随个体和时间变动的剩余扰动项。RE 模型和 FE 模型的区别主要在于 v_i 与解释变量是否有关，如果误差项和解释变量不相关，则选择随机效应模型；反之，则选择固定效应模型。

---

① 蒋伏心、华冬芳、胡潇：《产学研协同创新对区域创新绩效影响研究》，《江苏社会科学》2015 年第 5 期。

② 傅国荣：《非流动性、投资者情绪与股票定价》，硕士学位论文，重庆大学，2016 年。

③ 张玉喜、赵丽丽：《中国科技金融投入对科技创新的作用效果——基于静态和动态面板数据模型的实证研究》，《科学学研究》2015 年第 2 期。

四　模型检验及估计结果

在进行面板数据回归分析的过程中，选用的样本数据包含变量、时间和面板三个维度的信息，一旦模型设定的形式不合理，估计结果将会出现偏差。为避免由此产生的偏差，提高参数估计的有效性和准确性，需要进一步检验面板数据究竟适合用哪一种模型来进行分析。一般来说，面板数据模型需要经过两步完成。第一，通过约束检验确定是否存在效应；第二，如果存在效应，则进入下一步骤，即用豪斯曼检验确定模型是固定效应还是随机效应。① 本研究利用 F 检验和 LM 检验两种方法对模型中是否存在个体效应进行检验，F 检验和 LM 检验的输出结果见表 5.6。

表 5.6　　F 检验和 LM 检验结果

检验方法	统计量值	P 值	检验结果
F 检验	8.1980	0.0000	存在显著个体效应
LM 检验	8.5446	0.0360	存在显著个体效应

通过 F 检验和 LM 检验对面板数据回归模型中是否存在个体效应进行检验，表 5.6 显示两种检验结果均拒绝原假设，即模型中确实存在个体效应，应拒绝采用混合效应模型。在确定模型中确实存在个体效应后，进一步采取 Hausman 检验确定是采用固定效应模型还是随机效应模型，以最终确定本研究适合的模型形式。简单来说，Hausman 检验是一种内生性检验，其原假设为模型个体效应与解释变量无关。如果 Hausman 检验拒绝原假设，则应该采用 FE 模型，否则应该采用 RE 模型。② 从本研究的 Hausman 检验结果来看，P 值为 0.99 > 0.05，说明在 5% 的显著性水平上，Hausman 检验接受原假设，即选择随机效应模型。当我们的样本来自一个较小的母体时，应该使用固定效应模型；而当样本来自一个很大的

① 杜莉、潘晓健：《普惠金融、金融服务均衡化与区域经济发展——基于中国省际面板数据模型的研究》，《吉林大学社会科学学报》2017 年第 5 期。

② 王雅晴、谭德明、张佳田等：《我国城市发展与能源碳排放关系的面板数据分析》，《生态学报》2020 年第 21 期。

母体时，应当采用随机效应模型。[①] 结合本研究来看，以京津冀、长三角、汾渭平原三个地区为研究对象，相对于全国而言是一个较小的样本，此时选择随机效应模型更为合适。为更充分地论证治理系统协同度与治理绩效的关系，使研究结论更具有可靠性，本研究分别使用随机效应模型和固定效应模型进行了建模分析。模型估计结果见表5.7。

表5.7　回归模型的估计结果

模型	系数 Parameter	误差 Std. Err	T统计量 T - stat	P值 P - value
随机效应模型	202.98	3.074	5.9571	0.0000
固定效应模型	202.96	35.519	5.7142	0.0000

由表5.7可知，无论是随机效应模型还是固定效应模型，系统协同度的回归系数均为正值，表明两个回归模型的结果在所研究变量上都表现出了高度的稳健性，并且通过了显著性水平为5%的双侧T检验，表明系统协同度与治理绩效显著正相关。以随机效应模型为例，回归系数为202.98，说明在其他因素不变的情况下，系统协同度每提高1个百分点，治理绩效就会相应提高202.98个百分点。

第四节　实证结果分析

上文的数据分析结果显示，系统协同度与治理绩效显著正相关。对系统协同度的分析和评价是检验系统协同程度对治理绩效影响的关键。从表4.16可知，京津冀地区2011年的协同度值为 -0.0095，此时整个系统处于不协同、无序发展的状态。由于政策互动子系统中协同执行度大幅下降，使得该子系统未能与政策信念子系统、政策产出子系统和政策优化子系统形成整体的协同发展态势，以致整个政策过程系统“协同失

① 党兴华、弓志刚:《多维邻近性对跨区域技术创新合作的影响——基于中国共同专利数据的实证分析》,《科学学研究》2013年第10期。

灵”。这主要是因为治理系统的协同发展存在“木桶效应”，即一个或多个子系统有序度的“短板”在一定程度上影响着整个治理系统协同发展的水平。与此同时，该年的治理绩效效用值为44.3812，在近十年的发展过程中也处于绩效水平较低的状态。这意味着这一时期协同治理刚刚起步，有较大的提升空间。与之相反，其余年份的系统协同度均为正值，尤其是2017年系统协同度达到最高值0.1274，治理绩效效用值也从2016年的57.1496增长到2017年的65.9177，这说明这一时期协同治理各子系统及整体协同度有了明显提升，治理能力在不断增强，协同治理绩效也随之得到显著提升。

长三角地区治理系统协同度总体上呈现增长趋势，且处于协同发展的阶段。从表4.16可以看出，长三角地区治理系统协同度在2011—2014年得到提升，这主要得益于2010年以来国家颁布和实施的长三角区域规划，对于环保、资源等区域内公共性的问题，重点突出了协调性的政策，这些政策将由区域内各方共同制定、共同执行。[①] 国家政策的支持使得该阶段协同发展出现了快速上升的趋势，协同治理绩效也表现出较高水平，治理绩效效用值从2011年的47.0624上升到2014年的52.7298。但是2017年治理系统协同度出现小幅下降，协同度值从2016年的0.1174下降到2017年的0.1147，治理绩效效用值也随之从2016年的62.3083下降到2017年的62.0065，这主要是因为政策信念子系统和政策优化子系统有序度均出现不同程度的下降，使得整体治理系统处于低度协同的发展状态，最终导致协同治理绩效水平下降。从2016年和2017年的生态环境状况公报也可以看出，2016年长三角地区环境优良天数比例平均为76.1%，而2017年环境优良天数比例平均为74.8%，比2016年下降1.3个百分点，这就说明2017年长三角地区协同治理绩效表现不佳。虽然2017年治理系统协同度呈现下降趋势，但2018年和2019年系统协同度出现大幅度攀升，这说明随着长三角一体化发展的逐渐深入和落实，长三角地区生态环境协同治理将在更高的起点上取得更加明显的治理绩效。

汾渭平原地区生态环境协同治理系统呈现曲折上升的发展态势，整

① 《长三角区域规划落地　区域发展总体战略清晰可见》，http://www.gov.cn/jrzg/2010-05/26/content_1613877.htm。

体波动幅度较大，协同关系并不稳定，协同效应的增长空间较大。从表4.16和图4.5能够发现，汾渭平原地区治理系统协同度在2011年为-0.0143，这主要是由政策互动子系统的下降所引起的。汾渭平原生态环境协同治理在最初并未得到国家的高度重视，各地方政府在区域环境问题上并未形成协调合作的状态，也未达成一致协议，以致协同效应尚未充分发挥。2012年和2013年协同度逐步上升到0.0378，治理绩效也相应提升到54.5680，但2014年协同度降到0.0275，治理绩效也下降到33.1615，分析具体原因发现，主要是受政策互动子系统和政策产出子系统的下降所影响，导致协同水平不高，协同效果不明显。由于治理系统的复杂性以及各个子系统自身运行机制的不同，治理系统内部必然存在一些不协同、不平衡的因素，致使协同治理绩效存在偏差。治理系统协同度从2015年开始逐步提升，汾渭平原地区生态环境协同治理成效显著，协同能力稳步上升。从现实情况来看，主要是因为汾渭平原地区在治理过程中日渐受到党中央的高度重视，作出了纳入大气污染防治重点区域和成立汾渭平原大气污染防治协作小组的重要部署，从而使得协同治理绩效得以提升。

综上所述，跨行政区生态环境协同治理系统协同度与治理绩效显著正相关，即协同度高，治理绩效就好；反之，协同度低，则治理绩效就差。跨行政区生态环境协同治理绩效作为协同治理系统发展水平的评价标准，其治理绩效的生成和提升离不开整个协同治理系统的推动。因而，跨行政区生态环境协同治理系统整体协同度，对跨行政区生态环境协同治理绩效水平的高低有着显著影响。

第六章

跨行政区生态环境协同治理绩效生成机制与影响因素分析

协同治理绩效是衡量区域地方政府治理水平的重要标准，如何有效提升跨行政区生态环境协同治理绩效是当前地方政府面对的共同难题。只有明确协同治理绩效的生成机制及其影响因素，其治理绩效的持续生成和不断提升才有章可循。本章将提炼出跨行政区生态环境协同治理绩效生成机制，并同时运用相关分析法，对跨行政区生态环境协同治理绩效生成机制与治理绩效的相关性进行分析，判断出影响跨行政区生态环境协同治理绩效的关键因素，从而为绩效责任目标体系构建提供依据。

第一节　跨行政区生态环境协同治理绩效生成机制框架

近年来，随着区域一体化步伐的加快，各种错综复杂的跨行政区环境问题层出不穷，中国虽然在跨行政区生态环境协同治理方面取得一定进展，但在实践中，仍然存在区域协同治理的多重困境，即由于各地方政府未能采取有效的集体行动，导致公共治理绩效受损[①]，表现为协同治理绩效差异显著，治理绩效欠佳，实际治理绩效与目标绩效间存在偏差。跨行政区生态环境协同治理绩效如何将直接关系到中国跨行政区治理的成败，亟待厘清。当前，提升跨行政区生态环境协同治理绩效的关键是

---

① 邓理、王中原：《嵌入式协同："互联网＋政务服务"改革中的跨部门协同及其困境》，《公共管理学报》2020年第4期。

从发生机制上厘清协同治理绩效的生成逻辑。只有弄清协同治理绩效是如何生成的，才能“对症下药”，取得事半功倍的效果。此外，厘清跨行政区生态环境协同治理绩效生成逻辑，也将有利于明晰下一步提升协同治理绩效的基本方向和着力点。从理论上说，跨行政区生态环境协同治理的绩效生成是多种因素共同作用的结果，这些因素通过不同的机制作用于不用主体形成某种合力，而当这种合力达到或超过一定阈值时，协同治理绩效就随之产生。但在现实中，各地区协同治理绩效往往差别显著，一些地区治理绩效良好，而其他地区治理绩效不佳。事实上，跨行政区生态环境协同治理绩效生成是一个复杂的运行过程，并不是各种生成要素的简单堆积，正因如此，我们需要遵循绩效“因何”生成、“依何”生成、“如何”生成的逻辑思路，即协同治理绩效生成的动因问题、具体过程及其结果，以此来厘清“跨行政区生态环境协同治理绩效生成”问题，并深入探究这种绩效生成的内在逻辑与运行机制，为提升协同治理绩效奠定基础。

目前，学界对绩效生成机制的研究已有所关注，并取得了诸多有理论价值和实践意义的研究成果，为我们在此基础上探索和建构跨行政区生态环境协同治理绩效生成机制奠定了宝贵的理论基础。综观这些研究可知，大多是从不同的角度研究政府或企业绩效的行为、评价、损失等方面的生成问题，而针对中国跨行政区生态环境协同治理绩效生成及其机制构建的研究较少，且并不深入。鉴于此，本书试图在前述扎根理论的基础上，结合实证分析对治理系统协同度与治理绩效关系的验证，从全过程的微观视角探究协同治理绩效是如何生成的，系统回应协同治理绩效生成背后的逻辑，这既包含了对治理情境要素的研究，也试图解构何种要素如何形塑各个机制并推动绩效生成的渐进式发展，以期为跨行政区生态环境协同治理绩效生成机制构建提供新的研究思路。

一 跨行政区生态环境协同治理绩效生成机制构成要素

跨行政区生态环境协同治理绩效生成并非毫无章法，它有赖于科学的机制。为探讨中国跨行政区生态环境协同治理绩效生成机制，我们将上述扎根理论构建的跨行政区生态环境协同治理系统模型进行概括和重构，结合实证分析结果，建构出包括驱动力机制、协同互动机制、考核激励机制和监督改进机制在内的跨行政区生态环境协同治理绩效生成机制。

跨行政区生态环境协同治理绩效生成机制作为一个动态运行机制，由若干要素构成，其中，驱动力机制着重考量政府态度和认知模式两个要素。虽然在现实的跨行政区治理中，地方政府间的合作往往表现为利益的驱动，但是在协同治理过程中，它最终要被内化为人们的政策偏好或政策目标。协同互动机制则是对各治理主体联合的行为措施的反映。该机制重点分析在驱动力机制的作用下，参与主体、协调合作和协同决策是如何协同运行以产生协同行动的。考核激励和监督改进机制则有利于构建多层次的制度和规则，以更好地实现政府间合作及其绩效改善。[①] 考核激励机制着眼于产出评价、奖励激励、监督问责和信息公开四个要素，这既是使各治理主体协同行动得以维持的主要手段，也是协同治理绩效持续生成的重要催化因素。由于在实际的跨行政区生态环境协同治理绩效生成中，奖励激励是对各治理主体协同行动及其结果进行强化的重要外部因素，故将其放在考核激励机制中加以考察。实践中常见的做法就是对治理绩效优异的地方政府给予物质奖励、精神激励等，反之则进行惩罚等负向激励，以强化协同行动，促进协同治理绩效的改善。监督改进机制包含督察整改和监督帮扶两个要素，两者共同构成协同治理绩效生成的影响因素。考核激励机制和监督改进机制共同作用于协同互动机制，最终影响到协同治理绩效。事实上，跨行政区生态环境协同治理绩效生成是一个依次递进的科学过程，缺失任何一个环节都不能生成真正的绩效。同时，协同治理绩效生成又是一个循环往复的过程，每一次的绩效生成都是在更高层次上的螺旋式上升。

二 跨行政区生态环境协同治理绩效生成机制要素间关系原理

跨行政区生态环境协同治理绩效生成机制是在驱动力机制的触发作用下，启动协同互动机制并促使其内部要素不断发生动态循环，进而可能产生两种截然相反的行为，即协同行动或协同惰性。协同互动机制在

---

① 杨志云、毛寿龙：《制度环境、激励约束与区域政府间合作——京津冀协同发展的个案追踪》，《国家行政学院学报》2017 年第 2 期。

运行过程中会受到考核激励机制的强化和监督改进机制的约束，从而产生不同的协同治理绩效。根据实证分析结果可知，协同度越高，治理绩效就越好，反之亦然。因此，能否达成协同是治理绩效生成的关键。协同治理绩效是对跨行政区生态环境协同治理成果的考量，主要包括绩效良好和绩效偏差两种结果。当考核激励机制强化协同行动和监督改进机制约束协同惰性共同发挥作用时，各治理主体会出现协同行动，此时协同治理绩效良好。反之，若考核激励机制的强化作用和监督改进机制的约束作用减轻或未发生作用，则会助长协同惰性的出现，进而导致协同治理绩效偏差。此时就要回到驱动力机制中，再次启动协同互动机制，开始新一轮的迭代循环的绩效生成过程。值得注意的是，协同治理并非想象中那样“应然”出现，也并非总是有效的，协同惰性也会时常出现①，从而影响协同治理绩效。此外，治理情境也是跨行政区生态环境协同治理绩效生成机制不可缺少的要素。治理情境并不是协同治理绩效生成的起始条件，而是作为绩效生成的背景存在的。政策、社会、文化等因素，都会影响协同治理绩效的生成，并带来新的挑战和可能性。从最初的生成动因，到生成过程，再到最后的生成结果，构成整个跨行政区生态环境协同治理绩效生成机制的主流脉络。

总体而言，协同治理绩效虽然是由各方条件集中作用产生的结果，但绩效生成的结果也会反过来导致驱动力机制等一系列机制的适应性调整，这是跨行政区生态环境协同治理绩效生成机制有效运行的重要保障。跨行政区生态环境协同治理绩效的生成离不开这些机制的相互作用，它们共同构成了跨行政区生态环境协同治理绩效生成机制。实际上，跨行政区生态环境协同治理绩效生成机制解释的是生成要素与治理绩效之间的关系问题。在跨行政区生态环境协同治理的过程中，要想明确其绩效生成机制，就需要跨行政区各级地方政府解决各自的利益冲突，以共同的利益和治理目标为核心，通过协商、谈判建立纵横交错的互动网络，发挥考核激励机制的强化作用和监督改进机制的约束作用，从而实现跨行政区生态环境协同治理绩效的提升。简单来说，跨行政区生态环境协同治理绩效生成机制中的各个子机制及其组成要素之间相互协作、相互

---

① 金太军、鹿斌：《协同治理生成逻辑的反思与调整》，《行政论坛》2016年第5期。

作用，共同决定着协同治理绩效的生成和运行，是一个从无到有、从有到优的过程。其具体的生成机制框架如图 6.1 所示。

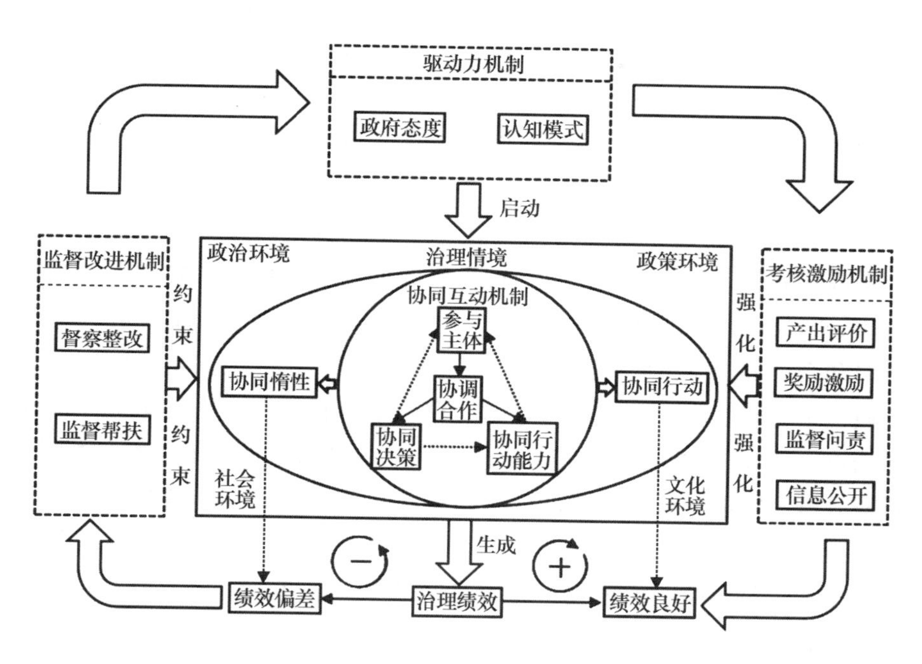

图 6.1　跨行政区生态环境协同治理绩效生成机制框架

第二节　跨行政区生态环境协同治理绩效生成机制阐释

跨行政区生态环境协同治理绩效生成机制是一个由驱动力机制、协同互动机制、考核激励机制和监督改进机制构成的动态机制，各个子机制之间并非简单的线性关系，且每个子机制内部蕴含一系列“关键变量”，推动协同治理绩效不断生成和发展。故此，当前不仅要着重分析塑造绩效生成的“关键机制”，更要力图挖掘这些“关键变量”影响绩效生成各个阶段的内在逻辑。通过深度分析跨行政区生态环境协同治理绩效生成机制及其构成要素间的互动效应与隐性逻辑，在理论探讨和实践经验交叠互动中提升中国跨行政区生态环境协同治理绩效。

一　驱动力机制：绩效生成的前提条件

驱动力机制是跨行政区生态环境协同治理绩效生成的起点，也是重要突破口。信念体系是协同治理绩效生成的内生动力，跨行政区各级地方政府在共同信念体系的指引下，能够进行长期的深度协调与合作，从而产生良好的协同治理绩效。政府态度和认知模式作为协同治理绩效生成的驱动力要件，在整个协同治理绩效生成机制中发挥着重要作用。其中，政府态度是协同治理绩效生成的重要驱动因素。政府态度不仅仅是一种内在的心理结构，更是一种行为倾向，对协同行动的展开起着引导作用。政府在跨行政区生态环境协同治理中的态度决定和影响着其行动意愿和行动方向，指引着协同互动过程的有效推进。事实上，政府在跨行政区生态环境协同治理中所处的立场和所持有的看法决定了协同治理的力度。认知模式可以简单地理解为政府获取和处理环境信息的模式。这对政府协同治理行动的开展以及治理绩效的生成具有重要影响。简单来讲就是认知模式决定行动效果。因此政府态度和认知模式构成的信念体系被认为是协同治理绩效生成的前提条件。当以上两个因素共同出现时，更容易触动协同治理绩效生成的开关。

二　协同互动机制：绩效生成的具体过程

协同互动机制致力于研究协同治理绩效生成的主要运行环节，以深化对协同治理绩效生成具体过程的认知。一旦驱动力机制打开，促使其高效运转的动力机制就会相应开启，协同治理绩效的生成则取决于参与主体、协调合作、协同决策和协同行动能力之间的多重互动。作为协同治理绩效生成机制良好运行的助推器，参与主体、协调合作、协同决策和协同行动能力这四个要素更侧重于“生成”过程中的沟通和交流，通过聚集各治理主体参与行动，共同生成协同治理绩效。首先，参与主体是跨行政区生态环境协同治理不可或缺的基础和前提，对于推动协同治理绩效的生成具有重要作用。跨行政区各级地方政府在生态环境协同治理中发挥主导作用，对各个主体进行功能整合、行动协调和资源互补，以实现主体间的协调合作。其次，协调合作被视为协同互动机制中的关键性要素。跨行政区生态环境协同治理及其绩效生成就有赖于各治理主体间的协调合作，通过整合跨行政区各级地方政府的共同利益实现协同决策，为联合行动提供政策指导。最后，协同行动能力是协同互动机制中的功能性要素，这是协同行动产生的前提条件。在现实的跨行政区生态环境协同治理绩效生成中，单个地方政府并未有足够的知识、资源和行动能力。正因如此，各地方政府需要拥有协同行动的能力，如信息沟通能力、利益平衡能力和资源整合能力等。总之，"参与主体"是协同互动机制的起点，各治理主体在参与过程中形成"协调合作"，进行"协同决策"，最终产生"协同行动能力"。同时，协同行动能力也可以增强参与主体、协调合作以及协同决策，以确保在协同治理中产生更有效的行动。若四个要素在协同互动机制中不断进行良性循环，则产生协同行动；反之，则会导致协同惰性。

三　考核激励机制：绩效生成的关键步骤

考核激励机制是保障协同治理绩效可持续生成和不断改善的关键机制。考核激励机制不仅在于维持和增强协同行动，更在于激发和促成协同治理绩效生成的长期性和稳定性。环境污染的跨行政区性和复杂性决定了协同治理绩效生成过程中很可能出现生成效果不佳的状况，因此建立相应的考核激励机制就显得尤为重要。产出评价是对协同行动及其结果的综合考量，是强化和巩固协同行动的重要环节。奖励激励和监督问责是促使各治理主体协同行动不断增强和治理绩效持续改善的两个重要激励因素。奖励激励是对各治理主体参与协同运作所产生的协同行动及其治理绩效进行持续强化的重要外部因素。实践中，对积极主动参与协同治理取得良好治理效果的地方政府会给予物质奖励或精神表彰，以保障良好治理绩效的持续生成。奖励激励能够形成强大的驱动力和必要的外推力，在这样的激励措施下，协同行动会不断增强，治理绩效也会随之得到持续改善。

监督问责在协同治理绩效生成中扮演着不可或缺的重要角色，其实质上是与奖励激励完全相反的一种激励方式，但最终目的都是使各治理主体相互协作以达到绩效可持续性生成和改善的目的。协同治理绩效生成的基础就是地方政府间的协作。故在协同治理绩效生成中，如果各治理主体存在破坏协作或背弃协作的行为就要进行惩罚和责任追究。此外，在考核激励机制运行中，信息公开是贯穿于全过程的，信息公开可以在一定程度上约束跨行政区各级政府的环境治理行为，即对政府的环境治理产生负激励作用，促使其增强协同行动，改善治理绩效。正是在这个意义上，信息公开同样构成推动政府协同治理绩效生成的激励因素。考核激励机制的构建可以更好地实现地方政府间的合作及其良好绩效。因此，要坚持奖励激励和监督问责并重，主动推动信息公开，保证奖励激励有措施、监督问责有标准、信息公开有保障，进而促进协同治理绩效生成与改善。

四　监督改进机制：绩效生成的重要保障

监督改进机制作为协同关系发展、协同行动产生和协同治理绩效可持续生成的保障机制，主要对协作过程中可能产生的协同惰性发挥约束作用。协同互动机制中四重动力之间的运转可能会产生协同惰性，而监督改进机制是约束这一行为产生和促进可持续性生成的重要保障。可以说，跨行政区治理中各参与主体协同惰性的产生会受到督察整改和监督帮扶两个具体因素的约束。其中，督察整改是制约协同惰性及其绩效偏差可持续生成的重要因素。自 2016 年中央生态环保督察制度推行以来，有效限制了地方政府凭借本地环境信息的优势隐匿真实信息、选择性执行甚至规避中央督察的行为。① 通过中央督察对发现的问题进行及时和有效的整改，尽可能消除潜在不良行为造成的影响，保证跨行政区治理中各参与主体的行动向着协同有序的方向发展。监督帮扶是打好污染防治攻坚战的重要制度安排，通过监督和帮扶把责任落实到位，加强对协同互动过程的督促和检查，为更好地约束协同惰性的产生发挥保障作用。监督改进机制的有效运行增加了跨行政区各级地方政府环境治理的压力和动力，地方政府的环境治理行为及其治理绩效由此得到显著改进。因此，为达到协同治理绩效提升的目的，就要发挥监督改进机制的长效约束作用。

总之，明确跨行政区生态环境协同治理绩效生成逻辑，推动跨行政区生态环境协同治理绩效提升是国家环境治理体系和治理能力现代化建

---

① 韩艺、谢婷:《环保督察制度的渐进变迁及效力发挥》,《江西社会科学》2021 年第 3 期。

设的重要议题。本书系统探讨了跨行政区生态环境协同治理绩效生成机理，力图形成规范、科学与完整的逻辑分析框架。协同治理理论对构建中国情境下跨行政区生态环境协同治理绩效生成机制具有启发意义。然而由于制度环境和体制架构的不同，一些具有独特性的变量和机制也有待引入，以更好地构建适合中国情境的跨行政区生态环境协同治理绩效生成机制。为此，通过程序化扎根理论构建的理论模型，嵌入绩效生成的独特变量，即考核激励机制和监督改进机制，最终构建起包括驱动力机制、协同互动机制、考核激励机制和监督改进机制在内的跨行政区生态环境协同治理绩效生成机制。研究发现，在特定的治理情境下，政府态度和认知模式共同构成协同治理绩效生成的驱动力机制，当两者共同作用时便会触动协同互动机制内部的运转，同时在协同治理绩效生成的推动力和约束力，即考核激励机制和监督改进机制的共同作用下，促进跨行政区生态环境协同治理绩效生成。这一动态机制展现出各个子机制及其构成要素在特定治理场域中的多重博弈与策略互动。总之，跨行政区生态环境协同治理绩效生成是多方利益主体博弈的结果。绩效生成机制的各个子机制及其构成要素之间存在复杂的关系，最终也要归根于利益因素所导致的不同参与主体的行为、利益和结果的整合。

第三节　跨行政区生态环境协同治理绩效的影响因素分析

前述跨行政区生态环境协同治理绩效生成机制是对政策过程系统如何影响治理绩效的解释性机制，换句话说，绩效生成机制的驱动力机制、协同互动机制、考核激励机制和监督改进机制就是影响跨行政区生态环境协同治理绩效的四个重要因素。从跨行政区生态环境协同治理的政策过程系统协同度与治理绩效的概念分析和实证检验中可以看出，政策过程各子系统之间的动态协调和互动，会对治理绩效产生影响。就当前而言，辨别影响治理绩效的关键因素将对相关主体采取措施促进跨行政区生态环境协同治理绩效提升具有直接的参考价值。因此，本节试图在跨行政区生态环境协同治理绩效生成机制的基础上，通过相关性分析，全面而具体地探讨影响跨行政区生态环境协同治理绩效的关键因素。

一　跨行政区生态环境协同治理绩效的影响因素相关性分析

根据上文分析可知，跨行政区生态环境协同治理绩效的影响因素是驱动力机制、协同互动机制、考核激励机制和监督改进机制。为定量描述各影响因素对跨行政区生态环境协同治理绩效的影响，采用统计学中的相关性参数，利用 Python 对跨行政区生态环境协同治理绩效生成机制及其构成要素与治理绩效间的关系进行相关性检验，分析结果一般用相关系数 r 来表示，相关性的大小一般用 r 的绝对值来衡量，绝对值越接近 1，表明自变量与因变量之间的相关程度越高，反之亦然。相关系数 |r| 的大小及对应相关程度见表 6.1。

表 6.1　　相关系数 |r| 与相关程度定义[①]

取值范围	相关程度
低度相关	(0, 0.3)
中度相关	[0.3, 0.5)
显著相关	[0.5, 0.8)
高度相关	[0.8, 1)

为深入了解跨行政区生态环境协同治理绩效与其影响因素之间的关系，本书利用前述京津冀、长三角、汾渭平原三个地区 2011—2019 年的相关数据，对影响因素与治理绩效之间的相关性展开分析。驱动力机制、协同互动机制、考核激励机制和监督改进机制四个影响因素与治理绩效间的相关系数矩阵见表 6.2。

表 6.2　　治理绩效与影响因素间的相关系数矩阵

因素	驱动力机制	协同互动机制	考核激励机制	监督改进机制	治理绩效
驱动力机制	1.00				

① 张月：《重庆市生态环境质量及影响因素相关性分析》，《环境与发展》2021 年第 1 期。

续表

因素	驱动力机制	协同互动机制	考核激励机制	监督改进机制	治理绩效
协同互动机制	0.03	1.00			
考核激励机制	0.16	0.69	1.00		
监督改进机制	-0.01	0.50	0.55	1.00	
治理绩效	0.11	0.72	0.53	0.64	1.00

在治理绩效与影响因素间的相关系数矩阵基础上，绘制出图 6.2，以更清晰直观地呈现跨行政区生态环境协同治理绩效生成的四个子机制与治理绩效间的相关程度。

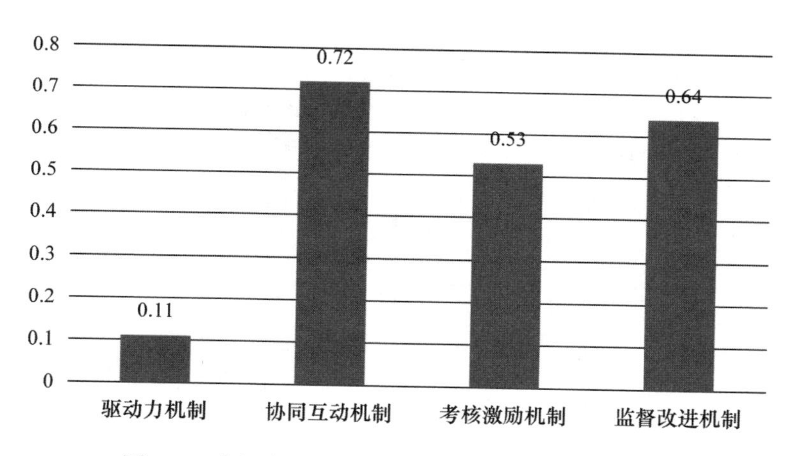

图 6.2　跨行政区生态环境协同治理绩效的影响因素

由表 6.2 和图 6.2 可知，跨行政区生态环境协同治理绩效生成机制的驱动力机制、协同互动机制、考核激励机制和监督改进机制均对治理绩效具有一定影响，相关系数依次为 0.11、0.72、0.53、0.64。首先，协同互动机制的相关系数最高，呈现显著相关性，说明跨行政区生态环境协同治理绩效受协同互动机制的影响最深。其次是监督改进机制和考核激励机制，也呈现显著相关性，表明监督改进机制和考核激励机制同样对跨行政区生态环境协同治理绩效提升有较大影响。驱动力机制对跨行政区生态环境协同治理绩效的影响较小，原因在于政府对生态环境治理的态度和相关政策的出台并不能直接对治理绩效产生影响，这也从侧面反映出当前中国应当重视和加强驱动力机制，转变政府观念，强化大局意识、责任意识和协同意识，从而更好地推动跨行政区生态环境协同治理绩效的提升。

通过相关性分析得出协同互动机制、考核激励机制和监督改进机制对跨行政区生态环境协同治理绩效的影响显著，相关性强；而驱动力机制对跨行政区生态环境协同治理绩效的影响较弱，相关性较弱。为更深入挖掘影响跨行政区生态环境协同治理绩效的关键因素，本书建立了跨行政区生态环境协同治理绩效生成机制各内部因素与治理绩效间的相关系数矩阵，见表6.3。

表6.3　各内部因素与治理绩效间的相关系数矩阵

因素	政府态度	认知模式	参与主体	协调合作	协同决策	协同行动	产出评价	奖励激励	监督问责	信息公开	督察整改	监督帮扶	治理绩效
政府态度	1.00	—	—	—	—	—	—	—	—	—	—	—	—
认知模式	-0.21	1.00	—	—	—	—	—	—	—	—	—	—	—
参与主体	0.21	-0.02	1.00	—	—	—	—	—	—	—	—	—	—
协调合作	0.33	-0.47	-0.01	1.00	—	—	—	—	—	—	—	—	—
协同决策	0.15	-0.01	-0.27	-0.03	1.00	—	—	—	—	—	—	—	—
协同行动	0.33	-0.53	0.19	0.85	-0.14	1.00	—	—	—	—	—	—	—
产出评价	0.29	0.05	0.91	0.02	-0.08	0.12	1.00	—	—	—	—	—	—

续表

因素	政府态度	认知模式	参与主体	协调合作	协同决策	协同行动	产出评价	奖励激励	监督问责	信息公开	督察整改	监督帮扶	治理绩效
奖励激励	0. 31	-0. 50	0. 07	0. 72	-0. 10	0. 48	0. 11	1. 00	—	—	—	—	—
监督问责	0. 54	-0. 44	0. 24	0. 65	0. 00	0. 46	0. 23	0. 78	1. 00	—	—	—	—
信息公开	0. 36	-0. 42	0. 21	0. 44	-0. 01	0. 58	0. 24	0. 29	0. 29	1. 00	—	—	—
督察整改	0. 35	-0. 37	-0. 39	0. 72	0. 08	0. 69	-0. 35	0. 38	0. 39	0. 50	1. 00	—	—
监督帮扶	0. 16	-0. 33	0. 15	0. 36	-0. 30	0. 23	0. 13	0. 54	0. 45	0. 00	0. 17	1. 00	—
治理绩效	0. 31	-0. 29	0. 10	0. 74	-0. 33	0. 77	0. 07	0. 50	0. 36	0. 45	0. 59	0. 46	1. 00

为了更加明确清楚地分析出跨行政区生态环境协同治理绩效生成机制各内部因素是如何影响治理绩效的，本书绘制出图 6. 3，对具体的影响因素进行相关性分析。

从表 6. 3 和图 6. 3 可以看出，驱动力机制中，政府态度与治理绩效中度相关，相关系数为 0. 31；而认知模式与治理绩效低度相关，这就说明政府在生态环境治理中的积极态度和政策支持对治理绩效的提升发挥着重要的影响作用。协同互动机制中，参与主体与治理绩效低度相关，也就是说在跨行政区生态环境协同治理中，参与主体的增多对良好治理绩效的产生发挥着微弱作用。协同决策与治理绩效之间表现出中度相关，而协调合作、协同行动与治理绩效显著正相关，这表明跨行政区各级政府彼此之间的协调合作程度和协同行动的水平与治理绩效关联紧密。考核激励机制中的产出评价、奖励激励、监督问责和信息公开与治理绩效间的相关系数分别为 0. 07、0. 50、0. 36、0. 45。其中，产出评价与治理

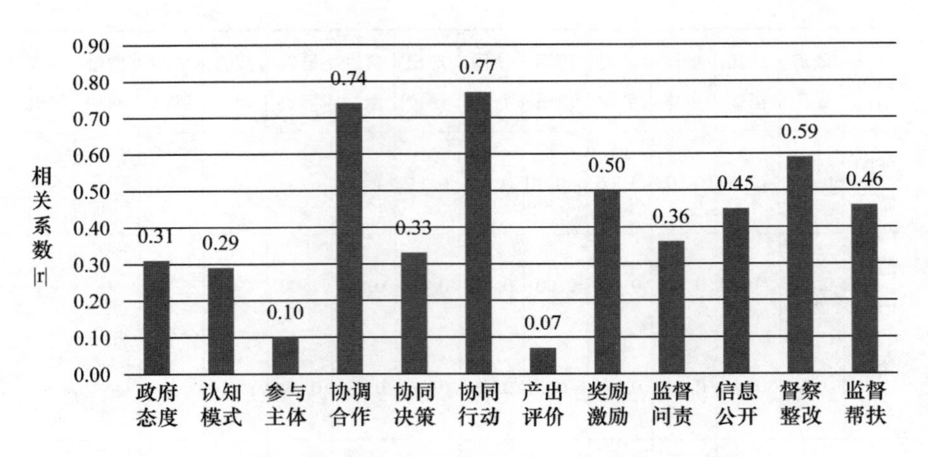

图 6.3　跨行政区生态环境协同治理绩效的具体影响因素

绩效之间的相关程度较低，即产出评价对治理绩效的影响作用较为微弱。产出评价更多地注重对跨行政区各级政府生态环境治理成效的衡量，是一种结果导向的评价，而非直接促成良好治理绩效的产生。奖励激励和监督问责是激励的两种手段，坚持奖励激励和监督问责并举是提升跨行政区生态环境协同治理绩效的应有之义。信息公开与治理绩效中度相关，即环境信息公开程度越高，越透明，治理绩效就会越好。已有的研究也充分证实了环境信息公开对改善环境治理绩效的影响作用。[①] 监督改进机制中，督察整改和监督帮扶与治理绩效间的相关系数分别为 0.59 和 0.46，这意味着督察整改工作的有效落实和监督帮扶力度的增强对跨行政区生态环境协同治理绩效提升具有重要影响。

二　跨行政区生态环境协同治理绩效的关键影响因素分析

上文对跨政区生态环境协同治理绩效与其影响因素进行了相关性分析，通过量化研究和对比发现，驱动力机制、协同互动机制、考核激励机制和监督改进机制及其内部因素均对治理绩效产生影响，接下来将对影响跨行政区生态环境协同治理绩效的关键因素展开详细分析和探讨。

① 范亚西：《信息公开、环境监管与环境治理绩效——来自中国城市的经验证据》，《生态经济》2020 年第 4 期。

（一）驱动力机制：政府态度

驱动力机制是推动跨行政区生态环境协同治理绩效提升所必需的动力产生机理，与治理绩效低度相关（相关系数0.11），这从侧面反映出当前中国在跨行政区生态环境协同治理中要注意强化驱动力机制，以提升跨行政区生态环境协同治理绩效水平。同时，在驱动力机制中，治理绩效受政府态度因素的影响最大，相关系数为0.31，变量之间具有中等程度的相关关系。也就是说，政府对生态环境治理的重视程度越高，跨行政区生态环境协同治理绩效也就越好。由此看来，跨行政区各级政府的态度是决定治理绩效能否提升的关键，上级政府的授意和政策扶持，是强化地方政府治理能力、提升治理绩效的支持性力量。研究结论也表明跨行政区生态环境协同治理绩效的提升，在很大程度上依赖于上级的支持。

（二）协同互动机制：协同行动

协同互动机制是实现跨行政区生态环境协同治理绩效提升的有效路径，与治理绩效间存在显著相关性（相关系数0.72），这表明协同互动机制对跨行政区生态环境协同治理绩效具有显著的提升作用，跨行政区各级政府可以通过互动优化而形成协调有序的发展格局。同时，在协同互动机制中，治理绩效受协同行动因素的影响最大，相关系数为0.77，变量之间具有强相关性，即协同行动的力度越强，跨行政区生态环境协同治理绩效就越高。对于协同行动而言，能否有效协调不同主体之间的关系，在跨界情境中形成有效合作，是实现治理目标和提升治理绩效的关键。[①] 可以说，协同行动是影响跨行政区生态环境协同治理绩效提升的关键因素，协同行动效果的好坏直接关系到跨行政区生态环境协同治理绩效的生成与完善。

（三）考核激励机制：奖励激励

考核激励机制是保障协同治理绩效、提高跨行政区各级政府生态环境保护积极性的重要制度保障，与治理绩效显著相关（相关系数0.53），这说明考核激励机制在一定程度上能够有效激励跨行政区各级政府提升

---

① 李倩：《跨界环境治理目标责任制的运行逻辑与治理绩效——以京津冀大气治理为例》，《北京行政学院学报》2020年第4期。

治理绩效水平，达成绩效目标。同时，在考核激励机制中，治理绩效受奖励激励因素的影响最大，相关系数为0.50，表现出显著相关性，这说明奖励激励具有显著的提升内在动力的效应，可以激励跨行政区各级地方政府积极开展环境治理工作，提升跨行政区生态环境协同治理绩效。合理的考核激励机制可以提高跨行政区各级政府对环境治理工作的重视程度，激励其积极开展环境治理工作，实现环境治理从“不作为”到“积极作为”的转变，有效改善区域生态环境，提高各级政府的环境治理绩效。

（四）监督改进机制：督察整改

监督改进机制是加快推进生态环境保护工作，督促跨行政区各级政府落实环境治理主体责任和提升治理绩效的有力措施，与治理绩效间存在显著相关性（相关系数0.64），这进一步体现出监督改进机制对于环境治理的高质量发展和治理绩效的显著提升至关重要。同时，在监督改进机制中，治理绩效受督察整改因素的影响最大，相关系数为0.59，变量之间同样具有显著的正相关性，即督察整改工作成效显著，会对持续改善生态环境，提升跨行政区生态环境协同治理绩效具有重要影响。跨行政区各级政府在环境监督后对外公开整改方案和整改情况，对于推进跨行政区生态环境问题的解决、提升治理绩效水平具有重要意义。由此看来，监督改进机制是跨行政区生态环境协同治理绩效生成机制的重要组成部分，也是实现治理绩效提升的重要环节。

通过对上述影响因素的整体分析可知，驱动力机制中的政府态度、协同互动机制中的协同行动、考核激励机制中的奖励激励、监督改进机制中的督察整改是影响跨行政区生态环境协同治理绩效的四个关键因素，研究结果也充分证实了这四个因素对提升跨行政区生态环境协同治理绩效发挥着重要作用。

第七章

绩效问责何以促进跨行政区生态环境协同治理

绩效问责是促进跨行政区生态环境协同治理的重要制度工具。为了促进跨行政区生态环境协同治理，必须找准绩效问责促进跨行政区生态环境协同治理绩效生成的方向和着力点。从跨行政区生态环境协同治理绩效问责的行动逻辑出发，可以有效解释绩效问责促进跨行政区生态环境协同治理的内在机理，也为探索有效提升跨行政区生态环境协同治理绩效的问责路径设计提供了理论指引。

第一节　行动逻辑：绩效问责与协同治理关系的一个解释性机制

在中国生态文明建设逐步深入的背景下，绩效问责对生态环境治理的作用日益受到重视，特别是随着近年来跨行政区生态环境问题日益突出，跨行政区生态环境协同治理绩效问责实践也逐步展开。

绩效问责是促进跨行政区各层级政府加强生态环境协同治理的重要途径。然而由于行政区划和利益的分割，各问责主体之间在问责目标、问责标准和依据、问责过程，以及问责结果等方面均表现出差异性，这种差异性在突出地方特色的同时，也带来了问责的不协调，进而导致问责效率不佳，严重制约了跨行政区生态环境协同治理的效果。加强协同治理绩效问责建设、提升协同问责效力，是推进跨行政区生态环境协同治理的当务之急。

虽然已有的研究成果展开了对绩效问责及跨行政区生态环境协同治理绩效问责的多方面探讨，但这些成果要么直接讨论绩效问责的功能价值，要么从制度建设的角度来讨论如何完善绩效问责制度建设，然而在理论上如何理解绩效问责与跨行政区生态环境协同治理的关系还没有合理性的解释。

笔者认为，如果单纯从各自角度出发对跨行政区生态环境协同治理绩效问责的各方面问题进行探讨，虽然可以发现一些规律性问题，却难以展现跨行政区生态环境协同治理绩效问责的整体情况，各个研究点之间也无法自然形成有机联系。对绩效问责促进跨行政区生态环境协同治理的行动逻辑的探讨是从整体上认识和把握跨行政区生态环境协同治理绩效问责内在规律的根本性问题。

何为“行动逻辑”？秦亚青将其解释为行动的原因机制①，这一观点回答了行动是如何产生的规律性问题。李齐等通过整合多个学科的观点，对于治理主体的行动逻辑进行追根溯源，进一步从个体与系统区分的角度以及治理主体行动基本依据变动与否的角度出发，将治理主体的行动逻辑分为两组相互对立的逻辑，即个体性逻辑与系统性逻辑、一般性逻辑与情境性逻辑，并且认为“如果先确定治理的愿景或模式，而后讨论治理主体的行动，在逻辑上实为本末倒置”②，这一观点凸显了行动逻辑研究对于治理模式选择的先决意义。以上对于行动逻辑的研究聚焦于行动产生的原因和依据，回答了行动产生的逻辑起点问题。周超等则认为“治理的行动逻辑体现在治理活动的主体资格、行动动因和行动路线三个方面”，“治理的行动逻辑构成了治理工具分类与型构的基础”，“通过治理行动逻辑来构建治理工具的分类与型构，使得治理工具兼具静态与动态的特性”。③ 这一观点拓展了行动逻辑的内涵。为了给跨行政区生态环境协同治理绩效问责的完善提供更系统的理论指导，对绩效问责促进跨

① 秦亚青：《行动的逻辑：西方国际关系理论“知识转向”的意义》，《中国社会科学》2013年第12期。

② 李齐、李松玉：《治理主体行动逻辑的“四维分析框架”——兼论乡村治理中乡镇政府行动逻辑演变及趋向》，《政治学研究》2020年第4期。

③ 周超、毛胜根：《社会治理工具的分类与型构——基于社会治理靶向和行动逻辑的分析》，《社会科学》2020年第10期。

行政区生态环境协同治理行动逻辑的探讨不应止步于问责的动因，还应该包括问责的演化过程，以及对问责结果的深入探索和阐释。

综上所述，笔者认为，所谓绩效问责促进跨行政区生态环境协同治理的行动逻辑，是指对跨行政区生态环境协同治理绩效问责何以产生、沿着何种规律发展，以及产生何种问责结果的规律性问题的解释机制。绩效问责作为一种新的问责形态，必然区别于传统的生态问责模式，并遵循特定的问责逻辑。准确把握绩效问责促进跨行政区生态环境协同治理的行动逻辑是跨行政区生态环境协同治理及绩效问责研究不可回避的一个重要理论命题。

第二节　绩效问责促进跨行政区生态环境协同治理的行动逻辑

绩效问责促进跨行政区生态环境协同治理的行动逻辑，也即跨行政区生态环境协同治理绩效问责的行动逻辑，因为绩效问责的目的在于促进跨行政区生态环境协同治理，作为实现协同治理的手段，其具体的制度形式就是跨行政区生态环境协同治理绩效问责制度及其运行机制的建立和有效运行，因此，二者的内涵是一致的。绩效问责要实现的绩效是跨行政区生态环境协同治理的绩效，协同治理绩效是跨行政区生态环境绩效问责的最根本标准和依据。因此，对于绩效问责促进跨行政区生态环境协同治理行动逻辑的讨论，离不开对跨行政区生态环境协同治理绩效内在规定性特征的分析。

一　跨行政区生态环境协同治理绩效的内在规定性特征

跨行政区生态环境协同治理绩效是一个复合概念，由“跨行政区生态环境”“协同治理”和“绩效”三组关键词组成，可以通过对关键词的解构发现其内在规定性特征。

首先，“跨行政区生态环境”是本书讨论协同治理绩效问责的前提情境设定，这一前提设定要求打破行政界限，改变各自为政的碎片化治理状态，将区域整体生态环境质量水平的提升作为各地方政府共同追求的目标。因此，跨行政区生态环境的治理目标不是各个治理主体各自治理目标的简单相加，而是区域整体性治理目标的分解。治理目标的“整体性”是跨行政区生态环境协同治理的显著特性。

其次，“协同治理”是本书分析的核心关键词，根据协同论的观点，协同治理就是要求各治理主体的行为由无序向有序转变。治理的“有序性”是协同治理的本质特性，这主要体现在两个方面。一是治理结构的统一性，治理结构主要是指协同的组织载体与制度设计，“生态环境”具有不可分割性，跨行政区各地方政府所面临的生态环境问题往往是相同或者相近的，这就要求各生态治理主体统一施策，在生态治理的政策措施与制度设计上保持标准统一；二是治理过程的有序性，这具体是指实现多主体协同的议程安排、程序性设定和技术手段的使用必须遵循统一的规范，保持行动的协调与配合，主要表现为治理过程的协调性。

最后，“绩效”是问责的最根本标准和依据。按照绩效管理原理，必须坚持结果导向原则。通过使用绩效评价工具，对协同治理的效果进行科学评价，并作为奖惩的依据。而评价的参照依据则是跨行政区生态环境治理主体共同确定的区域整体性治理目标，绩效的优劣主要取决于各个治理主体对整体性绩效目标实现的贡献程度。换言之，绩效评价结果与区域整体性治理目标的一致性程度是绩效问责的主要依据。因此，努力实现绩效结果与治理目标的一致性是跨行政区生态环境协同治理绩效问责要实现的根本目标。

综上所述，治理目标的整体性、治理结构的统一性、治理过程的有序性，以及治理结果的一致性应是跨行政区生态环境协同治理绩效的内在规定性特征，同时也是绩效问责促进跨行政区生态环境协同治理的重要目标和路径。对跨行政区生态环境协同治理绩效内在规定性特征的分析为我们思考跨行政区生态环境协同治理绩效问责的行动逻辑提供了新的思路和方向。

二 绩效问责促进跨行政区生态环境协同治理行动逻辑的理论阐释

绩效问责促进跨行政区生态环境协同治理的行动逻辑是对跨行政区治理主体协同治理绩效问责过程的一般规律性阐释，其行动逻辑在理论上应该充分体现跨行政区生态环境协同治理绩效的内在规定性特征，即表现出治理目标的整体性、治理结构的统一性、治理过程的有序性，以及治理结果的一致性等本质特征，这应该是跨行政区生态环境协同治理绩效问责表现出的根本逻辑特征。但由于各级治理主体在行政区划和利益分割下的自主性冲动的存在，必然会对协同治理绩效问责的根本逻辑特征产生互动性影响，如果是正向互动，就会进一步促进跨行政区生态环境协同治理绩效的提升，真正实现1+1>2的协同效果；如果是负向互动，则会使得协同结果与协同目的发生偏离，从而使得绩效问责的行动逻辑表现出新的派生性特征，但这种新的派生性特征必然受"根本逻辑特征"的约束，对"根本逻辑特征"的偏离程度则取决于各级问责主体自主性冲动的张力大小。下面通过对"根本逻辑特征"的阈值限制和自主性冲动之间的互动关系进行分析，可以呈现绩效问责如何促进跨行政区生态环境协同治理的行动逻辑。

首先，对绩效问责促进跨行政区生态环境协同治理行动逻辑的探讨，不可避免地要对协同治理绩效问责的前端要素，即动因逻辑进行阐释，这是跨行政区生态环境协同治理绩效问责的驱动因素，即回答协同治理绩效问责是如何产生的本源性问题。跨行政区生态环境协同治理绩效问责主体在利益驱动和价值驱动两个要素的共同作用下，形成了协同治理绩效问责的目标驱动，进而引发了协同治理绩效问责行为及其在多主体互动中的行为选择。跨行政区生态环境协同治理要求从区域整体性治理目标出发，通过绩效问责的约束功能实现对区域整体性责任目标的分解，而各个治理主体往往从地方利益出发对区域整体性目标进行选择性执行，如果问责机制不能紧密跟进，则这种选择性执行就会阻碍整体性目标的落实，最终难以实现协同治理目标。因此，跨行政区生态环境协同治理绩效问责在动因逻辑上的根本特性就是区域整体性逻辑与地方自主性逻辑的博弈，具体表现为区域问责目标的整体性和地方目标选择的局部性特征。绩效问责促进跨行政区生态环境协同治理的行动逻辑，就在于以绩效问责的压力实现整体性目标对地方局部目标的吸纳和整合。

其次，对绩效问责促进跨行政区生态环境协同治理行动逻辑的探讨，也回避不了对协同治理绩效问责的协同结构和过程的分析。其中，结构主要是指跨行政区生态环境协同治理绩效问责的组织机构设置、制度安排和组织领导模式；过程是指跨行政区生态环境协同治理绩效问责的动态行为过程，主要包括绩效问责协同目标的确定、分解与考评机制，以及内外部影响要素间的互动过程。“从行为上讲，问责的实际运行最终必须落实到具体的实施机制上来”①，这是协同治理绩效问责行动逻辑阐释的核心环节。从区域整体性的动因逻辑出发，区域内各个治理主体在组织机构设置和制度安排上应该保持有效对接，在组织领导模式上应该建立有效的沟通和磋商机制，从而实现问责主体有效配合、问责标准规范统一、问责行动协调有序。然而在治理实践中，区域内各行政区治理主体往往无法调和整体性目标和自主性张力之间的冲突，自主性选择往往偏离整体性目标，表现为问责主体间的不配合、问责标准的不统一，以及选择性问责等地方差异性，从而消解了跨行政区绩效问责的权威性。因此，绩效问责促进跨行政区生态环境协同治理的行动逻辑，在结构和过程上就体现为以区域统一性制度规范和集体性行动有效克服地方问责标准的差异性和行动的无序性。

最后，对绩效问责促进跨行政区生态环境协同治理行动逻辑的探讨，还必须关注末端因素，即在绩效问责结果评价的基础上，要实现对治理目标的反馈，这是实现协同治理绩效持续提升的必要环节。因此，结果逻辑是对在特定的绩效问责协同结构和协同过程作用下所形成的协同治理结果及其实现绩效改进的基本规律的理论阐释。同样受限于整体性治理目标与地方自主性选择的动因逻辑，绩效问责要实现的结果是区域整体性治理目标所确定的预期结果，凡是偏离整体性治理目标的治理结果都是问责的对象，绩效问责的重要功能就是通过对治理结构的影响，通过规范治理过程，而尽可能地实现治理结果和治理目标的一致性，绩效问责结果逻辑所关注的关键点就是如何提升各个治理主体所实现的治理目标对整体性治理目标实现的贡献程度。通过绩效问责克服治理结果的偏差性、提升结果与目标的一致性是绩效问责运行结果的基本行动逻辑。

综上所述，动因、结构、过程、结果就构成了分析绩效问责促进跨行政区生态环境协同治理行动逻辑的主要维度。其中，以利益驱动和价值驱动为基础的目标选择的动因逻辑是协同治理绩效问责得以产生的前提，也是绩效问责协同结构和协同过程得以生成的前置条件；绩效问责

---

① 谷志军、邹书帆:《行政过程论视角下的激励、容错纠错与问责辨析》,《武汉科技大学学报》(社会科学版) 2020 年第 4 期。

的协同结构与协同过程之间则是相互促进的关系，一方面协同结构规定了协同过程的运作形态，另一方面协同过程是协同结构发挥作用的根本途径；协同结果与协同结构及协同过程之间则为因果关系，即绩效问责在特定的协同结构与协同过程中产生特定的协同绩效结果。根据绩效问责促进跨行政区生态环境协同治理的行动逻辑，可以以动因、结构、过程、结果四个维度为基础构建出跨行政区生态环境协同治理绩效问责的行动逻辑模型，如图 7.1 所示。

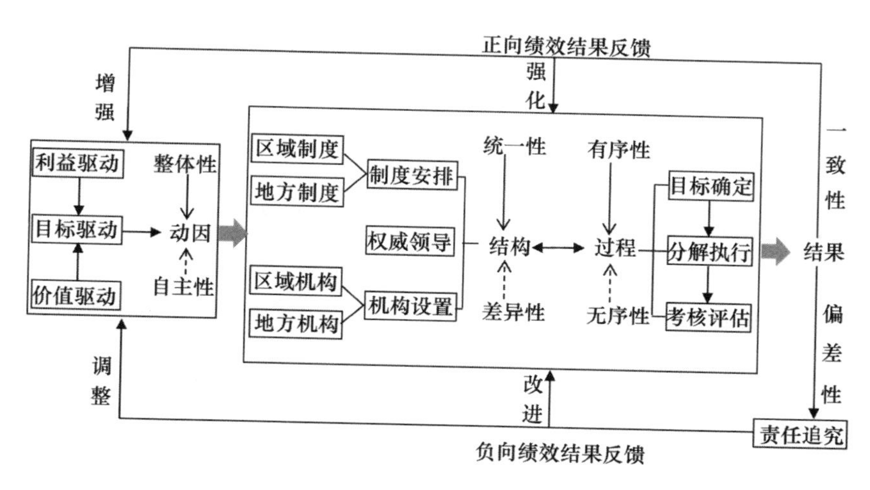

图 7.1　跨行政区生态环境协同治理绩效问责的行动逻辑模型

本书构建了绩效问责促进跨行政区生态环境协同治理的“动因—结构—过程—结果”逻辑模型，与以往模型偏重于协同治理的结构与过程两个层面不同，本书从协同治理绩效问责的逻辑起点开始分析，增加了对促进协同治理绩效问责产生的动因的事实关注，在此基础上对协同治理绩效问责的结构与过程两方面特征进行描述，同时进一步对协同治理绩效问责的最终结果进行了探讨，有效解释了跨行政区生态环境协同治理绩效问责的“前因”与“后果”。从而回答了协同治理绩效问责“为什么要”“是什么样”“如何行”以及“会怎样”等一系列问题。

本书所构建的行动逻辑模型，对于绩效问责如何促进跨行政区生态环境协同治理具有很强的解释力。首先，因为生态环境协同治理本身就根植于各行政区分散治理的土壤之中，协同治理绩效问责的产生必定伴随一个多方利益博弈的过程，如果忽略其产生的动因就难以对其发展的过程逻辑进行解释。其次，由于碎片化的属地治理问责在应对整体性的环境治理上的失灵，为了提高问责效果和生态治理成效，协同问责成为一种策略选择，因而协同问责必然是结果导向的，因此，只有对协同问责的结果进行分析，才能有效回应协同治理的现实需求。

第三节　何以可能：绩效问责促进跨行政区生态环境协同治理的内在机理

“何以可能”主要是从理论视角解答绩效问责在促进跨行政区生态环境协同治理中发挥的功能和作用，指明跨行政区生态环境协同治理绩效问责制度及其运行机制建设的关键着力点。探讨绩效问责促进跨行政区生态环境协同治理何以可能，就要深入分析协同治理与绩效问责的关系，具体来说，就是从绩效问责的动因、结构、过程和结果四个方面的逻辑关系出发，探讨绩效问责促进跨行政区生态环境协同治理的内在机理。

根据前面对绩效问责逻辑的分析可知，绩效问责的动因传导会影响绩效问责的结构逻辑和过程逻辑，如果从区域整体性目标出发，则绩效问责在结构逻辑和过程逻辑中表现为协调有序，否则会表现出结构的不对接和协同过程的不协调。将治理目标转化为绩效责任目标，并强化问责目标在协同结构和过程中的有序分解和执行，是实现协同治理目标的必然路径，也是绩效问责促进跨行政区生态环境协同治理在结构和过程上的行动逻辑。无论是协同治理还是绩效问责都是坚持结果导向，对绩效责任目标的分解、落实和考核就是要评价协同治理结果与目标之间的一致性程度，而绩效问责的根本目的则是通过问责工具尽可能地控制治理主体在协同治理过程中治理结果与治理目标的偏差。通过绩效问责有效克服地方治理主体的自主性冲动，并实现协同结构的统一性、协同过程的有序性，以及协同结果与目标的一致性是绩效问责促进跨行政区生态环境协同治理的基本行动逻辑。对上述问题的有效解释，则从理论上回答了绩效问责促进跨行政区生态环境协同治理的可能性。

第一，动因逻辑上何以可能——以问责目标的整体性，克服单个治理主体目标选择的自主性冲动。问责目标的整体性要求将跨行政区整体看作协同治理绩效问责的对象，各行政区必须从区域整体性绩效责任目标出发进行生态治理和承担生态绩效责任，并依据各个责任主体对区域整体性绩效责任目标的贡献度统一实施绩效评估与奖惩。但是各行政区政府的生态治理行为也会受到自主性冲动的影响。例如，跨行政区各层级政府存在中央政府核心价值理念指导下的自主性特征，属地治理的碎片化与生态环境的整体性之间的矛盾会导致相邻或者相近的区域之间出现利益对抗，各治理主体基于自身利益的目标选择容易导致“搭便车”、污染转嫁等行为出现。而坚持问责目标的整体性则能够有效调和各治理主体在价值选择与利益选择上的自主性冲突。

具体而言，在属地治理模式下，实现既定的生态指标是各地方政府的工作目标之一，跨行政区政府对于良好的生态目标的追求是一致的，实现区域整体生态环境的改善在本质上也符合各治理主体的共同利益。因此，将区域整体生态治理绩效的实现作为问责目标，既符合各治理主体的价值逻辑，同时也符合其利益逻辑，从而有助于实现协同治理绩效问责的动因协同。因此，要使得协同治理绩效问责的动因逻辑发挥有效的驱动作用，就必须克服各行政区治理主体目标选择的自主性，而确立整体性的问责目标则是克服其自主性冲动的关键点。

第二，结构逻辑上何以可能——以问责制度的统一性，促进跨行政区治理结构的有效对接。问责制度是指与协同治理绩效问责相关的一系列办事规程与行动准则，坚持问责制度的统一性需要将区域整体的各项问责制度作为跨行政区各级政府实施生态治理绩效问责的标准与范本，从而使各治理主体接受同一套问责制度的规范与指导。但是各地方政府作为其行政区域内生态治理的领导和责任主体，本就具有相当程度的自主权，受各治理主体自主性选择的影响，跨行政区各级政府从各自生态环境治理的特点以及自身的利益诉求出发，往往会制定和设置具有各自特色的问责制度和组织机构，从而表现出协同治理结构上的差异化状况。而建立区域统一的问责制度则可以促进跨行政区治理结构的有效对接。

具体而言，将问责标准的统一性作为切入点，能够有效实现跨行政区生态环境质量监测、评价等诸多方面标准的统一，这是绩效问责促进跨行政区生态环境协同治理的重要结构逻辑。区域统一的问责制度的确立还能为绩效问责的组织机构设置与领导模式调整做出宏观规划与预设。在区域统一的绩效问责制度框架下，各行政区问责机构及其他环境管理机构之间的协调对接便有了统一的制度依据，跨行政区性环境管理机构的职能也能够得到更大程度的发挥。此外，坚持问责制度的统一性还有助于强化跨行政区协同治理绩效问责的领导效力，从而能够在跨行政区政府的纵向层级与横向部门之间切实传导问责压力。

第三，过程逻辑上何以可能——以问责过程的规范性，强化跨行政区治理行动的有序性。问责过程的规范性要求在跨行政区生态环境协同治理绩效问责的实施过程中严格遵循协同治理目标确定、目标分解执行以及对目标的考核评价等环节。在动因逻辑中的整体性问责目标进一步传导到协同治理的过程层面，并成为确保问责过程规范有序的重要前提。因此，应将跨行政区整体生态环境治理目标作为实施绩效问责的最根本依据，然后通过目标分解明确各行政区生态治理主体的绩效责任，最终考核各行政区生态治理绩效的实现情况以及对区域整体生态绩效的贡献程度，并以此为依据实施奖惩。

协同治理目标的确定、分解、执行与评价构成了跨行政区生态环境协同治理绩效问责的规范性程序，而有序治理是有序问责的基础，因此在以上各环节依次运转的过程中，规范有序的跨行政区生态环境协同治理行为也得以实现。但是各治理主体的自主性张力同样会对协同治理过程产生负面影响，这主要表现为各行政区在治理信息、治理资源以及治理技术等方面所采取封闭性策略，以及忽视跨行政区、跨部门的横向协调与合作，从而呈现各自为政的治理状态。加强问责过程的规范性则有助于把控各治理主体在自主性冲动下的无序化行为选择，这主要是依靠问责手段所具有的行为约束力来实现的。

第四，结果逻辑上何以可能——以责任追究和绩效改进压力，促进治理结果改进和治理目标重塑。责任追究与绩效改进的实施是以协同治理结果与协同治理目标之间的对比情况为依据的，因此必须明确跨行政区生态环境协同治理的最终结果在多大程度上实现了预先确定的治理目标。跨行政区生态环境协同治理的结果表现为一致性与偏差性两种状态，一致性即跨行政区生态环境协同治理所取得的最终结果实现了其所设定的协同治理目标，协同治理结果与协同治理目标存在偏差则证明需要启动问责程序，同时实施绩效改进。通过责任追究和绩效改进促进协同治理绩效的提升以及协同治理目标的重塑是绩效问责在结果逻辑上何以促进跨行政区生态环境协同治理的内在机理。

需要注意的是，区域整体生态治理目标的实现才是取得一致性协同治理结果的根本体现，但是各生态治理主体分解绩效责任目标的实现情况往往存在差异，然而任何单一主体绩效目标未完成都会影响到区域整体的生态治理绩效。因此，应加强惩戒力度，分别制定出以整体绩效目标与各主体分解绩效目标为依据的责任追究措施，当区域整体生态治理绩效未完全实现时，无论各治理主体的绩效水平如何，均要承担连带责任。

第四节　何以可行：绩效问责促进跨行政区生态环境协同治理的实现路径

“何以可行”就是从实践层面探讨如何通过绩效问责促进协同治理绩效的生成，也即如何通过加强问责制度机制建设来实现跨行政区生态环境协同治理的政策实践问题。对于跨行政区生态环境协同治理绩效问责行动逻辑的探讨，为我们分析绩效问责如何促进跨行政区生态环境协同治理找准了方向和着力点。治理目标的整体性如何实现，要通过绩效责任目标的整体性转换并有效分解落实加以实现，因此，绩效责任目标的整体性是跨行政区生态环境协同治理对绩效问责制度和机制设计提出的根本性要求。绩效问责整体性目标的落实，还得依赖于区域协同问责结构和过程机制的有效贯彻。协同结构的统一性主要体现为跨行政区各治理主体问责制度和标准的有效对接，具体表现为制度规范的统一性。在问责过程中，这种统一性的贯彻实现了问责过程的有序协调。问责制度规范的统一性和问责过程的有序协调，则是实现治理结果与治理目标一致性的根本保障和作用机制，也是绩效问责要实现的根本目标。

绩效责任目标的整体性、问责制度规范的统一性、问责过程的有序协调性以及问责结果与问责目标的一致性，是探索设计跨行政区生态环境协同治理绩效问责有效实现路径的基本遵循。这四个特征之间具有内在紧密的逻辑关系。整体性是统一性和有序性的前提和基础，没有整体性问责目标的确立和有效分解，则不可能建立协调有序的问责过程，也不可能形成跨行政区制度规范的对接和统一；问责制度规范的统一性则是落实整体性问责目标的必然要求，也是确保问责过程有序性的重要保障；协调有序则是跨行政区生态环境协同治理绩效问责协同性的核心特征，也是确保整体性问责目标得以实现的根本保障。问责结果与目标的一致性，则是绩效问责要实现的根本目标，也是对问责结构和问责过程有效性的最根本评价标准。问责目标的整体性、问责制度规范的统一性、问责过程的有序协调性，最终要实现的就是问责结果与目标的一致性。总之，把握好“整体性”“统一性”“有序性”和“一致性”这四个根本特征，也就抓住了绩效问责促进跨行政区生态环境协同治理的关键着力点。

第一，以整体性绩效为问责依据，凝聚共识，利益共享，提升协同治理的整体性驱动力。提升协同治理的整体性驱动力，必须以区域整体生态治理绩效目标的实现作为问责的根本依据，进而汇集目标驱动、利益驱动、价值驱动多方动力来源，从而形成协同合力。

首先，要坚持以跨行政区整体作为绩效问责的出发点与落脚点，制定区域性的生态治理绩效目标清单，然后依据目标分解原则对各行政区的生态治理绩效责任进行合理分配，在此基础上将区域整体绩效目标与各地方分解绩效目标是否实现作为问责启动的双重牵引机制，从而驱动各治理主体采取协同治理策略降低问责风险。

其次，应合理兼顾各治理主体的自主性利益诉求，建立跨行政区生态利益共享机制，制定更加详细具体的跨行政区横向生态补偿方案，探索多元化的生态补偿方式，并通过财政转移支付等手段保持各地方生态治理成本投入与利益分配的相对公平。

最后，要进一步提升各地方政府对协同治理的认知水平，可以进一步加强失责惩戒力度，借助问责的震慑力促使各主体认识到协同治理任务的紧迫性，同时提升自身责任感，进而扩大区域共识，形成整体性的价值驱动。

第二，以统一性的政策制定和制度建设作为问责标准和依据，推动治理共同体的制度性集体行动。实现问责标准的统一性是绩效问责推动跨行政区生态环境协同治理的重要举措，因此当前跨行政区各级政府应坚持问责政策制定与制度建设的统一性原则，同时加快跨行政区生态环境协同治理相关政策措施的一体化进程，以此带动协同治理共同体的制度性集体行动。

具体而言，应以实现生态治理层面的跨行政区协同为原则，在自愿协商的基础上对于各行政主体单独制定的各项问责标准与执行方案进行整合，对于协同治理绩效问责过程中的关键要求、重要规定及行为标准等要以制度化形式加以确定，不断完善区域统一的跨行政区生态环境协同治理绩效问责制度体系；高度重视程序性规则的制定，并以正式文件的形式对协同治理绩效问责各项运行机制的工作程序进行说明。同时，为了增强协同效果，还可以建立各治理主体的联席会议制度或由上级政府建立统一的问责协调与领导机构，从而分别在横向区域与纵向层级之间加强各治理主体的协同互动。

第三，以问责目标的分解、落实及目标锁链建设为抓手，提升协同治理过程的有序协调性。将协同治理绩效责任目标的确定、分解与落实贯彻整个协同治理过程，在跨行政区各级政府之间形成一条目标锁链，从而以目标为抓手、以问责为压力，将跨行政区分散化的治理力量统合起来，一方面强化各治理主体对跨行政区整体生态治理绩效目标实现的责任意识，另一方面促使各治理主体之间加强协作，从而有效增强协同治理过程的有序性。

具体而言，应加强目标锁链建设，确保各治理主体不偏离实现区域整体生态治理绩效目标的轨道，并使得各行政区在绩效问责标准制定、执行上与区域整体相一致。在区域整体绩效责任目标分解后，与各治理主体的分解绩效责任目标之间必然存在密切联系，因此，各行政区政府对治理目标执行的协调性也要随之加强。有必要采取一系列带有行为约束性质的配套措施，如对各主体分解绩效目标的贯彻落实情况进行全过程监督，统一实施环境治理监测，实时掌握区域内各项生态指标的动态变化情况，在跨行政区之间公开协同治理目标执行信息以及相关环境数据，加强横向监督以及社会监督，从而及时发现并扭转偏差。

第四，以强化问责压力和绩效改进动力为传导，提升协同治理结果与治理目标的一致性。促进协同治理结果与目标相一致是实施跨行政区生态环境协同治理的重要目标，同时也是以绩效问责促进协同治理的重要任务。

首先，必须加强对协同治理结果的关注，以结果为导向建立责任追究与绩效改进机制，强化问责压力和绩效改进动力，提升治理结果与治理目标的一致性水平。

其次，应加强对治理结果的经验总结以及对问题的精准诊断，及时进行结果反馈，并把结果作为新的起点，变结果逻辑为动因逻辑，通过将治理末端与治理起点对接，推动动因逻辑整体性对自主性的整合吸收，进而促进协同治理绩效问责效果的持续提升。

最后，还应强化过程监督，通过压力传导、执行信息公开、考核评估等措施对分散化行动主体的行为进行统一约束，要重点评估各主体对于区域整体生态绩效目标实现的贡献程度，这是矫正协同治理结果与绩效责任目标设置之间的偏差的重要突破口，也是实现协同治理结果与治理目标一致性的基本途径。

总之，本章构建的跨行政区生态环境协同治理绩效问责的“动因—结构—过程—结果”逻辑理论模型，不仅解释了跨行政区生态环境协同治理绩效问责的逻辑起点，而且对跨行政区生态环境协同治理绩效问责的过程逻辑和结果逻辑等进行了系统的解释，即不仅回答了问责主体行动的产生动因，而且对行动产生之后的发展规律以及由该问责行动所指向的结果规律进行了全面的阐释，为探讨绩效问责如何促进跨行政区生态环境协同治理提供了解释理论，也为探讨如何通过完善绩效问责促进跨行政区生态环境协同治理的政策实践提供了一个有效的解释工具和分析视角。

此外，无论是在理论论证层面还是在实践操作层面，绩效问责都已经被认定为推进生态环境协同治理的一项有效手段，针对当前跨行政区环境污染事件频发的现实状况，协同治理绩效问责制度机制的及时跟进与大力推进跨行政区生态环境协同治理已经居于同等重要的地位。党的十八大以来，中国生态治理绩效问责制度建设的步伐逐渐加快，而目前跨行政区生态环境协同治理绩效问责制度机制的建立健全正成为一项紧迫任务。因此，未来我们应该不断加快相关制度机制的建设进程，同时将“整体性”“统一性”“有序性”和“一致性”等协同治理绩效问责的行动逻辑特征深入贯彻具体制度设计与机制构建的方方面面，从而使绩效问责手段在促进跨行政区生态环境协同治理过程中发挥更大效力。

第三部分

历程与现状梳理：国内进展与国外经验

第八章

跨行政区生态环境协同治理绩效问责实践的探索历程与发展现状

随着生态环境治理事务逐渐复杂化以及跨行政区生态治理争端日渐频发，跨行政区生态环境协同治理绩效问责逐渐成为政府顶层设计中的重要关注点。中国的生态问责实践开始较早，有关生态治理绩效问责的制度机制建设也从1979年《中华人民共和国环境保护法（试行）》（以下简称《环保法（试行）》）出台之后正式启动。跨行政区生态环境协同治理绩效问责是回应特定时代问责需求的产物，要对其进行研究，就必须回到中国生态环境治理绩效问责实践的发展历程中，对其产生与发展过程进行深入分析。

第一节 中国生态环境治理绩效问责实践的探索与发展历程

一 探索准备阶段（1949—1978年）：生态问责思想逐渐形成

在新中国成立之初，为促进农业发展、改善人民生活、保障人民群众生命财产安全与身体健康，保护水土资源、整治环境卫生、加强节约资源、保护林业等便成为政府部门促进生产生活发展的重要任务。而中国政府以及领导人关于保护生态环境以及追究生态治理责任的思想与实践最早也体现在上述各项任务的实施过程中。

（一）保护水土资源

农业发展对生态环境具有较强的依赖性，为了给农业发展提供良好的水土资源，1957年国务院发布《中华人民共和国水土保持暂行纲要》，该文件在对水土保持工作做出详细规定的同时，也开始关注对相关机构、人员的激励与奖惩，其中第十八条、第十九条规定，对在水土保持工作中成绩卓越的给予荣誉或物质奖励；对破坏水土保持工作的进行教育制止，甚至依法惩处。这便能够证明新中国成立初期政府部门在大力开展水土保持工作的同时也极具生态责任意识，通过奖惩并重的方式有效促进了水土保持任务的全面落实。

（二）整治环境卫生

新中国成立初期，鼠疫、天花、霍乱等疫病在城乡流行，为保障人民身体健康、改善人居环境，毛泽东提出要发动群众力量，开展群众性的爱国卫生运动。发起爱国卫生运动的倡议得到了广泛响应，各个地区纷纷开始以除“四害”、讲卫生、整治环境为重点开展社会卫生工作。1952年12月，政务院就开展爱国卫生运动做出了重要指示，要求“各地根据1952年卫生运动的经验，定期组织检查，组织所属单位互相参观与互相评比，对成绩好的给以奖励，不好的给以批评并帮助其改进”①，该项激励措施有效促进了各地方爱国卫生运动的开展。

（三）加强资源节约

为了在人民群众中形成节俭消费和反对浪费的良好氛围，1951年12月1日，中央发布了《关于实行精兵简政、增产节约、反对贪污、反对浪费、反对官僚主义的决定》，三反运动由此开始进行。为达到良好的运动成效，毛泽东主张追究相关主体责任，强调严惩浪费必须与严惩贪污同时进行；党中央也向全党提出了警告，即“凡是浪费资源和贪污受贿的，一律定为严重犯罪”②；1961年8月，刘少奇赴东北以及内蒙古林场调研时提出“破坏资源无法恢复、贻害子孙，等于犯罪”③，这均体现了中国领导人对资源破坏行为进行严厉惩治的决心。

（四）重视林业保护

面对国内落后的经济发展水平以及迅速改善人民生活状况的急切需

---

① 周恩来：《中央人民政府政务院关于一九五三年继续开展爱国卫生运动的指示》，《山西政报》1953年第1期。

② 中共中央文献研究室：《毛泽东文集》（第6卷），人民出版社1999年版，第208页。

③ 中共中央文献研究室：《刘少奇年谱》（下卷），中央文献出版社1996年版，第531页。

求，各地纷纷开始围湖造田、砍伐森林以扩大耕地面积，不合理的生产活动对生态环境造成了严重破坏。为了加强林业发展与森林保护，刘少奇同志要求严格处理相关责任人，并交由中央人民监察委员会进行处分，毛泽东同志则在1955年提出了“绿化祖国”的号召，塞罕坝正是在这样的号召下由一片荒漠变成了一片绿洲。随后，国家相继颁布了一系列有关林业保护、合理采伐以及生态环境改善的文件，如林业部在1956年制定的《12年绿化全国的初步规划》《国有林主伐试行规程》《森林抚育采伐规程》等。

（五）增强对环境问题的认识

1972年，中国代表团参加了由联合国举办的人类环境会议，并在会议发言中提出，环境问题不只会发生在资本主义国家，中国也存在环境问题。中国国家领导人和相关部门对环境问题的认识发生了根本转变，周恩来更是提出要制定环境保护措施，由“综合部门”采取行动等相关建议。1973年，国务院举办了首届全国环境保护会议，并在会上拟定了《关于保护和改善环境的若干规定（试行草案）》，这也是中国第一部有关环境保护的专项文件。国务院通过该文件向地方各级政府下达了环境保护命令，将环境保护作为政府部门的一项基本职责。至此，中国政府相关部门保护环境的职责正式得到了法律层面的确认。

通过对中国生态环境治理绩效问责机制在探索准备阶段的发展状况进行分析可知，在这一时期，中国已经开始进行零散的生态问责相关实践，政府以及国家领导人已经具备了关于环境保护和生态责任追究的思想意识，但是对环境问题的认识还存在偏差，环境保护长期与卫生整治、水土资源与林业保护等工作相互融合，直到20世纪70年代才将环境保护作为一项独立工作在全国推进，而生态环境治理绩效问责则尚未在制度层面得到确认。

二 初步建构阶段（1979—1989年）：生态问责法律框架建立

1978年，党的十一届三中全会顺利召开，中国在政治、经济、文化以及外交等各领域均进入了快速发展阶段。但与此同时，经济发展给自然资源与生态环境也造成了更加沉重的负担。1983年，中国将环境保护确立为一项基本国策，但是迫于经济发展压力，部分地方政府为了凸显政绩，并没有对环境保护给予足够的重视，各项环保措施的实际效果也因此受到制约。

(一)《环保法（试行)》的出台为生态环境治理绩效问责机制的初步构建奠定了基础

1979 年，全国人大常委会通过了《环保法（试行)》，这是新中国第一部关于自然环境保护与污染防治的综合性法律，其中第四章对环保机构的主要职责作出了明确规定，第六章则规定对严重污染与破坏环境的单位领导、直接责任人以及其他公民严格追究行政责任、经济责任，甚至依法追究刑事责任，这便为政府生态问责的实施提供了法律依据。以《环保法（试行)》的出台为标志，中国生态环境治理绩效问责机制的发展进入了初步建构阶段。

(二) 环境立法的大发展促进了生态环境治理绩效问责的制度化建设

1982 年，第五届全国人民代表大会常务委员会通过了《中华人民共和国海洋环境保护法》；1984 年，《中华人民共和国水污染防治法》和《中华人民共和国森林法》分别出台；1985—1988 年陆续通过了《中华人民共和国草原法》《中华人民共和国矿产资源法》《中华人民共和国大气污染防治法》以及《中华人民共和国水法》等一系列环境保护法律。以上法律均对政府的生态治理法律责任以及失责惩戒规定等作出了说明。这便表明，中国在积极推进环保立法的过程中，也在不断推进政府生态环境治理问责的法制化建设。但是在上述法律中有关政府生态治理问责的内容较少，对问责情形的规定也不全面，绝大多数处罚规定的实施对象为企事业单位，由此可见，中国在相关法律中对于生态环境责任追究的具体规定主要是为了规制企事业单位的行为。

综上所述，在初步建构阶段，政府对生态环境问题重视程度的进一步提升以及众多环境保护法律法规的出台有力推动了政府生态环境治理绩效问责机制的发展。中国逐渐形成了以《中华人民共和国环保法》为主体，以大气污染、水污染、固体废物污染、海洋环境保护等专门法律为支撑，以其他政策文件为补充的政府生态环境治理绩效问责的内容架构。从 1979 年《环保法（试行)》实施开始，行政问责逐渐与生态环境治理相结合，中国初步构建起针对政府生态环境治理的问责机制。此阶段最为显著的特点便是行政问责在生态治理领域的广泛应用，政府的生态治理绩效尚未成为问责重点，以行政问责手段监督、约束、惩处政府部门及其公务人员的失职违法行为成为中国加强环境管理的重要举措。

三　快速发展阶段（1990—2012 年）：生态绩效问责不断强化

20 世纪 90 年代后，中国继续出台、修订了一系列生态环境保护的法律法规、政策规范等，并对其中所涉及的相关问责规定进行了强化。此外，受西方新公共管理运动的影响，中国政府开始重视绩效管理，通过将行政问责与绩效管理相结合，使得生态环境治理绩效问责成为促进政府生态环境保护的新手段。1990 年，《国务院关于进一步加强环境保护工作的决定》发布，其中明确提出实行环境保护目标责任制，将目标的实现情况作为评估政府工作成绩的重要依据。这便使得生态环境治理的绩效情况成为对政府进行问责的重要内容，自此，中国的生态环境治理绩效问责机制进入了快速发展阶段。

（一）相关法律法规进一步完善，问责理念不断强化

1995 年，《中华人民共和国固体废物污染环境防治法》出台，其中对环境保护和监督管理部门在固体废物污染防治过程中的法律责任作出了规定。尽管在该部法律中，与问责相关的大部分规定仍然是针对企业作出的，但是与在此之前出台的其他环境保护法律相比，它更加直接且清晰地关注到了政府在生态治理中的责任问题与失职行为，并提出了给予行政处分或者追究刑事责任的惩戒措施，为后续生态问责相关法律与政策规定的出台与完善奠定了基础。1996—2003 年，《中华人民共和国水污染防治法》《中华人民共和国噪声污染防治法》《中华人民共和国森林法》《中华人民共和国海洋环境保护法》《中华人民共和国环境影响评价法》《中华人民共和国放射性污染防治法》陆续修订或者出台，而且均在法律责任一章中对政府主管部门以及工作人员的问责情形作出了更加系统的规定。

（二）生态环境治理绩效成为政绩考核与问责的重要内容

1991 年，全国绿化委员会、林业部制定了《关于治沙工作若干政策措施的意见》，其中规定由沙区的各级政府作为治沙工作的主要责任人，并制定了相应的表彰奖励与责任追究措施。2004 年，温家宝在政府工作报告中明确提出要建立健全行政问责制，并将其列入政府工作议程，这

有力推动了政府生态环境治理绩效问责机制的建立健全。2005 年 12 月，国务院出台了《关于落实科学发展观加强环境保护的决定》，其中提出将各地方政府的领导和部门主要负责人作为其所在行政区域环境保护的第一责任人。明晰责任是有效实施问责的关键，因此在中国以属地治理为主的环境管理体制之下，政府生态环境治理绩效问责机制也自然带有十分强烈的属地化色彩。

（三）生态环境治理绩效问责的专门性政策法规陆续出台

2006 年 2 月，监察部和国家环保总局联合制定了《环境保护违法违纪行为处分暂行规定》，这是中国第一部专门针对政府部门及其工作人员的有关环境保护处分与问责的专门性规章。该规定的出台填补了中国生态问责领域专门性法律规范的空白，也为后续法律、政策的出台提供了参照。但是由于各项规定过于笼统，缺乏可操作性，因而导致其在具体实施过程中的执行效力不强。2009 年 6 月，《关于实行党政领导干部问责的暂行规定》出台，该规定对党政领导干部实施问责的具体情形、方式以及程序等作出了明确规定，从而进一步加强了对领导干部问责的系统性与规范性。

总体而言，在快速发展阶段，各级地方政府对本行政区域内的生态环境事务负责，并接受上级政府或者上级环境主管部门的监督、考核与问责，问责措施以给予行政处分、追究刑事责任为主。中国的生态环境治理绩效问责机制建设在快速发展阶段的特点主要表现为三方面。一是相关法律法规进一步充实完善，更加关注政府部门的责任，对政府进行问责的相关规定更加清晰明确。二是开始强调绩效的作用，生态环境治理绩效成为政府政绩的重要体现，并且成为对政府进行问责的重要依据。三是众多有关政府生态环境治理绩效问责的政策法规陆续出台，政府生态环境治理绩效问责的系统化水平得到显著提升。

四 深化提升阶段（2012 年至今）：跨行政区绩效问责实践兴起

党的十八大以来，中国确立了尊重自然、顺应自然、保护自然的生态文明理念，习近平总书记也提出要牢固树立山水林田湖草是一个生命共同体的系统思维。生态治理从“末端治理转向源头预防，从局部治理转向全过程控制，从点源治理转向流域、区域综合治理，从个别问题整治转向山水林田湖草全覆盖的保护治理”①。政府的生态环境治理理念开始不断转变，中国的生态环境治理绩效问责机制也随之不断调整，并逐渐进入深化提升阶段。

（一）向跨行政区生态环境协同治理领域不断深入

2014 年 4 月，《中华人民共和国环保法》修订，该法案提出，对于跨行政区的生态治理事务，其中规定应建立联合防治协调机制，并实行统一规划、统一标准、统一监测，以及采取统一的防治措施，这就从法律层面明确了中国在面对跨行政区生态环境问题时实行联合防治、协同治理的治理思路，进而也为跨行政区各生态治理主体绩效问责的开展提供了必要前提。针对大气、水以及土壤污染治理，国务院从 2013 年开始陆续发布了相应的行动计划，其中均提出要建立跨行政区的污染防治协作机制，加强各行政区政府之间的协同合作，同时实行目标责任制，由国务院与各地方政府签订目标责任书，并实行严格的考核与问责。中国的生态环境治理绩效问责向跨行政区生态环境协同治理领域不断深入。

（二）更加重视党政领导干部的领导责任与监管责任

2015 年 4 月，《中共中央　国务院关于加快推进生态文明建设的意见》颁布，其中提出要建立完善政绩考核制、领导干部任期生态文明责任制，以及节能减排目标责任考核与问责等多项制度。以上问责制度更加严苛，且更加重视政府部门相关人员的领导责任、监管责任等。同年 8 月，《党政领导干部生态环境损害责任追究办法（试行）》印发，对党政领导干部予以问责的诸多情形做出了详细说明。以该办法为基础，中国对党政领导干部实施生态问责的基本框架更加明确了，生态治理绩效以及环境保护责任在领导干部政绩考核与责任追究中的地位被提到了新高度。

（三）党政同责成为生态环境治理绩效问责的重要原则

2015 年 7 月，《环境保护督察方案（试行）》颁布实施，中国开始建立生态环境保护督察机制，并按照“党政同责”的原则，对各地方党委与政府进行督察。同年 9 月，中共中央、国务院印发《生态文明体制改

---

① 张孝德、何建莹：《实行最严格的生态环境保护制度》，《学习时报》2020 年 8 月 19 日 A1 版。

革总体方案》，提出确立绩效考核和责任追究制度。2016 年 12 月，《生态文明建设目标评价考核办法》印发，提出对各地方党委和政府进行年度评价和五年制考核，并与干部奖惩任免结果挂钩。2019 年 6 月，《中央生态环境保护督察工作规定》出台，正式确立了中央、省两级督察体制，这是中国在生态环境领域的第一部党内法规，环保督察工作的开展更加规范、有序。

在深化提升阶段，中国对一系列法律法规等进行了修订，这便使得现行法律法规更加契合新时代生态治理绩效问责的需要。此外，中共中央、国务院印发了《生态文明体制改革总体方案》等生态环境领域的纲领性文件，为生态环境治理绩效问责的进一步发展作出了总体部署，同时颁布实施了有关党政领导干部生态环境损害问责、生态文明建设目标评价考核、生态环境保护督察等内容的专项法律与专门性政策文件，为中国生态环境治理绩效问责的发展提供了坚实保障。在此基础上，中国生态环境治理绩效问责制建设也表现出一些新的特征。一方面，坚持生态环境的整体性，协同治理成为中国重点区域、流域治理的有效策略，由此产生的绩效问责需求使得跨行政区生态环境协同治理绩效问责成为一项重要议题。另一方面，生态环境治理开始实行党政同责、一岗双责，问责力度进一步加强，并逐渐发展成为生态环境领域党政法治建设的重要内容。

第二节　中国生态环境治理绩效问责实践的发展演变规律

通过对中国生态环境治理绩效问责实践发展历程进行回顾可知，从新中国成立开始，分别以 1979 年《中华人民共和国环保法》、1990 年《国务院关于进一步加强环境保护工作的决定》以及 2012 年党的十八大为标志，中国生态环境治理绩效问责机制的发展经历了探索准备、初步建构、快速发展以及深化提升四个阶段，各阶段均表现出不同的特点，如图 8.1 所示。而各阶段的主要内容与特征则表明，中国跨行政区生态环境协同治理绩效问责实践正兴起于深化提升阶段。

从 2012 年党的十八大召开以来，中国生态环境治理绩效问责的发展

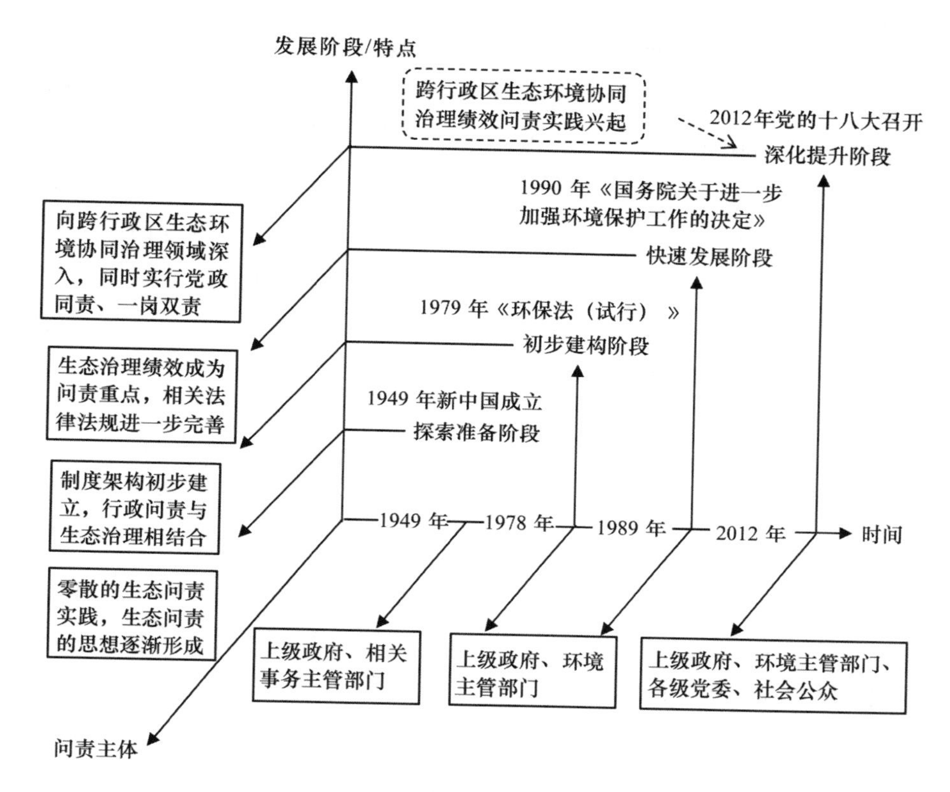

图 8.1　中国生态环境治理绩效问责实践的发展演变过程

进入深化提升阶段，随即表现出向跨行政区生态环境协同治理领域深入这一显著特征。同时，随着 2014 年《中华人民共和国环保法》以及其他法律法规的修订与出台，跨行政区生态环境协同治理绩效问责机制建设的规范化依据也得到补充，协同治理绩效问责的相关实践也陆续展开，在此背景下，中国的跨行政区生态环境协同治理绩效问责实践便正式起步。可以说，协同治理绩效问责是中国生态环境治理绩效问责发展到特定阶段的产物。中国的生态环境治理绩效问责实践经历了长期的发展历程，而跨行政区生态环境协同治理绩效问责之所以能够在其发展的深化提升阶段正式起步，这便与中国生态环境治理绩效问责发展的以下演变规律存在密切联系。

一是由行政问责向绩效问责转变。从探索准备到初步建构阶段，行政问责在生态环境治理领域的应用促进了中国生态环境治理绩效问责的初步发展。到快速发展阶段，随着政府对绩效管理重视程度的不断提升，政府部门的生态环境治理绩效也逐渐成为生态问责的重要内容，并在深化提升阶段成为中国加强生态文明建设的一项重要制度设计。经过长期发展，中国的生态环境治理绩效问责制从行政问责的一种具体形式转变为以治理绩效为导向的新型问责制度，“无过”不再成为政府部门及其公务人员躲避责任惩戒的依据，这有效适应了中国政府实现生态环境质量不断改善的生态治理目标，进而倒逼政府不断提升生态环境治理绩效，促进各级政府实现自身生态环境治理的绩效责任目标。

二是由属地问责向跨行政区协同问责转变。党的十八大以来，针对环境污染的扩散性与外溢性，中国的生态治理在属地责任的基础上更加强调以生态环境的整体性为依据实行协同治理，并在重点区域、流域建立了生态治理的协作机制。协同治理便决定了各行政区政府要对跨行政区的生态环境承担协同治理责任，以跨行政区生态环境协同治理在中国重点区域以及相关流域的实施为基础，中国的生态环境协同治理绩效问责便逐渐由过去单一的属地问责向跨行政区生态环境协同治理绩效协同问责转变。

三是由分散化向整体性转变。随着中央生态环保督察制度的建立，中国开始在中央主导下实施对各省份党委与政府生态环境保护的督察工作，2002 年以来陆续成立的华北、华南、华东、西南、西北以及东北六大区域环保督查中心升级为“督察局”，并由其负责中央环保督察工作。在中央环保督察制度之下，督察问责是中央环保督察组与各地方党委、政府的直接对话，凭借中央权威从而能够对各行政区生态责任主体的行为进行统一监督与管理，从而促使生态问责由以属地治理为主的封闭式、分散化问责向整体性问责转变。

四是由单一主体向多元化主体转变。生态绩效问责主体即具体承担问责事务的机构以及人员。在中国生态环境治理绩效问责机制的发展过程中，上级政府以及环境主管部门始终是问责的主要执行者，但近年来，尤其是随着生态领域“党政同责”原则的深入贯彻，各级党委逐渐成为生态问责主体中的重要角色。除此之外，社会公众的生态责任意识不断增强，而且无论在制度机制层面还是在现实实践中，社会公众的生态权益都得到了越来越多的保障，这均使得社会公众成为生态绩效问责过程的重要参与者。

五是由环境管理的配套措施向常态化任务转变。在探索准备阶段，生态环境绩效问责的制度化建设还未起步，中国在水土资源、林业保护等领域进行的问责相关实践的主要目的在于促进相关政府部门具体职责的履行。进入初步建构和快速发展阶段，中国出台了大量环境法律法规，其中均将问责固定为各领域环境保护与生态治理的一项配套措施。到深化提升阶段，党委和政府对生态问责的重视程度得到了进一步提升，并组织开展了生态环境保护督察等明显具有问责性质的工作，从而逐渐建立起了生态环境治理绩效问责的常态化机制。

六是由重视集体责任向更加重视领导责任转变。在进入深化提升阶段之前，中国对政府生态责任的追究主要停留在整体层面，这便容易出现“法不责众”的情况，进而导致生态环境绩效问责的实际效力与威慑力大打折扣。然而随着党政领导干部相关问责规定的陆续出台，生态问责的压力真正落实到了领导干部身上，各项问责措施坚强有力，从而促进了各地方政府党政领导干部生态责任的有效落实。

七是由“督政”向“党政同责”转变。各级党委作为领导主体掌握着各项公共事务的决策权，政府仅是决策执行机构。以往的生态问责主要将政府作为问责对象，而忽视了党委的责任，这便出现了权责不对等的情况。党的十八大以来，党的领导在生态领域持续深入，“党政同责”“一岗双责”开始成为生态问责的基本原则，中国生态问责从原来主要问责政府向党政同责过渡，同级党委和政府在生态环境保护与治理过程中均负有直接责任，生态环境领域的政治责任和行政业务责任实现了有序衔接。

第三节　跨行政区生态环境协同治理绩效问责的主要制度设计

跨行政区生态环境协同治理绩效问责制是包含若干问责制度类型的制度体系，如环境审计制度、环保督察制度、环境影响评价制度、环境公益诉讼制度等。为了更深入地了解中国跨行政区生态环境协同治理绩效问责的制度建设情况，本节将以具体制度为例进行分析。

一　环境审计制度

所谓审计，是指“审计机关依法独立检查被审计单位的会计凭证、会计账簿、财务会计报告以及其他与财政收支、财务收支有关的资料和资产，监督财政收支、财务收支真实、合法和效益的行为”①。《中华人民共和国审计法》规定，中国实行审计监督制度，在国务院以及县级以上地方政府设立审计机关。相应地，环境审计就是各类审计主体依法独立检查被审计单位有关环境管理的财政、财务收支情况，并对其环境管理活动的真实性、合法性和有效性进行监督、鉴证和评价的过程，其目的在于促进审计对象履行公共受托责任。所以说，环境审计是监督、约束政府环境行为的重要措施。

在审计内容上，1995 年，最高审计机关国际组织将环境审计的主要内容确定为环境财务审计、环境合规性审计和环境绩效审计三个方面。第一，环境财务审计是指对承担公共受托环境责任的被审计单位的财务情况进行核算与评价。第二，环境合规性审计是指对被审计单位环境保护行为与相关规则的契合性进行鉴证与评价。第三，环境绩效审计主要是对审计对象环保项目实施以及环保资金使用所取得的效益进行评价。

在审计主体上，在中国政府环境审计过程中，中央审计机关及其派出机构、地方各级审计机关是最主要的实施主体。国家审计署是中国最高审计机关，下设 18 个驻地方特派员办事处。2019 年，国家审计署审计了 10 个省份中央财政生态环保资金 239.3 亿元，2020 年则审计了 20 个省份近三年大气污染防治、退耕还林等 7 项生态环保资金 3138.62 亿元，生态环保资金审计的范围与力度不断加大。

目前，中国已经开展的跨行政区生态环境审计工作主要包括审计署对国内重点区域的审计，如审计署在 2018 年对长江经济带 11 个省份以及在 2019 年对环渤海地区 5 个省市的生态环境保护审计；跨行政区审计机关之间开展的联合审计，如 2013 年审计署驻太原特派员办事处和驻南京

① 《中华人民共和国国务院令（第 571 号）〈中华人民共和国审计法实施条例〉》，http：//www.gov.cn/zhengce/content/2010－02/20/content_2271.htm，2021 年 7 月 16 日。

特派员办事处之间构建了审计项目联合工作机制，从而能够对涉及两个地区的生态环境事务进行跨行政区审计。但是中国尚未建立起广泛的跨行政区生态环境审计协调机制，各地区审计机关之间的合作情况存在很大差异，由审计署负责牵头的跨行政区生态环境审计事务也比较有限。同时，中国在环境审计领域的法律政策建设还有待完善，特别是尚未出台专门针对环境审计的具体实施办法与评价标准，跨行政区审计机关以及多部门之间的联合审计也缺乏必要的实施规则。环境审计作为审计领域的一个重要分支，相关法律法规与政策标准的缺失不利于中国环境审计制度的规范化与法治化。

二　环保督察制度

环保督察制度是中国在推进生态文明建设和环境保护过程中的一项重要制度设计。2015 年，中央全面深化改革领导小组会议审议通过了《环境保护督察方案（试行）》；2019 年，中共中央办公厅、国务院办公厅印发《中央生态环境保护督察工作规定》，中央生态环境保护督察制度正式确立；截至 2021 年 4 月，第二轮第三批中央生态环境保护督察已全面启动。

在督察内容上，一是对习近平生态文明思想，新发展理念，国家有关生态环境保护的决策部署、政策法规等的学习贯彻与落实情况；二是对生态环境保护党政同责、一岗双责推进的落实情况和长效机制建设情况；三是对突出生态环境问题的处理以及对环境呈恶化趋势的区域流域整治情况；四是对人民群众反映的生态环境问题立行立改情况；五是对生态环境问题立案、查处、移交、审判、执行等环节非法干预，以及不予配合等情况。参照中央环保督察的工作要求，省级环保督察的工作内容也主要从以上五个方面展开。

在督察主体上，中央与省级政府均成立了生态环境保护督察工作领导小组，负责组织协调推动中央环保督察以及各省域内的环保督察，并派督察组进驻，具体实施环保督察相关工作。

在督察形式上，主要包括例行督察、专项督察和“回头看”三部分。其中，例行督察是常规性的督察工作，会覆盖所有的省级行政单位；专项督察针对突出的生态环境问题视情况开展；“回头看”则主要是为了检查在前期督察过程中所暴露的问题的整改情况。

在督察结果的应用上，督察结果将作为"被督察对象领导班子和领导干部综合考核评价、奖惩任免的重要依据"①，与此同时，对于未严格履行自身职责以及造成生态环境损害的党政领导干部则要予以严格问责。

环保督察制度作为中国生态问责制度体系的重要组成部分，在促进各地方党委、政府落实环境保护职责、切实改善生态环境质量的过程中能够发挥显著作用。同时，中央环保督察的开展也有利于跨行政区生态环境协同治理绩效问责事务的推进实施，这主要是因为中央生态环境保护督察由中央牵头，是重点面向全国各省级党委与政府的环保督察活动，不受地方政府之间行政区划的限制，从而能够对涉及跨行政区生态环境事务的各地方政府实施统一的督察问责。但是，中央环保督察一般周期较长，一轮督察从开始到结束往往需历时一年以上，因此针对很多跨行政区的环境事务难以做到及时督察跟进。此外，省级环保督察虽然是中央环保督察的延伸与补充，但实质上只能在其行政区域内对相关地市实施督察，跨行政区生态环境保护督察的协作机制尚未建立，省级环保督察呈现各自为政的现象。

三　环境影响评价制度

环境影响评价是指"对规划和建设项目实施后可能造成的环境影响进行分析、预测和评估，提出预防或者减轻不良环境影响的对策和措施，进行跟踪监测的方法与制度"②。因此，环境影响评价是从源头解决环境污染问题的专项制度。2003 年，《中华人民共和国环境影响评价法》出台，环境影响评价制度从此正式确立。

在评价内容上，各类环境影响评价主要包括对环境影响的分析、预测与评估，以及对由环境影响所带来的经济损益的评价。进行环境影响评价的目的便是在建设项目、规划实施之前摸清可能造成环境损害的因素，从而有的放矢，制定出预防或者减弱不利影响的相关措施，并在综

---

① 《中共中央办公厅　国务院办公厅印发〈中央生态环境保护督察工作规定〉》，http://www.gov.cn/zhengce/2019-06/17/content_5401085.htm。

② 《中华人民共和国环境影响评价法》，http://www.mee.gov.cn/ywgz/fgbz/fl/201901/t20190111_689247.shtml。

合分析评判的基础上得出环境影响评价结论。

在评价主体上，主要包括环境影响评价的实施主体、审批主体和监督主体。实施主体一般为具有相应资质且能够接受委托为规划环境影响评价和项目环境影响评价提供技术服务的机构，在环境影响评价结束后需要编制环境影响评价报告书。审批主体是指对规划、项目等具有审批权限的政府机关或相关主管部门。监督主体主要是指相关单位、专家和社会公众等，他们通过参加听证会等形式对环境影响评价文件提出意见。

在评价形式上，主要包括战略环境影响评价、政策环境影响评价、规划环境影响评价和建设项目环境影响评价。战略环境影响评价以协调区域或者跨行政区发展环境问题为重点，例如对长三角、京津冀、珠三角、长江经济带等地区的战略环境影响评价。政策环境影响评价是对相关政策实施可能对环境造成的影响进行预测、评估，并有针对性地制定一系列预防措施的评价活动。规划环境影响评价和建设项目环境影响评价则是分别针对拟实施规划和拟建设项目的环境影响评价，旨在规划与项目正式开展之前合理规避环境隐患。

在评价结果的应用上，依据《中华人民共和国环境影响评价法》的规定，规划编制机关、项目建设单位以及接受委托环境影响评价的技术单位均要对最终的评价结果承担相应责任，审批机关则负有严格的审批责任。对于未严格履行环境影响评价程序、在环境影响评价过程中弄虚作假以及违法批准建设项目等行为，必须对相关政府责任人给予行政处分甚至追究刑事责任，对相关建设单位进行处罚，并严格追究环境影响评价技术单位的责任。

环境影响评价不仅是一项重要的环境保护措施，同时也是对各级政府的负向生态绩效进行监督与控制的重要方式。以环境影响评价的相关法律法规、政策标准等为依据，环境影响评价责任也成为跨行政区生态环境协同治理绩效问责的重要内容。目前，已经有部分地区逐步开始对相应的环境影响评价事务进行跨行政区协商，例如 2021 年 7 月，西藏与四川两地的生态环境厅签署了《建立区域环境准入协商机制合作协议》，从而建立起了跨行政区的环境影响评价协商机制和联合审批机制，京津冀、长三角以及珠三角等地区则早在 2014 年便开始实行环境影响评价会商机制。随着中国各地区之间环境影响评价协商机制的广泛建立，如何有效规范跨行政区环境影响评价行为、落实各主体的环境影响评价责任便成为重要问题。然而，目前中国在跨行政区环境影响评价过程中的责任认定与责任追究上还缺乏相应的政策法律规范，配套的问责措施不完善，从而也不利于跨行政区环境影响评价的顺利开展。

四　环境公益诉讼制度

环境公益诉讼制度是企事业单位、社会组织等社会成员依据相关法律规定对可能或已经造成生态环境公共利益损害的民事主体或行政机关等提起诉讼的制度。公益诉讼与私益诉讼相对，环境公益诉讼是为了环境公共利益而提起的诉讼①，其目的在于维护社会公众的环境权利，维护环境公共利益免受侵害，是中国加强生态环境保护的重要司法手段。

在内容上，只要相关主体的行为会对社会公共生态环境造成损害便可成为环境公益诉讼的诉因，这不仅包括一般民事行为主体，也可针对行政主体。对行政主体而言，当因政府失职而导致生态破坏、环境污染时，政府部门及其工作人员便可成为环境公益诉讼的对象。

在主体上，环境公益诉讼既可由与生态环境公共利益受损的相关案件具有直接利害关系的主体提出，也可由与相关案件不具有直接利害关系的主体提出。因此，环境公益诉讼的主体十分广泛，只要是为了防止或者制止破坏公共生态环境事件的发生，企业、社会团体、公众以及检察机关均可成为环境公益诉讼的发起者。

在形式上，中国环境公益诉讼主要包括环境民事公益诉讼和环境行政公益诉讼，两者的区别在于诉讼对象不同，环境民事公益诉讼以一般民事主体为诉讼对象，而环境行政公益诉讼的对象则为政府机关。所以说，当政府机关及其工作人员在生态治理中出现违法、失职情况时，社会公众、企业、社会组织等社会成员便可以通过对其提起环境行政公益诉讼的方式追究其法律责任。

在结果上，环境公益诉讼作为维护公共生态环境、促进政府依法严格履职的一种司法手段，其最终处理结果需要依照严格的法律程序作出。通过对近年来中国环境公益诉讼的典型案例进行考察可知，审判机关对

---

① 张翔：《关注治理效果：环境公益诉讼制度发展新动向》，《江西社会科学》2021年第1期。

造成生态破坏、环境污染的相关主体一般会要求其承担环境侵权的赔偿责任，并履行生态治理、修复的义务；对于涉嫌违法犯罪的则要追究其刑事责任；对于因未严格履职、不作为等而造成生态环境破坏的行政机关则须判令其相关人员依法履职。

环境公益诉讼因具有对行政主体进行监督、评价以及做出司法判决的制度功能，从而成为中国生态环境治理绩效问责制度体系的重要组成部分。此外，中国对跨行政区的环境公益诉讼也在进行同步实践。2018年7月，最高检在长江经济带检察工作座谈会上便提出将牵头研究建立跨行政区划生态环境和资源保护行政公益诉讼工作机制。[①] 基于此，2020年9月，天津、上海、辽宁、河北、山东、江苏等黄（渤）海沿岸省市的检察机关签订了《黄（渤）海湿地生态环境保护跨行政区检察协作框架协议》，这对建立跨省域环境公益诉讼司法管辖协作机制起到了重要推动作用，也为促进跨行政区生态环境协同治理提供了司法保障。但是，由于目前各地对行政机关的环境公益诉讼均集中在职责履行情况上，缺乏对政府生态治理绩效的关注，要进一步发挥环境公益诉讼在跨行政区生态环境协同治理中的作用，则必须突破这一局限，将政府生态治理职责履行与生态治理绩效情况统一纳入环境行政公益诉讼的关注范畴，从而使得环境公益诉讼能够切实成为支撑与保障跨行政区生态环境协同治理的制度力量。

五　党政领导干部生态环境损害责任追究制度

党政领导干部生态环境损害责任追究制度是指，因党政领导干部未做好自身职责范围内的环境保护工作，导致其所负责辖区内环境恶化以及出现某种程度的环境事故，所以对其实行终身追究责任的一种机制。[②]

在内容上，党政领导干部生态环境损害责任追究制度专门针对县级以上党委与政府以及相关机构领导成员的各项生态违法失责行为实施责

① 《最高检将研究建立跨行政区划生态环境资源保护行政公益诉讼工作机制》，https：//www.spp.gov.cn/zdgz/201807/t20180710_ 384459.shtml。

② 孟泽茗：《地方政府生态环境损害责任终身追究制度研究》，《现代经济信息》2019年第16期。

任追究。《党政领导干部生态环境损害责任追究办法（试行）》共计规定了25种对党政领导干部实施责任追究的具体情形，但总体而言，各项问责情形主要可划归相关党政领导干部的决策层面、执行层面、监督层面以及利用职务所产生的影响等层面。

在主体上，党和政府为生态环境的好坏承担着重要责任，因此，各级党政领导干部毫无疑问是最主要的责任追究对象。在党政领导干部生态环境损害责任追究的实施上，政府内部的生态环境与资源保护监管部门、纪检监察机关、组织人事部门等则承担着具体实施责任追究的重要职责。同时，以上部门与机关作为党政领导干部生态环境损害的追责主体，也要承担相应的责任，为其所作出的责任处理结果负责。

在形式上，党政同责、终身追责是党政领导干部生态环境损害责任追究的重要形式与显著特点。首先，党的十八大以来，党政同责、一岗双责在党政领导干部生态环境损害责任追究中得到了全面贯彻。其次，终身追责也是该项制度的重要责任追究形式。“实行生态环境损害责任终身追究制，对违背科学发展要求、造成生态环境和资源严重破坏的，责任人不论是否已调离、提拔或者退休，都必须严格追责。”①

在结果上，受到生态环境损害责任追究的党政领导干部将会直接被取消当年的评优评先资格；同时，受到调离岗位、引咎辞职以及降职、免职处理的相关干部，其未来的职位晋升也会受到不利影响。可以说，中国的党政领导干部生态损害责任追究制度所规定的各项问责处理措施均与领导干部的政治前途挂钩，因而具有较强的约束力与威慑力。

习近平总书记强调：“生态环境保护能否落到实处，关键在领导干部。”② 党政领导干部生态环境损害责任追究制度正是中国为有力促进领导干部生态责任严格落实的专门性制度设计。党的十八大以来，在党的统一领导和政府的安排部署下，该项制度已经愈加成熟完善，并在全国范围内得到了各地方政府的广泛执行，与此同时，不同地区纷纷出台了

① 《中共中央办公厅、国务院办公厅印发〈党政领导干部生态环境损害责任追究办法（试行）〉》，http：//www. gov. cn/zhengce/2015 –08/17/content_ 2914585. htm。

② 《习近平主持中共中央政治局第四十一次集体学习》，http：//www. gov. cn/xinwen/2017 –05/27/content_ 5197606. htm。

相应的责任追究办法，从而使得党政领导干部生态环境损害责任终身追究制度成为中国生态环境治理绩效问责制度体系的重要组成部分。但是，在其他各项生态环境治理绩效问责相关制度不断向跨行政区深入实施的总体背景下，已有政策文件尚且缺乏对党政领导干部所应承担的跨行政区生态责任的规定。因此，各级党政领导干部在跨行政区生态环境协同治理过程中的生态环境损害行为该如何定责以及如何追责，则成为中国下一步政策设计与制度实践所应关注的重要问题。

第四节　跨行政区生态环境协同治理绩效问责制的建设现状

通过前述分析可知，党的十八大以来，中国的生态治理绩效问责实践进入深化提升阶段，并且表现出由属地问责向跨行政区协同问责转变等一系列演变规律。在此背景下，中国在协同治理绩效问责制建设上已经做出了诸多有益探索。

一　已经取得的进展

总体而言，国家以及各地方层面均在积极推进跨行政区生态环境协同治理绩效问责的各项机制建设，不仅出台了众多法律法规与政策文件，各地方政府也主动突破行政区划的界限，主动开展协同治理绩效问责的实践探索。

第一，跨行政区生态环境协同治理绩效问责的制度化水平不断提升。已经有部分政策文件、法律法规等对跨行政区生态环境协同治理绩效问责的实施做出了相关规定。例如，在《中华人民共和国环境影响评价法》中便有专门针对跨行政区环境影响评价的具体内容，其中规定，对于可能造成跨行政区不良影响的环境影响评价事务一般需要由其所涉及行政区的共同上级生态环境主管部门审批，跨省、自治区、直辖市的建设项目则由国务院生态环境主管部门审批。环境影响评价不仅是一项重要的环境保护措施，同时也是对各级政府的负向生态绩效进行监督与控制的重要方式。以环境影响评价的相关法律法规、政策标准等为依据，环境影响评价责任也成为跨行政区生态环境协同治理绩效问责的重要内容。

第二，各地方关于跨行政区生态环境协同治理绩效问责的实践已有序展开。例如，国家审计署在2018年和2019年分别对长江经济带11省份以及环渤海地区5省市实施了跨行政区生态环境保护审计。同时，跨行政区审计机关之间也不断开展联合审计，如2013年审计署驻太原特派员办事处和驻南京特派员办事处之间构建了审计项目联合工作机制，从而能够对涉及两个地区的生态环境事务进行跨行政区审计。此外，各地方政府之间还签订了众多合作协议，如天津、辽宁、上海、河北、山东等地签署的《黄（渤）海湿地生态环境保护跨行政区检察协作框架协议》，川藏两地签订的《建立区域环境准入协商机制合作协议》，等等，这也有效促进了各地区在跨行政区生态环境协同治理绩效问责上的具体实践。

第三，有众多地区开始进行跨行政区生态环境协同治理绩效问责的相关机制建设。除面向全国范围的中央环保督察之外，还有部分地区率先建立了有关跨行政区联合审计，跨行政区环境影响评价协商、联合审批，跨行政区环境公益诉讼等体现生态问责功能的工作机制，以上各项机制的建立均为跨行政区生态环境协同治理绩效问责的广泛实施奠定了重要基础。例如，京津冀、长三角以及珠三角等地区早在2014年便开始实行环境影响评价会商机制。2018年7月，最高检在长江经济带检察工作座谈会上提出将牵头研究建立跨行政区的行政公益诉讼工作机制。诸多机制的建立为跨行政区生态绩效问责的实施提供了重要保障。

第四，跨行政区生态环境协同治理绩效问责的系统性与规范性逐步增强。在《党政领导干部生态环境损害责任追究办法（试行）》中便规定了25种实施责任追究的具体情形，这是中国第一部明确追究党政领导干部生态环境损害责任的专门法规，从而也为跨行政区生态环境协同治理过程中生态环境损害问责的实施提供了参照。总体而言，在现有的政策法律规范以及各项合作协议等的基础上，跨行政区情境下的各类生态治理绩效问责事务在一定程度上能够得到有效处理，各地区之间的生态利益纠纷也能够得到更好的解决，跨行政区政府之间的生态治理协作也变得愈加紧密。

二　当前面临的挑战

虽然中国在跨行政区生态环境协同治理绩效问责的相关实践与制度机制建设上已经取得了诸多进展，但也不可否认，大部分生态环境治理绩效问责事务在跨行政区领域实施得还不够深入，并且面临诸多挑战。

第一，需要推进跨行政区协同立法或进行立法合作。虽然中国的部分法律法规中存在对跨行政区生态环境协同治理绩效问责的相关规定，但是到目前为止，专门针对跨行政区各类生态环境治理绩效问责工作该如何实施的相关政策以及法律法规却尚未出台，这与中国实施协同治理绩效问责的实践需求是不相适应的。例如，尽管中国已经出台了对各级领导干部实施生态问责的专门性法规，但是党政领导干部所应承担的跨行政区性生态责任还存在法律空白，各级党政领导干部在跨行政区生态环境协同治理过程中的生态环境损害行为该如何定责以及如何追责仍是一个难点。

第二，需要由“过错问责”向“无为问责”转变。生态环境协同治理绩效问责是行政问责与协同治理绩效之间的有机融合，以跨行政区各级政府的生态治理绩效情况作为问责依据是其重要特征。但是，目前的问责机制设计更加偏重对问责对象的行为规范情况以及职责履行情况等进行监督与问责，对于治理绩效的评价、绩效责任的实现情况的关注度较低。例如，在环境审计领域，对相关主体政策、规划等的落实情况进行合规性审计一直是中国环境审计的主体内容，由于绩效责任界定不清等原因，环境绩效审计在跨行政区生态环境协同治理过程中的实施便受到很多限制，这与中国政府跨行政区生态环境治理的实践需求是不相适应的。

第三，需要进一步打破行政壁垒，开展跨行政区的深度合作。跨行政区生态环境协同治理绩效问责只有在各行政区问责机关与问责主体的密切配合下才能够顺利进行，但由于中国实行以属地治理为主的生态治理模式，受行政壁垒、地方主义、部门主义等因素的影响，各项问责机制在跨行政区的实施环境下往往受到较多阻碍，跨行政区问责的协调性和有序性不足。基于加强跨行政区生态治理整体性的现实需求，虽然部分地区在环境审计、环境影响评价以及环境公益诉讼等领域已经开始主动加强跨行政区合作，并通过签订协议等形式建立起了各种协作机制，但是这种协作的开展还未进入常态化，而且协议的效力十分有限。

第四，需要增强跨行政区绩效问责的整体效力。与协同治理配套的问责制度与机制建设没有跟进到位，现有的问责机制主要服务于属地治理模式，在跨行政区生态环境治理中的应用并不深入。同时，由于缺乏政策指导以及制度保障，各行政区政府之间往往难以建立起广泛的问责协同机制，已经开展的跨行政区之间的生态治理绩效问责实践主要建立在各行政区自愿合作的基础上，普遍缺乏权威性的问责领导机构，进而导致跨行政区生态环境协同治理绩效问责的整体效力不理想。此外，部分问责制度，如跨行政区环境行政公益诉讼等对相关责任人的惩戒力度不够，失职或者不严格履责的成本太低，因而难以对政府相关人员起到警示与震慑的作用。

第九章

西方主要发达国家跨行政区生态环境协同治理绩效问责实践及启示

美国、澳大利亚、英国、日本和法国等西方发达国家，在生态环境问题上大致经历了“先污染，后治理，再预防”的发展历程，形成了不同特色的环境治理绩效问责制度模式。本章通过对国外典型案例进行比较分析，归纳跨行政区生态环境协同治理绩效问责的基本模式及其运行特征和实践情境，以期能为中国跨行政区生态环境协同治理绩效问责制的完善提供有益借鉴。

第一节 理论基础与分析框架

跨行政区生态环境协同治理绩效问责制是治理跨行政区生态环境问题的有效手段和必然选择。然而不同的绩效问责模式的形成不仅有其特定的政治经济制度基础和文化根源，在不同的实践情境下也可能呈现不同的问责效果，如何选择和建构切实有效可行的绩效问责模式是摆在跨行政区生态环境治理面前的一道难题。目标管理理论和制度分析与发展框架为我们探索跨行政区生态环境协同治理绩效问责的有效模式提供了有益的思路。

一 理论基础

（一）制度分析与发展框架

制度分析与发展（Institutional Analysis and Development，IAD）框架

是包括应用规则在内的外生变量如何影响行动情境的结构与结果产出的分析框架。该框架最早由奥斯特罗姆夫妇于1982年提出，此后不断发展并被广泛应用于对不同实际情境的分析。作为一个理论分析框架，自然物质条件、共同体属性和应用规则这三组外生变量，以及行动情境和结果等都是制度分析与发展框架的核心要素。① 其中，行动情境是指行动者所采取的行动或策略空间②，可以用其来描述、分析、预测和解释在一些制度安排内的行为。除了作为核心分析要素的行动情境本身，应用规则是影响行动情境的重要外部变量。奥斯特罗姆将行动情境和应用规则分别概括为七个方面，且七类应用规则分别对应行动情境中的七组变量。行动情境的内部结构和应用规则如图9.1所示。

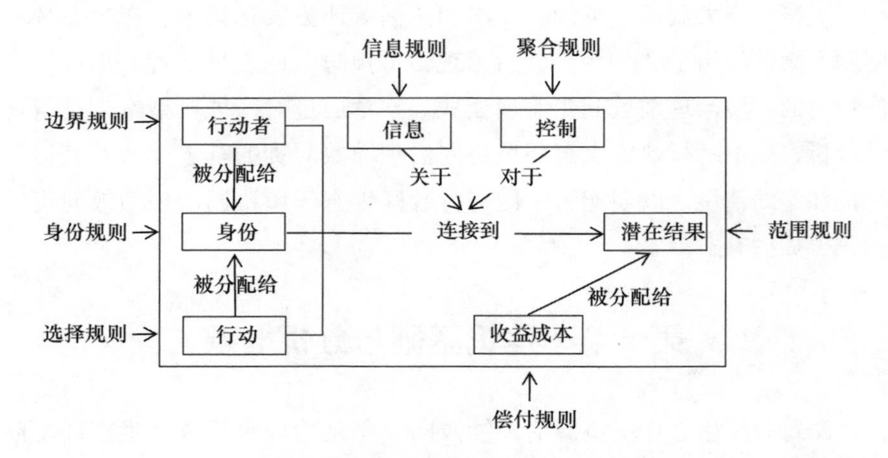

图9.1　行动情境的内部结构和应用规则

制度分析与发展框架的行动情境要素作为本书的分析工具之一，其所具备的动态性和开放性特征，以及强大的情景适应性、微尺度分析和操作清晰性优势，为研究复杂问题提供了可能。③ 跨行政区生态环境协同治理绩效问责过程是一个涉及多方面问题的复杂系统，制度分析与发展

---

① 王群：《奥斯特罗姆制度分析与发展框架评介》，《经济学动态》2010年第4期。

② 王亚华：《对制度分析与发展（IAD）框架的再评估》，《公共管理评论》2017年第1期。

③ 袁方成、靳永广：《封闭性公共池塘资源的多层级治理——一个情景化拓展的IAD框架》，《公共行政评论》2020年第1期。

框架的行动情境要素为分析该系统提供了创新性的视角，七组内部变量构筑的复杂且多样的情境要素为动态展示跨行政区生态环境协同治理绩效问责过程构建了“舞台”，有助于从微观、操作层面更好地理解跨行政区生态环境协同治理绩效问责过程。

（二）目标管理理论

目标管理理论在前文已经作了详细介绍，这里主要阐释目标管理理论与制度分析、发展框架的结合点，以为跨行政区生态环境协同治理绩效问责过程分析提供理论依据。在德鲁克所提出的目标管理体系中，目标是实现每个人责任的一种手段和途径，任务和责任依托于目标，每个人在实现目标的同时也履行了自己的责任，而贯穿始终的便是在组织中人与人之间的协作关系。① 德鲁克不仅把目标作为管理的核心，更强调在协作基础上的合作。

目前国内学术界对目标管理的定义和阶段划分尚未形成统一表述，但大多是在德鲁克对目标管理过程划分的基础上进行的延伸和拓展，如中国学者陈传明教授将其划分为目标制定与展开、目标实施、成果评价三个阶段和九项具体内容②，这与前文目标管理理论介绍中丁煌教授对目标管理过程的阶段划分具有相对应的关系，具体如图9.2所示。通过整合大多数学者的观点可以发现，目标管理理论的核心要义在于坚持组织管理的目标导向与结果导向，并以制定目标、实现目标、评价目标完成情况、监督控制目标执行所形成的目标锁链贯穿组织管理的始终。目标管理理论注重以目标为牵引，通过目标分解，将责任层层落实，通过目标锁链的整体性和联动性效应，能够有效实现跨行政区生态环境协同治理过程的有序运行。

目标制定是实施目标管理的逻辑起点，通常受一系列制度规则的影响和约束，且每一项规则都有明确的目标和指向，分别对行动情境产生影响，这就使得处在行动情境中的行动者，必然要承担分解和执行目标的责任；而要考察执行结果如何，是否完成预定目标，就需要将目标管理过程的评估阶段补充进制度分析和发展框架的行动情境中，各个阶段

① 李睿祎：《论德鲁克目标管理的理论渊源》，《学术交流》2006年第8期。

② 《管理学》编写组编：《管理学》，高等教育出版社2019年版，第112页。

前后衔接紧密，从而形成完整有序的治理流程。目标管理的每个阶段在制度分析与发展框架的行动情境中分别具有不同的功能定位，而且各个环节之间具有较强的逻辑关联性，使得目标管理过程与制度分析和发展框架的行动情境具有高度契合性。因此，将目标管理过程嵌入制度分析与发展框架的行动情境，用来设计跨行政区生态环境协同治理绩效问责过程，必然能够提升绩效问责过程的有序性，进而保障协同治理目标更好地实现。

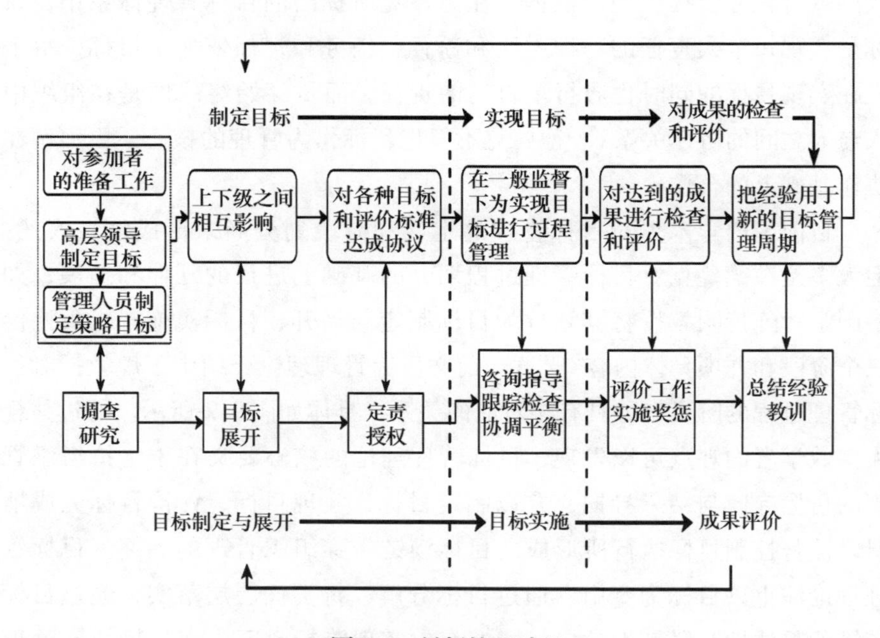

图 9.2　目标管理过程

二　分析框架

为更好地理解和阐述跨行政区生态环境协同治理绩效问责过程，本章基于目标管理理论和 IAD 框架下的行动情境核心分析要素，构建出跨行政区生态环境协同治理绩效问责过程分析框架①，如图 9.3 所示。

---

①　司林波、裴索亚：《跨行政区生态环境协同治理绩效问责模式及实践情境——基于国内外典型案例的分析》，《北京行政学院学报》2021 年第 3 期。

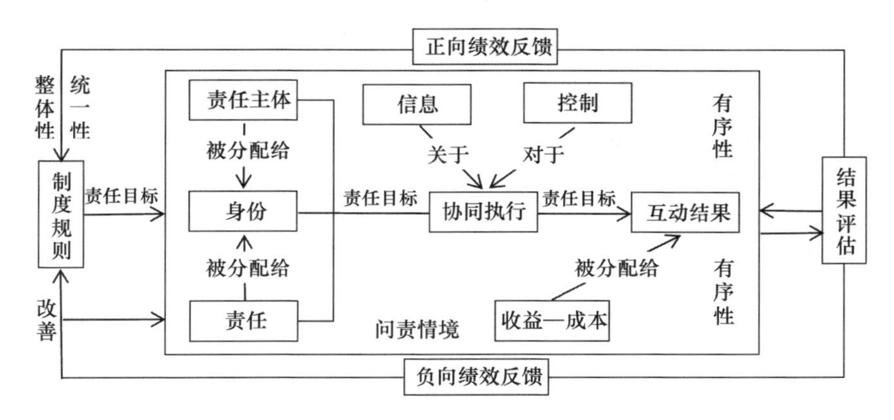

图 9.3　跨行政区生态环境协同治理绩效问责过程分析框架

（一）分析框架特征

根据目标管理过程阶段划分，将生态环境协同治理绩效责任目标制定、协同执行、考核评估作为跨行政区生态环境协同治理绩效问责的基础环节，并贯穿其中，从而形成一个完整有序的协同治理绩效问责过程。作为一种自上而下的分配机制和行政问责相结合的有效路径，要想真正实现跨行政区生态环境的良好治理，跨行政区各级政府不能仅仅作为被动的责任目标承担者，完成绩效目标，还需要作为主动的责任目标执行者，充分适应问责情境。目标管理理论与 IAD 框架的行动情境核心分析要素相结合，不仅有助于从宏观层面构建一个完整的生态环境协同治理绩效问责过程，而且有助于从微观层面更好地理解跨行政区生态环境协同治理绩效问责的动态运行过程。因此，运用该分析框架来研究跨行政区生态环境协同治理绩效问责过程具有有效性和可行性。

值得注意的是，跨行政区生态环境协同治理绩效问责制除了具有一般性绩效问责制的特点外，还具有自身的独特性，那就是问责标准的统一性、问责目标的整体性与问责过程的有序性。问责标准的统一性要求跨行政区整体在问责实施的规则、标准、程序等制度机制上保持区域标准的统一。问责目标的整体性是实现跨行政区生态环境治理目标正义的具体体现，否则失去整体性目标而重回各自为政的碎片化治理状态，则跨行政区协同治理将失去意义。问责过程的有序性是协同治理的根本性要求，只有以目标分解确定的目标责任体系为依据实施问责，才能实现绩效问责过程的有序性，也才能确保责任主体之间行为的协同，进而促进区域整体治理绩效责任目标的实现。总之，跨行政区生态环境协同治理绩效问责制的框架设计，必须贯彻统一性、整体性和有序性的核心特征，这是跨行政区生态环境协同治理绩效问责制区别于一般性绩效问责制的根本特性。

（二）基本要素及其关系

根据上文对跨行政区生态环境协同治理绩效问责过程分析框架的合理性和基本特征的解析，下面将结合该分析框架，对构成跨行政区生态环境协同治理绩效问责过程分析框架的基本要素及其关系进行详细阐述。

在制度规则所确定的整体性责任目标的影响和约束下，责任主体根据问责情境进行生态责任的确定、责任目标的分解和执行等互动过程，并产生责任目标执行结果，通过结果评估反过来影响和作用于制度规则和问责情境，从而形成新一轮的以绩效责任目标实现和制度优化为核心的绩效问责过程。框架分析的核心是责任主体间的结构性关系及其形成的复杂行动链，也就是将目光聚焦于具体场景，透视责任主体的角色定位和职责关系、责任目标及其履行结果，其本质上是制度规则之下的责任履行问题。在问责情境中，跨行政区各级政府作为生态环境治理的责任主体，必须以一定的相关身份参与绩效问责过程，其所承担的生态责任也必须符合其身份并被问责情境所接受。

跨行政区各级政府，也就是责任主体，在整体性绩效责任目标的分解和执行过程中会产生对所获得的信息以及目标执行过程的控制能力，如受执行的协调性和主动性等影响，会形成不同的责任目标执行行为及责任履行后果。这一后果带来的收益与成本（问责风险）会影响甚至改变责任主体的目标执行行为，因为收益与成本是责任目标执行和互动结果的重要激励及阻碍要素。跨行政区各级政府作为责任目标的执行者，其承担的责任不仅要符合制度规则所确定的整体责任目标（政治收益），还要实现地方生态环境的良好治理（环境收益），以及区域福利最大化（社会收益）。因而责任主体在责任目标协同执行过程中，往往会理性计算责任目标执行所产生的问责风险与可能收益，并通过相互间的信息沟通和行为协调，共同追寻让各方满意的互动结果。不过，这种互动结果是否能够实现预期效果，则需要运用评估准则来衡量。当责任目标执行结果符合预期时，责任主体便会通过奖励等措施使其沿着原来认定的责任目标继续执行和互动，并使问责模式逐渐制度化。相反，当结果与预期不一致时，责任主体可能会受到监督和追究，并回到问责情境，开始新一轮的责任目标执行，也可能通过负向反馈以重新设计和改善现行的制度规则和责任目标。

制度规则作为跨行政区生态环境协同治理绩效问责的必要条件，表现为责任主体之间共同认可的政策法规和规章制度，是责任主体履行生态环境协同治理绩效责任目标等互动过程和结果的基础和后盾。责任主体是在跨行政区生态环境协同治理绩效问责过程中具有某种身份和决策能力的实体，是由制度规则所确定的核心要素。责任主体通过协同执行要素进行责任目标的履行，产生互动结果，根据一定的评估准则对跨行政区各级责任主体的责任目标履行结果进行考核，并将目标评估结果作为实施问责的依据。绩效反馈是绩效问责过程的最后一环，通过绩效反馈的形式将责任主体的责任目标评估结果反作用于包括制度规则、责任主体、协同执行等要素在内的整个绩效问责过程。简单来说，制度规则确定责任主体及其所承担的生态环境协同治理绩效责任目标，同时责任主体在明确各方利益的基础上对责任目标进行协同执行，并对责任目标执行结果进行评估和反馈。因此，构成跨行政区生态环境协同治理绩效问责过程分析框架的五个核心要素之间具有内在的紧密的逻辑联系。通过绩效问责过程分析，能展现事件发生过程中研究变量的动态特征，体现关键因素之间的相互作用过程。

基于此，本书尝试按照分析框架所包含的“制度规则—责任主体—协同执行—结果评估—绩效反馈”五个核心要素，进一步展开对跨行政区生态环境协同治理绩效问责模式及其运行特征和实践情境的深入探讨。

第二节　跨行政区生态环境协同治理绩效问责的多案例分析

一　美国跨行政区治理绩效问责典型案例

（一）加利福尼亚州跨行政区大气治理

在美国，地方各级污染控制计划是区域责任主体实现空气污染控制的主要方式。在加利福尼亚州跨行政区大气治理实践中，加利福尼亚州控制空气污染的成效起初并不理想，被联邦政府列为“极端严重”污染区域。为有效解决空气污染问题，加利福尼亚州议会在联邦《清洁空气法》（1970）的推动下，于1976年成立了涵盖洛杉矶、奥兰治县、里弗赛德和圣贝纳迪诺县在内的跨行政区管理机构——南海岸空气质量管理区（SCAQMD）。[①] 联邦层面出台的《清洁空气法》建立了美国空气污染控制系统的基本体系结构，规定了联邦和各州在生态环境保护上的责任和义务。在州层面，通过立法明确管理区权责，如1966年的《南海岸空气质量管理区法》以及1988年《加利福尼亚州清洁空气法》规定地方空气管理区负有控制非车辆空气污染源等方面的责任[②]，共同构成加利福尼亚州区域大气污染防治的法律保障制度。

作为区域大气治理的责任主体，SCAQMD主要负责空气污染综合治理，开展跨行政区和跨部门合作，与地方政府和其他社会团体共同制定和实施合作计划，以改善区域空气质量。[③] 南海岸空气质量管理区在与地方政府协商合作的基础上制定并实行综合性的空气质量管理计划（AQMP）[④]，如规定排放标准、细化政府治理职责等，以使该区域的空气

---

① 孙群郎：《美国大都市区的空间蔓延与空气污染治理》，《社会科学战线》2018年第6期。

② Heberle L. C., Christensen I. M., “US Environmental Governance and Local Climate Change Mitigation Policies: California's Story”, *Management of Environmental Quality An International Journal*, Vol. 22, No. 3, April 2011, pp. 317 – 329.

③ 蔡岚：《空气污染治理中的政府间关系——以美国加利福尼亚州为例》，《中国行政管理》2013年第10期。

④ Bollens S. A., “Fragments of Regionalism: The Limits of Southern California Governance”, *Journal of Urban Affairs*, Vol. 19, No. 1, 1997, pp. 105 – 122.

质量达到国家规定的标准。这体现出美国跨行政区生态环境协同治理绩效问责是在制度规则影响下对责任目标的层层分解和有效落实。美国SCAQMD在责任目标履行过程中会通过政府专项资金支持、企业和公众的排污收费等措施，缩小地区内发展差异，稳固协调合作基础，以使跨行政区合作达到预期效果，并通过协同评估的方式对责任目标执行结果进行评估，进而落实政府生态绩效评的问责效用。同时通过绩效反馈对完成既定目标的地区给予经济激励或较多的行动自由权限；而对于未完成既定目标的地区会根据相关法律处以严重的处罚，并要求其在规定时间内重新提交污染控制计划，调整责任目标并改进相关制度。

（二）田纳西河流域水环境治理

田纳西河是美国东南部的主要河流，流经弗吉尼亚、北卡罗来纳、佐治亚、阿拉巴马、田纳西、肯塔基和密西西比7个州。[①] 20世纪30年代初，为解决田纳西河流域地区的环境问题，加强流域水资源合理开发利用，美国国会于1933年通过《田纳西河流域管理局法》，成立了联邦河流域发展组织——田纳西河流域管理局（TVA）[②]，负责对流域进行综合规划、开发与管理。TVA是美国流域统一管理机构的典型代表，既作为联邦政府部一级的机构履行政府职能，又作为一个经济实体积极追求经济效益。[③] 在统筹规划和综合管理之下，各地区和部门之间既相互独立又彼此协调。根据制度规则所确定的整体责任目标，TVA对全流域水资源管理负责，并在综合各州意见的基础上制定了一系列流域开发和建设的具体责任目标，但责任目标的具体实施主要依赖于流域内的各州政府、地方政府、企业、环境NGO和公众等多元责任主体的积极参与和协调配合。在责任目标执行过程中，多元协作主体按照TVA的要求履行收集信息和环境治理协调合作的职责。[④] TVA与非政府组织、民众等通过信息的

---

① 黄国庆：《国外“水库型”区域反贫困经验对三峡库区扶贫的启示——以美国田纳西河流域为例》，《学术论坛》2011年第3期。

② Kauffman G. J.，“Governance，Policy，and Economics of Intergovernmental River Basin Management”，*Water Resources Management*，Vol. 29，No. 15，September 2015，pp. 5689 – 5712.

③ 谢世清：《美国田纳西河流域开发与管理及其经验》，《亚太经济》2013年第2期。

④ 沈文辉：《三位一体——美国环境管理体系的构建及启示》，《北京理工大学学报》（社会科学版）2010年第4期。

搜集和分析协同评估和监督责任目标执行情况，并向社会通报；同时，通过多方反馈和外部环境的变化对责任目标和制度规则做出相应的调整和完善。目前，美国田纳西河流域水环境治理在不断探索和发展过程中，已经形成了联邦政府、流域管理局、州政府、企业、非政府组织、公众等多元主体的协同问责模式。

（三）案例小结

通过对上述案例的动态分析，美国跨行政区生态环境协同治理绩效问责实践在制度规则、责任主体、协同执行、结果评估、绩效反馈五个维度表现出明显的差异性，进而可以归纳出不同的跨行政区生态环境协同治理绩效问责模式。一是地方协作治理绩效问责模式，即美国加利福尼亚州跨行政区大气治理采取的问责模式，以此实现跨行政区污染治理的目的；二是联邦管制下多元协同治理绩效问责模式，即美国田纳西河流域水环境治理采取的多中心合作绩效问责模式，以此作为州际流域污染治理的发展方向。以上所归纳的两种绩效问责模式，均严格强调特定法律体系或强制性协议的指导，注重合作，采用协同评估的方式作为问责的依据。但正因为二者在责任主体性质、协同执行方式和绩效反馈结果上的差异，美国内部也形成了完全不同的跨行政区生态环境协同治理绩效问责模式，具体如图 9.4 所示。

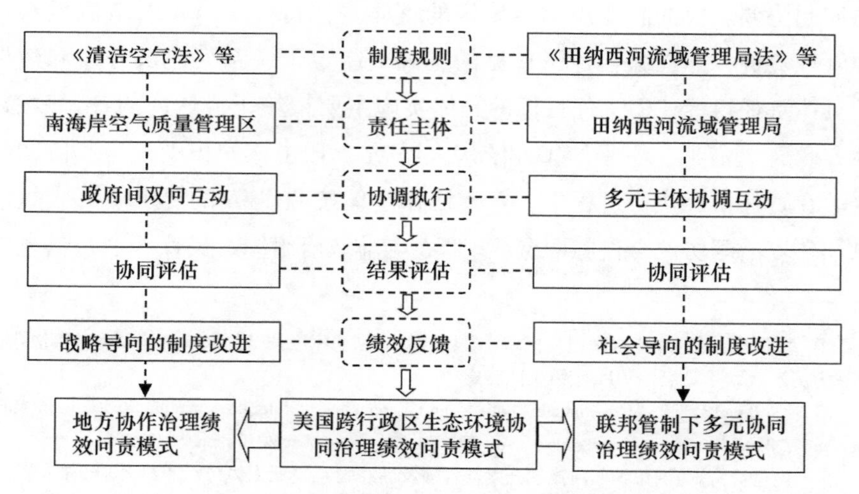

图 9.4　美国跨行政区生态环境协同治理绩效问责模式

二　澳大利亚与英国跨行政区生态环境协同治理绩效问责典型案例

（一）澳大利亚墨累—达令流域跨行政区治理

墨累—达令流域位于澳大利亚东南部，该流域在行政区域上包括新南威尔士州、维多利亚州、昆士兰州、南澳大利亚州和首都直辖区。① 作为一个联邦制的国家，水治理历来是各个州的职权范围，管理职能下放给州和地方管理者。② 为解决该流域所面临的环境、管理等问题，联邦政府与4个州政府签署了《墨累—达令流域协议》，并成立了包括流域部长理事会、流域委员会和社区咨询委员会在内的综合流域管理机构③，作为流域治理的责任主体。其中，流域部长理事会是流域最高的决策机构，主要职责是为整个流域制定宏观方针政策。流域委员会作为非政府机构，需要在部长理事会做出的整体责任目标的基础上负责具体计划的实施，并就流域的规划、管理进行协调。社区咨询委员会作为咨询协调机构，承担协调各方意见和建议、信息双向沟通和反馈的职责。公共部门和私营部门的行动者通过多种途径协调规划、筹资、执行和问责。④ 墨累—达令流域将监测和评估规划的有效性作为强制性内容，如定期审核评估流域规划的执行情况以及流域状况等，并通过定期的回顾评估为流域未来的适应性管理提供反馈。⑤ 通过评估与反馈报告，可以及时地发现责任目标制定和执行中存在的问题，并对墨累—达令流域规划和制度规则进行补充和修订。为了促进流域一体化管理，澳大利亚墨累—达令流域实行联邦政府、州政府、各地水管理局、非政府组织、企业、社区、公众多

---

① 席酉民、刘静静、曾宪聚等：《国外流域管理的成功经验对雅砻江流域管理的启示》，《长江流域资源与环境》2009年第7期。

② Bischoff-Mattson Z., Lynch A. H., "Integrative Governance of Environmental Water in Australia's Murray-Darling Basin: Evolving Challenges and Emerging Pathways", *Environmental Management*, Vol. 60, No. 1, April 2017, pp. 41 - 56.

③ 范仓海、周丽菁：《澳大利亚流域水环境网络治理模式及启示》，《科技管理研究》2015年第22期。

④ Garrick D., Miller C. L., McCoy A. L., "Institutional Innovations to Govern Environmental Water in the Western United States: Lessons for Australia's Murray-Darling Basin", *Economic Papers A Journal of Applied Economics & Policy*, Vol. 30, No. 2, June 2011, pp. 167 - 184.

⑤ 熊永兰、张志强、尉永平：《国际典型流域管理规划的新特点及其启示》，《生态经济》2014年第2期。

元协商治理绩效问责模式。

（二）英国泰晤士河跨行政区治理

泰晤士河位于英格兰西南部，自西向东横贯英国首都伦敦及沿河10多座城市。自19世纪工业革命后，随着泰晤士河污染加重，英国着手对泰晤士河进行治理，先后颁布了《河流污染防治法》（1876）、《水资源法》（1963）、《水法》（1973）等一整套完备的法律法规，对生态环境的问责主体、客体以及内容等方面都做出详细规定。尤其是在1973年修订的《水法》中明确指出，在区域层面、流域层面等多个层级上设立统一的流域管理部门，即泰晤士河水务管理局，承担对本流域进行统一规划、管理与污染控制[①]，并帮助和协调流域内各地政府的水治理工作的生态环境协同治理绩效责任目标。

为了防止水务局不正确履职，英国于1989年通过新版《水资源法》，水务局改组成为国家控股的纯企业性质的水务公司，原水务局的行政管理职能由新成立的国家河流管理局（后并入环境部）承担。[②] 水务局承担泰晤士河地区的供排水职责，而国家河流管理局（后环境部）承担用户起诉，对水务公司进行监管、水资源管理等生态责任，并通过在流域内设立区域委员会执行和管理地方河流治理业务，实现各地方生态环境协同治理绩效责任目标的具体分解和落实。同时，英国政府通过综合区域评估体系，既评价市政当局的生态环境协同治理绩效责任目标以及完成情况，又评价与其他地方政府联合治理的环境情况[③]，作为对地方政府生态环境协同治理绩效责任目标完成情况进行问责的重要依据。一方面对于未完成既定目标的水务局会处以罚款，决定是否延期颁布经营许可；另一方面对于地方政府而言，则会给予较少的行动自由权限和较多的监督检查，并通过内部、公众和专业的监督问责促使其重新制定严格的标准和责任目标实施计划。

---

① 张宗庆、杨煜：《国外水环境治理趋势研究》，《世界经济与政治论坛》2012年第6期。

② 姚勤华、朱雯霞、戴逸尘：《法国、英国的水务管理模式》，《城市问题》2006年第8期。

③ Davis P.，"The English Audit Commission and Its Comprehensive Performance Assessment Framework for Local Government，2002－2008：Apogee of Positivism?"，*Public Performance & Management Review*，Vol. 34，No. 4，June 2011，pp. 489－514.

（三）案例小结

基于对澳大利亚和英国流域跨行政区治理的案例探讨，发现两国跨行政区生态环境协同治理绩效问责实践在制度规则、责任主体、协同执行、结果评估、绩效反馈五个维度存在显著差别，并在此基础上形成了富有特色的跨行政区生态环境协同治理绩效问责模式。一是多元协同自治绩效问责模式。该模式是在澳大利亚流域治理初期，由于联邦制下各州对水资源享有自治权，因而协商签订协议、成立流域管理机构自然就成为分担责任、共享权力的首要选择，并且在此基础上形成的政府、企业、非政府组织、公众参与的协同问责模式，对早期流域治理的成功发挥了至关重要的作用。二是市场化与政府监管相结合的绩效问责模式。英国在泰晤士河流域治理的不同阶段以及不同的问责情境中表现出不同的效果，为该模式的最终选择提供了更多来自实践的经验验证，而跨行政区管理机构的完善、健全的法律法规、市场化的改革以及有效的监督问责机制，使得英国最终形成了市场化与政府监督相结合的绩效问责模式，如图 9.5 所示。

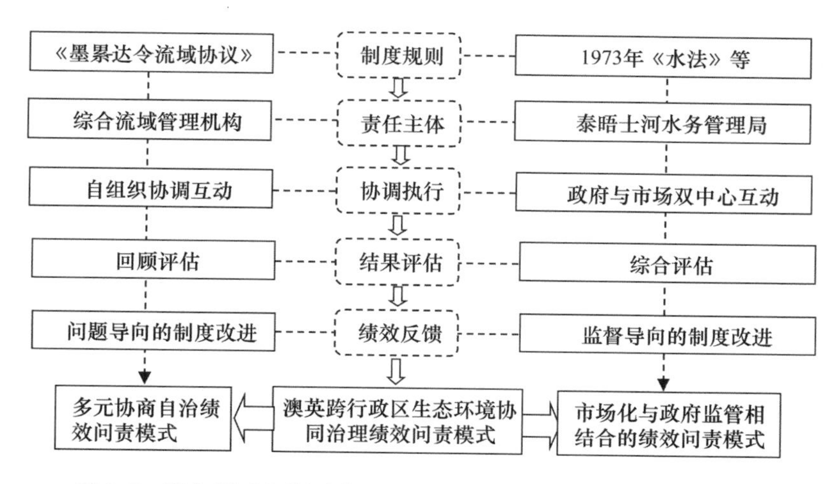

图 9.5　澳大利亚和英国跨行政区生态环境协同治理绩效问责模式

三　日本与法国跨行政区生态环境协同治理绩效问责典型案例

（一）东京都市圈跨行政区大气治理

日本在都市圈统一规划和跨行政区联合治理方面积累了非常丰富的

经验。作为最早提出“都市圈”概念，并且对都市圈进行统一规划和跨行政区联合治理的国家，日本以东京都为核心城市，包括埼玉、千叶和神奈川等县在内的东京都市圈最具代表性。[①] 东京都市圈内主要实行以中央政府为主导和各地方自治体针对具体事务灵活处理的区域协调机制。第二次世界大战后，日本经济的高速发展，导致了城市空气质量的严重恶化，居民的生活和健康受到损害，居民的诉求被报纸和电视等新闻媒体广泛报道，形成了广泛的社会舆论压力，这成为促使日本政府和各地方自治体着手调查研究大气污染状况并制定大气污染防治法律政策的直接动机。[②] 在东京都市圈大气污染治理过程中，中央和地方先后颁布了《公害对策基本法》《环境基本法》和《首都圈建设规划》等多项法律和政策，明确政府、地方公共团体、公民等主体的责任。其中，1993 年颁布的《环境基本法》详细规定了每个行动者（政府、地方当局、商业部门、公众等）在实现环境目标方面的责任和义务。[③]

日本地方政府在环境省的领导下，主要负责地方生态环境的整体治理工作。区域污染控制战略的成功在很大程度上取决于地方政府官员的能力和地位。[④] 为保证生态环境协同治理绩效责任目标的完成，东京都市圈通过地方环境管理机构和一些正式体制外的跨行政区协议会，如九都县市首脑会议，将所承担的责任目标转化为具体的政策方案，向上提交向下传达，从而保证地方政府责任目标分解的有序性。同时，为确保各级政府严格履行职责，日本政府在进行生态环境协同治理绩效责任目标评估时会建立系统的指标体系以保证评估的客观性，并根据指标对各级政府生态环境任务目标的完成情况进行考核和评估。日本注重将评估结果的反馈作为环境政策生命周期的重要环节，使评估结果在环境政策调整和政府责任改进中发

① 张军扩、熊鸿儒：《东京都市圈的发展模式、治理经验及启示》，《中国经济时报》2016 年 8 月 19 日第 5 版。

② 王琦、黄金川：《东京都市圈大气污染防治政策对京津冀的启示》，《地理科学进展》2018 年第 6 期。

③ Sumikura I., Osborn D., “A Brief History of Japanese Environmental Administration: A Qualified Success Story?”, *Journal of Environmental Law*, No. 2, 1998, pp. 241 – 256.

④ Ren Y., “Japanese Approaches to Environmental Management: Structural and Institutional”, *International Review for Environmental Strategies*, Vol. 1, No. 1, March 2000, pp. 79 – 96.

挥重要作用。[1] 通过绩效反馈，对积极履行环保职责的东京都市圈内的地方政府相关人员给予工资、奖金和福利的奖励，来调动其履行职责的原始动力；而对未达成责任目标的地方政府责令其改进，并通过开展首都圈联合论坛等形式制定“应对措施改进计划”，修改和调整责任目标，从而进一步优化政策制度。

（二）法国塞纳河流域跨行政区治理

塞纳河发源于法国北部的朗格勒高原，穿越首都巴黎，流经奥布省的首府特鲁瓦、诺曼底的鲁昂等 13 个省，注入英吉利海峡，全长 776 千米。20 世纪 60 年代初，塞纳河由于污染严重生态系统全面崩溃，为恢复塞纳河流域的水环境，法国政府不断出台新的法律法规，并于 1964 年出台了第一部《水法》，确立了以流域为基础、系统性地解决环境危机的管理机制，并强化全社会的水污染治理责任和阶段性目标。[2] 此后，法国政府不断地对《水法》进行修改和完善，于 1992 年颁布新《水法》，正式确立了法国流域管理体制的基本框架。

根据新《水法》规定，法国实行国家—流域—支流—市镇四个层级的流域治理责任主体，并以大区和省级机构为辅助的涉水管理行政体制，以及相配套的事权、财权纵向分工体系。从组织架构上看，分别成立了国家水资源委员会—流域委员会（及水管局）—地方委员会等多层级流域治理机构。在国家层级上，水资源委员会（又称国家“水议会”）负责全国各大流域治理政策的制定，法规、规章的起草和批准等工作。在流域层级上，设立塞纳河流域委员会和流域管理局，具体负责塞纳河流域内的水资源规划和水管理工作。作为流域治理的责任主体，塞纳河流域委员会承担流域内“水议会”职责，主要负责制定和发布流域治理的总体规划，确定流域水质、水量目标及其相关政策。《水法》明确规定流域水资源开发管理规划必须由流域委员会来制定，一旦获批通过，即成为流域内上下游政府和企业从事水资源开发利用保护

---

① 王军锋、关丽斯、董战峰：《日本环境政策评估的体系化建设与实践》，《现代日本经济》2016 年第 4 期。

② 胡熠：《多中心视域下的法国流域水资源治理机制研究》，《福建行政学院学报》2015 年第 6 期。

的重要水政策和纲领性文件。[①] 塞纳河流域管理局是流域委员会的执行机构，它属于财务独立的公共机构，主要职责是准备和实施塞纳河流域委员会制定的政策，以便协调流域内各方利益主体以采取共同行动，从而达到塞纳河流域治理的目的。在地区层级上，采取权力下放机制，对地方责任进行划分。[②] 针对支流流域，设立地方水委员会，主要负责起草、修正支流流域水资源的开发与管理方案，更为详细地确定水资源的使用目标，并监督执行。

法国《水法》体现的流域治理原则之一是“水政策的成功实施要求各个层次的有关用户共同协商与积极参与”[③]，因而在国家—流域—地区三个层级水资源委员会中，都包含着政府、企业和社会团体的民主协商机制。其中，国家水资源委员会由民选的参众两院议员、社会经济界及用水户协会选出的人员及代表组成。流域委员会和流域水管局由中央政府部门的代表、不同行政区的地方政府代表、用水户以及社会团体的有关人士、专家代表组成[④]，实行公私主体合作。为落实好流域治理规划，法国政府进一步强化对塞纳河流域的水治理监督和评估工作，对于积极履行职责并使环境质量达标的地区给予资助或补贴，同时塞纳河流域管理机构要根据地方政府的绩效进一步确定资助金额的强度和方向；而对于未完成应尽职责、致使环境质量不达标的地区，则通过法律手段予以纠正或处罚。

（三）案例小结

在日本和法国跨行政区大气治理实践中，按照绩效问责过程的制度规则、责任主体、协同执行、结果评估、绩效反馈五个阶段，可以将跨行政区生态环境协同治理绩效问责归纳为两种不同的模式。一是中央政府统筹下跨行政区联合治理绩效问责模式。日本在东京都市圈跨行政区

---

① 胡熠：《多中心视域下的法国流域水资源治理机制研究》，《福建行政学院学报》2015年第6期。

② 高立洪：《法国修复塞纳河—诺曼底流域水环境之路》，《中国水利报》2007年7月2日第4版。

③ 雷明贵：《协商共治：流域治理的域外经验及本土实践》，《湖南省社会主义学院学报》2020年第3期。

④ 王锋：《水资源整体性治理：国际经验与启示》，《理论建设》2015年第4期。

大气协同治理中，采用的是中央政府统筹协调，地方政府、企业、非政府组织、公民等多元主体联合治理的绩效问责模式，注重发挥社会各界的力量来提高政府跨行政区生态环境协同治理的整体绩效。二是混合型网络治理绩效问责模式，即法国塞纳河流域跨行政区治理是在尊重流域内多元主体和复杂利益并存的现实条件下，实行纵向责任分工体系和横向责任共担相结合的绩效问责模式。这在一定程度上促进了法国流域治理的整合与协调。日本东京都市圈和法国塞纳河流域跨行政区治理绩效问责模式在相关政策体系、注重政府主责等方面存在共通之处。但两者在多元责任主体及其属性、协调执行形式、结果评估方式和绩效反馈效果方面仍存在较大差异，具体如图 9. 6 所示。

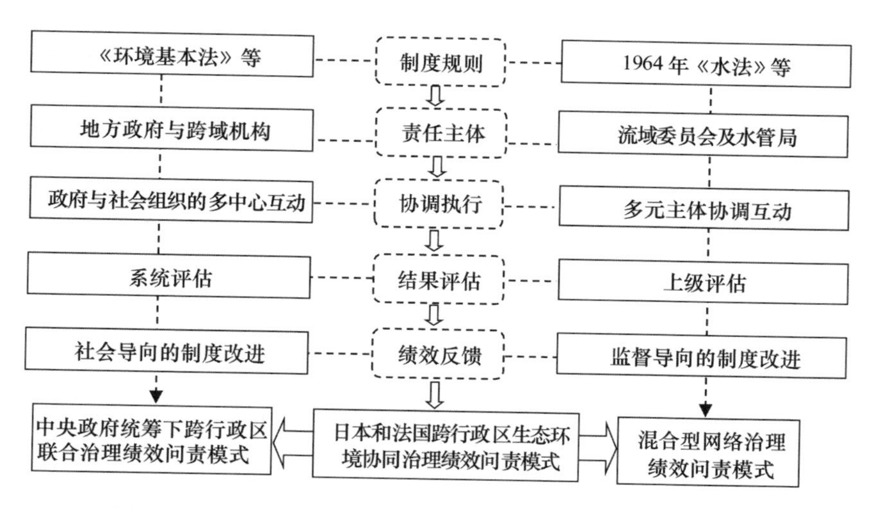

图 9. 6　日本和法国跨行政区生态环境协同治理绩效问责模式

四　现实困境：政策层面与执行层面

通过以上分析可以发现，在跨行政区生态环境协同治理绩效问责过程中，跨行政区各级政府是生态环境协同治理的责任主体。在制度规则的影响下，跨行政区各级政府被赋予生态环境保护的职责以及所要完成的责任目标。虽然身份的多重性和责任主体自身属性的不同使一些地方政府往往从自身利益出发考虑问题，但基于“收益与成本”的考量，“责任目标执行”的“互动结果”让大多数政府选择了“协同”，而其中

“信息”的不完全和“控制”的不均衡则有可能造成责任目标执行结果发生异化，致使跨行政区生态环境协同治理面临难以忽视的现实困境。在现实情境下，跨行政区生态环境协同治理的现实困境可能是政策层面的，在这个层面，责任主体必须在一套集体选择的规则的约束下反复制定和调整责任目标。困境也可能是执行层面的，在这个层面，跨行政区各级政府在生态环境治理时有可能获取完全信息，也有可能获取不完全信息，如信息封锁、瞒报漏报等，而当其联合行动导致的结果难以估量时，投机情绪便开始滋生。一些地方可能会通过推卸责任和欺骗，在牺牲别人利益的基础上实现自身利益最大化，这种不完全信息下的情形加剧了跨行政区生态环境协同治理的内在困境。此外，根据萨巴蒂尔《政策过程理论》一书对控制的解释：“获取者是否主动采取上述行动？他们是否与别人协商?”① 我们将其理解为责任主体在责任目标执行过程中的主动性和协调性，但实际上跨行政区各级政府对责任目标执行过程及其互动结果的控制力并不完全相同。一些地方政府由于自身定位与整体目标相背离以及出于“利己”的考量，在整体责任目标的执行过程中，存在主动性和协调性不足的现象，这也成为跨行政区生态环境协同治理难以有效开展的根本障碍。

五　共性及差异

美国、澳大利亚、英国、日本和法国的跨行政区生态环境协同治理绩效问责过程很好地体现了协同治理绩效问责标准的统一性、问责目标的整体性与问责过程的有序性特征，从而形成了各具特色的绩效问责模式。由于政治制度、文化传统和行政体制等各方面存在差异，各国跨行政区生态环境协同治理绩效问责模式和具体的问责过程各不相同。接下来将对西方五国跨行政区生态环境协同治理绩效问责过程进行详细比较分析，见表9.1。

① ［美］保罗·A. 萨巴蒂尔：《政策过程理论》，彭宗超、钟开斌译，生活·读书·新知三联书店2004年版，第56页。

表 9.1　　国外跨行政区生态环境协同治理绩效问责过程比较

比较内容	制度规则	责任主体	协同执行	结果评估	绩效反馈
加利福尼亚州跨行政区大气治理	《清洁空气法》等	南海岸空气质量管理区	政府间双向互动	协同评估	战略导向的制度改进
田纳西河流域水环境治理	《田纳西河流域管理局法》等	田纳西河流域管理局	多元主体协调互动	协同评估	社会导向的制度改进
澳大利亚墨累—达令流域跨行政区生态环境治理	《墨累—达令流域协议》	综合流域管理机构	自组织协调互动	回顾评估	问题导向的制度改进
英国泰晤士河流域跨行政区治理	1973 年《水法》等	泰晤士河水务管理局	政府与市场双中心互动	综合评估	监督导向的制度改进
东京都市圈跨行政区大气治理	《环境基本法》等	地方政府与跨行政区机构	政府与社会组织多中心互动	系统评估	社会导向的制度改进
法国塞纳河流域跨行政区治理	1964 年《水法》等	塞纳河流域委员会及水管局	多元主体协调互动	上级评估	监督导向的制度改进

美国、澳大利亚、英国、日本和法国跨行政区生态环境协同治理绩效问责过程的共性特征体现为四点。一是重视环境立法，明确责任主体。五国非常注重环境立法工作，均建立起相对完善的法律法规体系，并且通过相关的环保法律明确生态责任主体及其应承担的职责。二是注重责任目标制定与执行的一致性和规范性。坚持以法律法规为指导，强调各项责任的严格履行和具体实施，形成法规指导—主体明确—责任实施—结果评估—目标和制度改进的循环过程。三是强调总体目标的完成与结

果导向的改进。在确保环境质量整体性达标的基础上，根据责任目标完成状况，推进具体内容的调适性改进。四是致力于构建跨行政区治理机构和多元主体参与平台。五国都建了适合本国国情的跨行政区治理机构作为生态责任主体，在积极履行职责、加强信息共享和保证多元主体有序参与等方面发挥了重要作用。

五国在跨行政区生态环境协同治理绩效问责过程中的差异凸显在两个方面。一是责任主体性质的差异。加利福尼亚州跨行政区治理的生态责任主体是有法律授权的南海岸空气质量管理区，即加利福尼亚州政府下属的独立机构。田纳西河流域水环境治理的责任主体是一个既享有政府权力，又具有私人企业灵活性和主动性的公司型联邦一级机构。澳大利亚墨累—达令流域跨行政区治理的责任主体是在多元主体协商基础上建立的自组织管理机构。英国泰晤士河水务管理局由一个具有部分行政职能的非营利性经济实体转为市场化运营的水务公司。东京都市圈跨行政区大气治理的责任主体是由法律规定的中央、地方政府及其跨行政区机构。法国塞纳河流跨行政区治理的责任主体是由国家代表、各地方政府代表、用水户等多元主体组成的流域委员会及其水管局。二是协同问责的差异。美国生态问责体系较为完善，目前已经建立起联防共治的多元协同问责体系；澳大利亚重视多元主体的参与式问责；英国通过市场机制，引导责任主体主动承担其应有的职责；日本坚持中央协调、地方主责、社会协同的生态问责；法国则采用纵向分层和横向协作相结合的混合型生态问责模式。

第三节　跨行政区生态环境协同治理绩效问责模式的类型划分及实践情境

一　基本类型及特点

上述案例分析显示，不同国家和地区的发展阶段、历史传统和现实环境，决定了其面临不同的制约与困境，进而形成了不同的绩效问责模式。通过深入剖析跨行政区生态环境协同治理绩效问责模式的实践案例，可以归纳出各具特色的绩效问责模式及其基本特征，见表9.2。

表 9.2　国外跨行政区生态环境协同治理绩效问责典型模式与特征

案例	模式	特征
加利福尼亚州跨行政区大气治理	地方协作治理绩效问责模式	权责明晰 责任共担 分工联动
田纳西河流域水环境治理 东京都市圈跨行政区大气治理	中央统筹（联邦管制）下多元协同治理绩效问责模式	中央统筹 灵活协作
澳大利亚墨累—达令流域跨行政区治理	多元协商自治绩效问责模式	自治协同 平等协商 多方联动
英国泰晤士河流域跨行政区治理	市场化与政府监管相结合的绩效问责模式	政府统筹协调 企业统一经营
法国塞纳河流域跨行政区治理	混合型网络治理绩效问责模式	纵向分层 横向协作

第一，对地方协作治理绩效问责模式而言，在跨行政区治理实践中呈现权责明晰、责任共担和分工联动的特征。该模式的各参与主体合作基础比较牢固，依靠统一的责任目标和彼此协作而形成，且跨行政区治理机构的成员间具有高度同质性，相互之间平等获取资源和信息，能够有效解决跨行政区治理问题，从而是一种有效的跨行政区生态环境协同治理绩效问责模式。

第二，对于中央统筹（联邦管制）下多元协同治理绩效问责模式而言，具有中央统筹、多元协同的突出特点。美国田纳西河流域水环境治理和日本东京都市圈跨行政区大气治理虽然责任主体自身属性不同，但均注重中央或联邦的统筹支持和协调，如美国田纳西河流域管理局属于联邦政府的独立机构，直接对联邦政府负责，而日本东京都市圈跨行政区大气治理的责任主体是在环境省的领导下开展各项环境治理工作。两者在协同执行过程中均强调多元主体之间的广泛参与和协同治理，虽然具体的评估方式有所不同，但都是基于以社会为导向的制度改进。由于存在这些显著的共性特征，因此两者同属于此模式。在该模式中，各个责任主体既依赖中央政府（联邦政府）的支持和帮助以获取一定的资源，也需要彼此间的监督与协作，以保证跨行政区环境治理的进度与效率。与其他协同模式不同，该模式不仅注重中央政府的支持，更加强调政府之外的社会力量在跨行政区环境协同治理绩效问责中的重要作用，即充分发挥民众、社会组织和企业的作用，在多元主体的合力下促进跨行政区生态环境的良好治理。

第三，对于多元协商自治绩效问责模式而言，体现出自治协同、平等协商和多方联动的特征。该模式主张把政府和社会各界通过建立自治组织的方式联合起来进行协同治理绩效问责。主要特征是不改变原有环境治理的机构，强调由各个责任主体，如地方政府、公众、非政府组织等在平等协商的基础上建立一个自治的协同问责模式。

第四，对于市场化与政府监管相结合的绩效问责模式而言，包含着政府统筹协调与企业统一经营的双重特征。该模式注重在政府责任主体履行环境治理职责之外，加强对市场化运行规律的监督，激发市场责任主体积极履行自身职责。在政府层级职责深化的基础上强化监管广度，发挥政府、企业两个核心责任主体在跨行政区环境治理中的重要作用。

第五，对于混合型网络治理绩效问责模式而言，表现出纵向分层和横向协作相结合的显著特征。该模式强调采取政府与用户、社会团体等共同负责的原则成立从中央到地方的多层级流域管理机构，即在纵向上清晰划分各层级流域管理机构的责权利，形成多中心的环境决策机制；在横向上注重探索多种形态的公私合作机制，同时主张相互监督和制约。通过纵横相间的混合型网络治理绩效问责模式来保证跨行政区治理的有效协同。

二　实践情境

通过对以上跨行政区生态环境协同治理绩效问责模式的深层次分析，发现每种绩效问责模式都不能脱离其特定的问责情境和场域，否则无助于跨行政区环境问题的解决，且每一个具体的绩效问责模式都有其特定的问责情境、适用条件和制约因素。不同类型跨行政区生态环境协同治理绩效问责模式的实践情境详见表9.3。

表 9.3　不同类型跨行政区生态环境协同治理绩效问责模式的实践情境

模式	地方协作治理绩效问责模式	中央统筹（联邦管制）下多元协同治理绩效问责模式	多元协商自治绩效问责模式	市场化与政府监管相结合的绩效问责模式	混合型网络治理绩效问责模式
问责情境	联防共治的多元协同问责	纵横兼具的多元协同问责	多元主体的参与式问责	同体问责与异体问责相结合	纵向责任分工与横向责任共担
前提条件	相互信任程度较高 合作基础较好 异质性较低	央地权责分明 中央支持 地方自主联合	公民社会成熟 多元参与主体责权感较强	市场责任主体成熟 政府问责力度较强	责任分工明确
制约因素	政府内部问责占比偏大	责任界定与责任目标协调困难	问责力度不足 协作惰性 责任认定与分担困难	问责利益化 问责灵活性较差	多元责任主体及复杂利益关系难协调
问责效果	效果持久	较为稳定	难以稳定	效果持久	较为稳定

（一）问责情境

问责情境是影响责任主体的责任履行及其结果的环境条件，是责任主体间互动、协商交流、共享信息的空间。问责模式的选择与各国所处的问责情境密切相关，如地方协作治理绩效问责模式处于联防共治的多元协同问责情境中，保障了生态问责的可行性和影响力；中央统筹（联邦管制）下多元协同治理绩效问责模式发生在纵横兼具的多元协同问责情境下，是适应生态环境发展的需要，也是多元主体责任明确的结果；多元协商自治绩效问责模式产生于多元主体的参与式问责情境中，有效地促进了政府与整个社会的协调与合作；市场化与政府监管相结合的绩效问责模式源于同体问责与异体问责相结合的问责情境，并在长期的改革和探索中逐渐发展成熟；混合型网络治理绩效问责模式是在纵向责任分工与横向责任共担的问责情境中形成和发展起来的，该模式不仅强调自上而下的责任分工，而且更加注重不同层级治理机构中的多元主体责任共担。

（二）前提条件

跨行政区生态环境协同治理绩效问责模式的形成涉及诸多复杂的因素，这就决定了任何类型的问责模式都需要具备一定的前提条件。如地方政府间相互信任程度较高，各责任主体间协调合作的基础较为牢固、异质性较低是地方协作治理绩效问责模式的前提条件。中央统筹（联邦管制）下多元协同治理绩效问责模式需要在问责过程中明确中央和地方的职责权限和角色定位，既发挥中央政府的统筹协调功能，又突出地方及各类责任主体协同治理的问责效用。多元协商自治绩效问责模式需要在多元参与主体责权感较强、“公民社会”较为成熟的条件下进行。市场化与政府监管相结合的绩效问责模式需要具备市场责任主体成熟、政府问责力度较强的前提条件。混合型网络治理绩效问责模式无论是在纵向责任分工，还是在横向责任共担方面都依靠多元责任主体，因而明确责任分工是该模式的重要前提。

（三）制约因素

每种问责模式既有各自的问责情境和前提条件，也有其特定的历史局限性与制约因素。地方协作治理绩效问责模式的制约因素主要表现为政府内部问责占比偏大，使问责模式的效果不能得到最大限度的发挥。中央统筹（联邦管制）下多元协同治理绩效问责模式在责任界定与责任目标协调上可能存在困难，且在实际的问责过程中会受到更多钳制。多元协商自治绩效问责模式同样面临着问责力度不足、协作惰性、责任认定与分担困难等问题。市场化与政府监管相结合的绩效问责模式存在问责利益化和问责灵活性较差等制约因素，即盲目追求利益以及地方在问责过程中统一听从中央领导，不利于灵活地对地方责任主体进行问责。混合型网络治理绩效问责模式在实际问责过程中，则可能存在多元责任主体及复杂利益关系难以协调等制约因素。

（四）问责效果

任何一种类型的问责模式在不同的发展阶段、不同的问责情境中会表现出不同的问责效果。地方协作治理绩效问责模式，由于彼此协作和责任目标一致，因而该模式的问责效果较为持久。中央统筹（联邦管制）下多元协同治理绩效问责模式虽然在责任认定上可能存在困难，但是相比其他模式而言其问责效果较为稳定。多元协商自治绩效问责模式中，中央政府的干预程度最低，该模式强调区域内责任主体间的平等地位与合作伙伴关系，依靠责任主体间的沟通和自我协商，可能导致问责效果难以稳定。市场化与政府监管相结合的绩效问责模式在长期探索和发展过程中仍然保持较为持久的问责效果。混合型网络治理绩效问责模式在实际问责过程中，形成了错综复杂的问责网络，表现为层级问责和横向问责相结合的问责模式，有效地实现了对政府生态环境保护履职能力与实践情况的监督、评估和质询，因而其问责效果也较为稳定。

第四节　对中国跨行政区生态环境协同治理绩效问责实践的启示

通过对国外多个具有代表性的跨行政区生态治理典型案例的绩效问责过程的分析与比较，并对绩效问责模式的建构和其内在关系进行探索性研究，发现了跨行政区生态环境协同治理绩效问责制度及其实践已经形成了地方协作治理绩效问责模式、中央统筹（联邦管制）下多元协同治理绩效问责模式、多元协商自治绩效问责模式、市场化与政府监管相结合的绩效问责模式、混合型网络治理绩效问责模式等独具特色的绩效问责模式，而且每种绩效问责模式在不同的问责情境中呈现不同的问责效果和制约因素。对绩效问责模式的选择不能脱离其特定的情境和场域，在特定问责情境中的跨行政区生态环境协同治理绩效问责具有多元化的路径模式与结果形态。

在借鉴国外绩效问责模式的时候，如果我们可以根据不同绩效问责模式生成和运行的具体情境、前提条件和制约因素，分析其在不同情境下表现出的问责效果，必然可以为中国跨行政区生态环境协同治理绩效问责模式的选择以及不同情境下的问责实践提供更多来自实践的经验验证。因此，必须从绩效问责的制度基础、问责情境和跨界环境问题自身属性出发，研究和选择适应特定情境下的跨行政区生态环境治理的最有效和最适切的绩效问责模式和问责工具。

美国、澳大利亚、英国、日本和法国形成的绩效问责模式之所以能够长期发展，绝非偶然，它有独特的历史、地缘政治环境等优势和特点，才形成了各具特色的跨行政区生态环境协同治理绩效问责模式。相较之下，中国当前的单一制国家结构形式、尚不完善的市场机制以及处于发展中的社会组织体系等条件都决定了中国采取的是以政府为主导的协同治理绩效问责模式。该模式强调由某一上级部门作为主要的责任主体，即依靠中央政府发挥牵头作用，直接运用高层次的行政力量组建最具权威性的行政协调机构，在上级的支持与领导之下各责任主体紧密协作，通过核心责任主体的领导性和权威性以保证跨行政区治理的有效协同。跨行政区生态环境协同治理绩效问责模式的选择是在既定政治制度（政策）、特定发展阶段以及具体的问责环境条件下产生的，且绩效问责模式的选择及制度规则的设定必须适应特定环境问题的属性，其所采用的绩效问责模式也必须和需要解决的环境问题及所具备的资源禀赋相匹配。西方五国在跨行政区生态环境协同治理绩效问责制度建设方面积累的丰富经验，对于中国跨行政区生态环境协同治理绩效问责制建设具有重要的启发意义。

第一，加快法制建设，完善生态绩效问责相关配套制度。法律化和制度化是推动政府生态问责制建设的根本保障。尽管西方国家在生态绩效责任方面的法律化程度有所不同，但均从整体性角度对跨行政区生态环境协同治理的生态责任和绩效责任目标作出了明确规定，使得生态问责表现出合法化、制度化和规范化的特征。生态责任主体根据区域环境污染状况和机构设置的不同，在法律的指导下，制定统一的生态环境协同治理绩效责任目标。而中国制定跨行政区生态环境协同治理的整体责任目标时均依据相关部门的政策文件，法律位阶不高，对跨行政区各治理主体的约束力不足，这就需要在跨行政区政府的更高层面形成更高位阶的法律法规，增加跨行政区整体生态环境协同治理绩效责任目标制定的权威性和约束力，以便能为相应的跨行政区生态环境协同治理生态责任界定和绩效责任目标制定提供更可靠、更权威的法律依据和指导。当前中国应加快跨行政区生态环境协同治理绩效问责制建设的法制化进程，通过立法对跨行政区各级政府的责任进行硬性约束和规范，从而完善政府生态责任制度和问责机制建设。

第二，明晰责任主体，建立统一的跨行政区生态环境协同治理机构。美国、澳大利亚、英国、日本和法国跨行政区生态绩效问责制度是在不同的国家结构形式和政治制度框架内，伴随着行政管理体制改革、公共服务市场化和各种环境危机建立起来的。在跨行政区生态环境协同治理实践中，西方五国首先建立跨行政区的组织机构，来明确生态环境的治理主体及其承担的生态责任，并注重运用市场激励减少跨行政区环境污染。目前，在中国的跨行政区生态环境协同治理及绩效问责实践中，责任主体往往都是政府机构，但由于跨行政区特征导致的地方利益分割情况的存在，各个地方政府部门在跨行政区生态环境协同治理绩效问责中协同性不足，不仅问责标准和问责程序不统一，而且问责结果也相差甚大，使得绩效问责作为助推跨行政区生态环境协同治理绩效的制度功能大打折扣。鉴于国情，应在中央和跨行政区的上级政府层面建立协调机制。目前中国环境管理体制已经逐步建立了省以下垂直领导体制，这对于推动省域内的跨行政区生态环境治理和协同问责具有较好的执行力，但由于环境污染的跨行政区性，跨省级行政区的生态环境问题成为当前生态环境协同治理的难点问题，应该根据中国生态环境问题的现状，逐步建立和完善跨省级行政区的生态环境协同治理及协同问责的协调机构。首先，可以建立中央层面的跨行政区生态环境协同治理委员会，挂靠生态环境部，负责全国总协调；其次，针对重点区域建立分委员会，负责区域内跨行政区的生态环境协同治理和协同问责。通过自上而下的跨行政区生态环境协同治理委员会的建立，强化协同治理的向心力以及协同问责的动力和能力。

第三，健全协调机制，推进协同互动过程。责任主体间生态环境协同治理绩效责任目标的确定和分解是跨行政区生态环境协同治理绩效问责过程的动态运行环节，其核心价值取向就是确保问责过程的有序性和互动性。西方五国在跨行政区生态环境协同治理绩效责任目标确定和分解方面的协调机制各具特色，总体上体现了协调合作和有序运行。中国在目前的跨行政区生态环境协同治理绩效问责制建设方面，虽然在各地区已建立起对跨行政区生态环境协同治理的联防联控机构，但仍然存在各行政区机构之间沟通交流匮乏等问题，沟通仅限于官方之间的不定期沟通，目标制定和执行的信息资源共享机制建设以及经常性的协商机制建设还存在不足。[①] 当前，中国可以通过构建开放、透明、有序和包容的协作过程和沟通协调机制，加强区域内各级责任主体间的协调沟通，培育生态绩效问责的互动意识；鼓励区域内各行政区政府在具体责任目标的确定和分解方面广泛吸纳体制内外组织的参与，或将绩效责任目标制定过程向社会公众开放，积极吸纳不同方面的意见，从而增强绩效责任目标制定的科学性、民主性和社会认可度；同时，还可以通过开展跨行政区的非正式的经常性协商会议等形式，共同协商责任目标分解和执行方案，进而保证责任目标有序执行，从而共同推进绩效问责的协调互动过程。

第四，完善绩效评估，构建生态环境协同治理绩效责任目标评估机制。完善责任目标评估体系，并在评估过程中体现协同性，这是充分发挥跨行政区生态环境协同治理绩效问责功能的前提和基础。西方五国在责任目标评估方面都建立了完善的制度体系，比如协同评估体制和区域综合评估体系。中国目前在跨行政区生态环境协同治理的责任目标评估方面局限于行政系统内部的自我评估和上级评估，使得评估过程和评估结果的客观公正性容易受到质疑。当前中国在对责任目标的评估过程中，应注重完善生态环境协同治理绩效责任目标评估指标，把跨行政区政府协同治理情况纳入评估指标体系。在绩效评估实践中，不应把绩效评估的得分和排名作为唯一的标准和依据，更要注重把各行政区政府的交流合作、成功经验和实践创新的分享等内容纳入责任绩效考核范围。同时，还可以采用相互评估或引入第三方评估机构等多元主体共同协商参与评估等方式，使责任绩效评估更加公平合理，从而也避免多重评估给生态责任主体造成负担。此外，中国还可以学习美国和英国，建立协同问责评估机制或以地方区域协议为基础，充分考虑不同地方政府的生态环境协同治理绩效责任目标，建立区域整体评估框架，以使跨行政区生态环境协同治理绩效问责功能得到更大程度的发挥。

第五，注重结果反馈，改进责任目标和优化制度建设。结果反馈是通过对互动过程产生的结果进行评估，以实现对绩效问责过程甚至影响

---

① 司林波、王伟伟：《跨行政区生态环境协同治理信息资源共享机制构建——以京津冀地区为例》，《燕山大学学报》（哲学社会科学版）2020 年第 3 期。

绩效问责过程因素的反馈。反馈过程在很大程度上是人们根据评估结果对绩效问责过程和制度进行改进和动态调整的过程。这对于跨行政区生态环境质量的改善和绩效问责制度的完善具有重要作用。西方五国基于责任目标评估结果，实施不同的奖惩措施，并制定了各具特色的责任绩效改进计划。其中，美国跨行政区组织机构制定了官方绩效改进计划和政策规则修正案，并列出了过去 12 个月里逐月修改的规则和计划，接受社会各界的问责和监督。中国在跨行政区生态环境协同治理责任目标绩效改进方面，重视程度不够，在评估过后，聚焦于通过督察来促使地方政府制定改进计划并严格落实，这使得责任绩效改进计划的制定和实施存在应付检查的现象，难以保证跨行政区生态环境协同治理绩效的持续提升。中国可以借鉴国外的经验，由区域内的地方政府根据各地区生态环境治理的不同状况进行协商交流，并接受公众、环保组织和专家学者等方面的听证，共同制定责任目标绩效改进计划并报中央或上级主管部门备案，向社会公开，在接受社会各界的监督问责过程中，不断修正和调整责任目标绩效改进计划，最终形成制度化的解决方案，达到责任绩效改进的目的。

第四部分

基于目标管理的研究设计：绩效目标责任、制度与机制

第十章

跨行政区生态环境协同治理绩效目标责任体系构建

促进协同治理绩效水平的提升，是跨行政区生态环境协同治理绩效目标责任体系构建乃至协同治理绩效问责制度与机制设计的最根本目的。对跨行政区生态环境协同治理绩效展开研究是中国生态环境治理进入新阶段的重要体现，那么当前如何实现跨行政区生态环境协同治理绩效提升呢？这首先就要对跨行政区各地方政府所承担的生态环境协同治理绩效目标责任予以明确。

第一节　绩效目标责任、制度与机制之间的关系

基于协同治理理论和整体性治理理论可知，跨行政区各层级政府通过有效的协作与配合、坚持连续一致的政策目标、重新整合治理资源等方式对区域整体的生态环境实行有序的协同治理，并共同承担着跨行政区生态环境协同治理的绩效责任。跨行政区生态环境协同治理绩效问责实质上是对跨行政区各级政府进行协同问责的过程，明确各治理主体的绩效责任是实行协同治理绩效问责的逻辑前提。根据跨行政区生态环境协同治理绩效问责实施的现实需求，从分析跨行政区协同治理主体所承担的绩效责任入手，构建起各治理主体的绩效目标责任体系，同时借鉴目标管理的思想，将绩效责任目标的有效落实作为协同治理绩效问责制度设计与机制构建的路径导向。

此外，本书的研究对象是跨行政区生态环境协同治理绩效问责制，

构建一套有效的协同治理绩效问责制度与机制是本书的重要目标，按照经济合作与发展组织（以下简称“经合组织”）所提出的“结构—过程”模型的主要思想，制度与机制分别对应协同治理绩效问责的结构性内容与过程性内容。

“结构—过程”模型是经合组织在2000年针对政府部门协同所提出的，协同结构指的是政府跨部门协同的结构性安排，体现为协同的组织载体与制度设计，协同过程指的则是实现协同的过程性安排和辅助技术手段，以议程设定、操作程序以及相关技术工具的选择为主要内容。① 绩效问责的制度结构作为静态规范，为协同治理绩效问责的开展做出了顶层设计与规划；绩效问责的运行机制作为动态过程，则为绩效问责制度的落实提供了根本路径，制度与机制共同构成了跨行政区生态环境协同治理绩效问责制的基本内容。基于此，以明确跨行政区生态环境协同治理主体的绩效责任目标为必要前提，本书提出了“绩效目标责任、制度与机制的理论关系”，如图10.1所示。以该分析框架为基础，有利于准确把握问责目标的整体性、问责标准的统一性以及问责过程的有序性等跨行政区生态环境协同治理绩效问责制的核心特征。

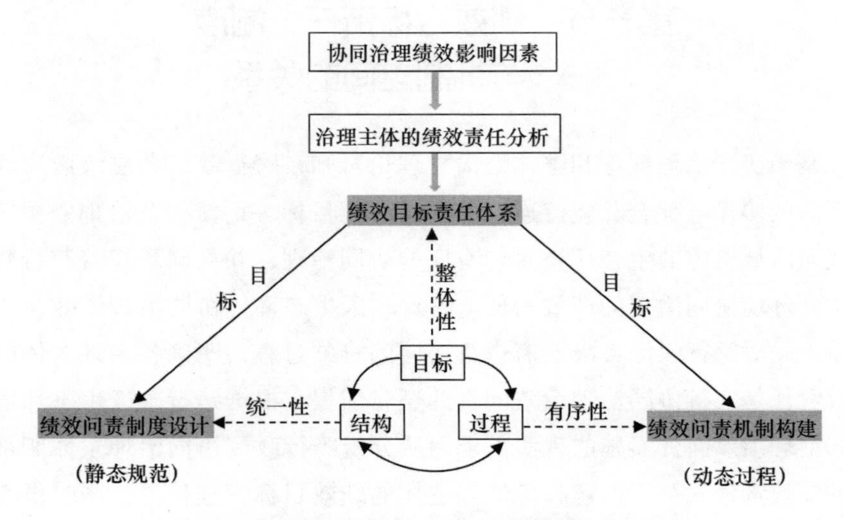

图10.1　绩效目标责任、制度与机制的理论关系

① 周志忍、蒋敏娟：《中国政府跨部门协同机制探析——一个叙事与诊断框架》，《公共行政评论》2013年第1期。

第二节　基于治理绩效关键影响因素的绩效目标责任体系构建

在前述章节中，我们对影响跨行政区生态环境协同治理绩效的关键因素进行了充分探讨。对跨行政区生态环境协同治理绩效目标责任体系的构建必须回到影响协同治理绩效的关键因素中，以此为前提，对跨行政区政府主体所应承担的绩效目标责任进行准确定位。

一　绩效目标责任体系构建的理论依据

之所以要构建跨行政区生态环境协同治理绩效目标责任体系，是为了更好地为实现协同治理绩效水平的提升服务。同时，我们也应认识到，跨行政区生态环境协同治理所面临的困境和挑战，以及治理绩效的生成、演化和应对的复杂性，均决定了对于协同治理绩效目标责任体系的构建必须坚持以促进绩效水平的提升为根本导向。而本书在前述章节的分析中已经掌握了影响协同治理绩效的关键因素，因此，对这些关键影响因素的促进不仅能够刺激协同治理绩效的提升，同时也能为跨行政区生态环境协同治理绩效目标责任体系的构建提供指导依据。

（一）驱动力机制中的政府态度是影响治理绩效的关键因素

跨行政区各级政府是区域生态环境治理的主导力量，其在跨行政区环境治理上的态度影响着治理绩效提升的进程。从长远发展的角度来讲，转变地方政府观念，不仅仅是思维方式的扭转，更是政府跨行政区生态环境协同治理行动内驱力的增加。当下，要转变政府政策观念并提升跨行政区生态环境协同治理绩效，扭转地方政府的“选择性行动”态度，首先应当强化地方政府的大局意识、责任意识和协同意识，使其清醒地认识到生态治理的跨行政区性和整体性特征，主动承担起生态治理的职责。其次，跨行政区生态环境协同治理绩效提升必须精准政策观念和定位，注重跨行政区各级政府观念的转变，高度认识到跨行政区生态环境协同治理的重要性和紧迫性，主动把跨行政区生态环境问题纳入自身职能范围，树立合作意识，以灵活方式进行协同治理，推进各种协同关系的建立。最后，中央和地方也要有前瞻性和主动性，通过各种形式积极宣传，达成全面加强生态环境保护的共识，做好宏观预测和政策指导工作，并注重对公众诉求的回应与利益整合。这对于转变政府在跨行政区生态环境协同治理上的"消极态度"、落实重点区域环境治理具有重要意义。

（二）协同互动机制中的协同行动是影响治理绩效的关键因素

健全协同互动机制，增强政策执行效力是解决区域环境问题和提升治理绩效的重点和突破口。在协同互动机制中，要注意政策的制定和执行过程的协调配合，从全过程提升政策的科学性和适用性。在协同决策阶段，应该根据不同时期和不同区域的差异，有针对性地制定和补充跨行政区生态环境协同治理的具体政策措施，提高政策的适用性。同时，通过制定和完善政策，协调好宏观调控和具体实施之间的关系，给予跨行政区各级政府最大限度的政策引导，实现协同决策与协同行动的全过程良性互动。尤其在协同行动阶段，应补充和完善政策文本中的执行机制和协调机制，定期检查跨行政区生态环境协同治理政策的落实效果。协同行动是一项较为复杂的集体行动，每个环节都需要不同的执行机构和人员共同参与和密切配合。由于不同的执行机构和人员之间的差异性等原因会给协同行动带来诸多障碍，因此在协同行动阶段需要不断地进行沟通和协调。此外，在环境政策执行的实践中也要注重发挥各项机制的制约作用，提升政策供给水平和政策执行效力。

（三）考核激励机制中的奖励激励是影响治理绩效的关键因素

考核激励机制是影响中国跨行政区生态环境协同治理绩效的重要因素，如何有效激励区域内地方政府加大环境重视程度和环境治理力度，便成为生态环境保护政策切实发挥作用的关键。当前，可以通过创新和完善与跨行政区治理目标相匹配的考核激励机制，来强化区域内地方政府的合作意愿，使之成为地方政府合作的内在激励因素。例如，可以将对单个地方政府的环境治理考核转变为对区域整体的考核，激励区域内地方政府为满足考核要求和达到考核目标而主动进行合作，并最终在竞争和合作的有序协调中，走向跨行政区治理共同体，实现区域整体环境治理绩效的提升。跨行政区治理中地方政府的绩效考核应当更加重视政府行政行为的社会效益，通过合理使用政策手段对跨行政区治理中地方政府间的合作给予鼓励和支持，精细政策指导方式和手段，提高政策水平和质量，补足生态环境治理短板，实现治理绩效的高质量提升。如加大对区域环境治理的转移支付力度，通过转移支付这种财政再分配工具，实现地区之间在生态环境治理方面的激励协同。同时奖励激励政策的实施也要辅以监督问责作为保障，对于虚假骗取环保奖励资金的行为要严肃追究责任，使奖励激励能够切实起到调控和激励之效果。

（四）监督改进机制中的督察整改是影响治理绩效的关键因素

监督改进机制可以看作在原有治理工具基础上的一种集成创新，这对于提升跨行政区生态环境协同治理绩效发挥了不可忽视的作用。鉴于跨行政区环境治理工作的整体性和复杂性，为确保区域环境治理绩效的可持续性，需要进一步优化和完善监督改进机制，如跨行政区各级政府可以结合各自的实际情况，相互学习和借鉴，制定规范的政策改进标准，强化政策改进的制度要求。首先要加强对政策改进的事后监督，强化政策改进方案的落实，把政策改进落实情况纳入政绩考核范围，从根本上防止“虚假整改”“表面整改”“敷衍整改”等行为的发生，切实提高跨行政区生态环境协同治理的实际效果。另外，针对政策改进环节存在的消极被动的现象，可以通过适当的经济激励、较多的行动自由授权、减少监督检查环节，以及表彰和宣传政策改进典范的示范效应等措施调动跨行政区各级政府的主观能动性，积极主动地修改、补充和完善政策改进计划，防止政策弊端累积影响跨行政区生态环境协同治理政策目标的实现和治理绩效的提升。

通过上述分析可知，要想进一步提升跨行政区生态环境协同治理绩效，就必须在转变政策理念、强化协同执行效力、创新考核激励、优化监督改进等方面采取相应的举措，具体路径如图 10.2 所示。与此相应，跨行政区各地方政府绩效责任主体必须通过履行相应的职责，以促进以上各项工作的落实，同理，对跨行政区各生态环境协同治理绩效目标责任体系的构建也必然要涵盖上述责任内容。

二　对跨行政区政府绩效目标责任的精准定位

生态治理是国家治理的一个维度，生态治理绩效离不开生态治理体

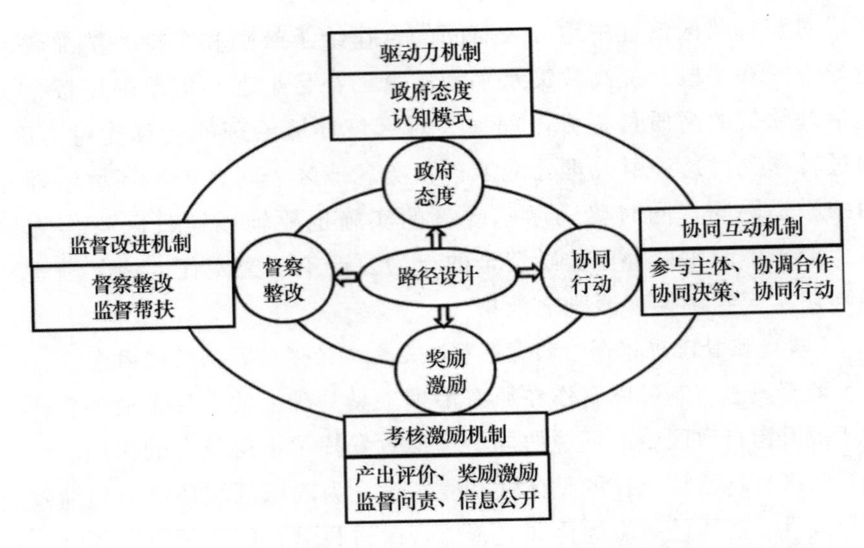

图 10.2 基于关键因素的跨行政区生态环境协同治理绩效提升路径设计

系的优化和生态治理能力的提升。[①] 联系前文内容可知，驱动力机制中的政府态度、协同互动机制中的协同行动、考核激励机制中的奖励激励、监督改进机制中的督察整改是影响跨行政区生态环境协同治理绩效的关键因素。在准确把握以上关键影响因素的基础上，则能够对跨行政区各地方政府所应承担的绩效责任进行精准定位。

首先，应将各级政府的决策、协商责任作为跨行政区生态环境协同治理绩效目标责任体系的重要内容。

在驱动力机制上，跨行政区各级政府作为跨行政区环境治理的主体，在环境治理中发挥着顶层设计和政策导向的作用，因此跨行政区各级政府能否做出正确决策，以及能否就关键问题达成协商一致的意见对中国跨行政区生态环境协同治理绩效提升尤为重要。跨行政区生态环境协同治理绩效的提升不仅仅取决于政府对环境治理的认知，更在于政府对跨行政区环境治理的态度和价值取向。作为政策范式与行为模式的根本出发点与最终归宿，地方政府所秉持的治理理念与价值取向决定了其对于所追求的不同价值目标的倾向与偏重，成为影响政府公共政策制定与具

① 李皋：《地方政府生态治理绩效提升的困境》，《天水行政学院学报》2020 年第 6 期。

体行为取向的关键因素。[①] 区域内地方政府应当深刻认识到置身于全局的治理正是解决自身环境问题的根本途径，并以生态价值观为导向培育生态环境协同治理的文化传承，从而内化为稳定且持续的原动力。作为一个先导观念，政府在跨行政区治理中形成的理念共识可以为生态环境治理政策的执行与合作奠定坚实的基础，也可以为跨行政区生态环境协同治理绩效的提升提供内驱力。由此看来，政府态度是跨行政区生态环境协同治理绩效提升的主要路径。

其次，跨行政区生态环境协同治理绩效目标责任体系的构建应重点突出各地方政府的协同执行责任。

在协同互动机制上，区域内地方政府之间的协同互动和有效整合会形成强大和可持续的合力，这是解决当前突出区域环境问题、促进区域协同治理、提升跨行政区生态环境协同治理绩效的有效方式。跨行政区生态环境协同治理涉及众多参与主体，政府作为跨行政区环境治理的重要参与者，既扮演着主导者的角色，又扮演着联络者的角色，理顺政府间关系，有利于畅通各主体在跨行政区环境治理上的利益诉求。同时，跨行政区生态环境协同治理绩效提升离不开政府间的协调合作，尤其是要协同确定各项政策方案和具体措施，加强对环境治理的宏观指导，为跨行政区生态环境协同治理绩效提升提供政策保障。此外，区域内不同层级的地方政府及其相关部门如何实现协同精治和有效互动，服务于区域整体环境利益，关键在于协同行动。协同行动是在协同治理过程中各利益相关者为组织或团体的共同利益而开展的分工配合的行动[②]，直接关系到跨行政区环境治理成效。在现实行动中，政府间利益诉求并不完全相同，由此而引发的各种形式的矛盾甚至对抗的紧张关系也时有发生。只有各主体协同配合、有效整合各要素，才能够实现良好的治理绩效。因此，协同行动是跨行政区生态环境协同治理绩效提升的重要路径。

再次，评价责任、奖惩责任、公开责任以及回应责任等均是跨行政区生态环境协同治理需要重点关注的内容。

---

① 金太军：《论区域生态治理的中国挑战与西方经验》，《国外社会科学》2015 年第 5 期。

② 闫亭豫：《我国环境治理中协同行动的偏失与匡正》，《东北大学学报》（社会科学版）2015 年第 2 期。

在考核激励机制上，跨行政区各级政府具有通过协调、合作来提升自身竞争力的内在动力，而这种从竞争向合作转化的动力关键就在于考核激励机制的设计。换句话说，跨行政区生态环境协同治理要想取得预期效果，还需要考核激励机制的补充和完善。通过对产出执行结果进行考核和评价，可以激励和规范地方政府的环境治理行为，实现跨行政区治理地方政府合作的常态化。信息公开是推动跨行政区治理的重要动力和必备的政策工具。通过不断提升环境信息公开水平，优化自行公开和公众互动回应等信息公开手段，促进跨行政区的信息公开共享，通过强化信息公开形成对跨行政区生态环境协同治理的倒逼机制。更重要的是，在中国跨行政区生态环境协同治理中，由于区域内各地方政府之间处于平等关系，所以在跨行政区治理上中央政府的安排、命令和奖励激励等措施，是推动地方政府间相互合作和提升区域治理绩效的重要保障。有学者指出，在中国当前环境政策的执行中，现有的财政投入和管理模式不足以从物质上激励地方政府忠诚地执行环境政策，而地方政府采取抵制或变通的方法消极执行环境政策反而会带来更多的回报。[①] 因此，如何强化奖励激励和监督问责，从政治晋升、物质奖励、精神奖励和行为约束等层面真正激励地方政府有效执行环保政策，使奖励激励与地方政府的实际治理动机兼容是推进跨行政区生态环境协同治理绩效提升的必要途径。

最后，跨行政区生态环境协同治理绩效目标责任体系的构建也不应忽视各层级政府的改进责任与执行监督责任。

在监督改进机制上，推动跨行政区生态环境协同治理绩效提升，要持续增强监督帮扶和督察整改力度，开辟跨行政区生态环境协同治理绩效提升的崭新路径。环境监督改进不是一时性的运动，而是一种将持续发现问题和把控整改质量交替结合的机制，从而确保跨行政区环境治理工作的长期性和治理成效的显著性。其中，监督帮扶是持续改善重点区域环境质量、巩固区域环境治理成效的一项制度安排，其核心在于通过提供有力管理和技术支撑帮扶地方政府解决区域环境污染问题，督促落

① 崔晶：《新型城镇化进程中地方政府环境治理行为研究》，《中国人口·资源与环境》2016 年第 8 期。

实各项任务措施，坚定完成环境治理目标，持续提升区域环境治理绩效。值得注意的是，为进一步实现环境“治理有效”，需要对跨行政区环境治理进行督察整改，这是生态环境治理领域的重要制度创新，对于改进区域环境治理、提升环境治理绩效发挥着重要作用。环保督察是推动整改落实的重要契机和主要抓手，持续推进的环保督察应当注重区域环境治理绩效的整体改善。从长远来看，督察整改力度的不断增强将有助于进一步提升和巩固区域环境治理绩效，推动中国生态环境治理工作的长效发展。因此，督察整改是实现跨行政区生态环境协同治理绩效提升的关键路径。

基于上述分析可知，严格落实跨行政区各级政府的决策责任、协商责任、执行责任、评价责任、奖惩责任等是指引跨行政区生态环境协同治理绩效目标责任体系构建的总体路径。只有确保以上各项责任能够得到切实履行，才能实现以政策理念为价值引领、以协同行动为主要抓手、以奖励激励为重要保障、以督察整改为关键举措，形成跨行政区生态环境协同治理的合力，从而完成建设美丽中国的时代任务。

第三节　基于目标管理理论的绩效目标责任体系构建的有效性分析

构建基于目标管理理论的跨行政区生态环境协同治理绩效目标责任体系，必须坚持以绩效责任为中心，首先要明确区域各治理主体所承担的生态环境协同治理绩效目标责任，其次要知道如何有效履行其绩效目标责任，以及各主体绩效目标的实现程度如何，并针对否定性的绩效评价结果提出实现绩效责任目标改进的措施，通过一系列的绩效问责过程机制设计，最终有序实现区域整体生态环境协同治理绩效目标。

一　基于目标制定的有效性分析

首先，目标管理强调由领导高层制定组织战略目标，将领导高层超脱于各级管理人员的序列。跨行政区各行政主体在地位上是平等的，由一个权威领导机构进行顶层设计，对跨行政区生态环境协同治理绩效目标做出整体规划，能够增强各行政主体协同治理生态环境的向心力和凝聚力。其次，目标制定的层次性体现了对目标进行分解的原则，跨行政区各级行政主体通过目标分解能够实现责任的具体化，通过将具体目标与整体目标相结合，最终形成跨行政区生态目标责任体系，在目标制定过程中保证了各行政主体职责清晰、任务明确，也为生态环境的协同治理和绩效问责的有序开展奠定了基础。

二 基于目标实现的有效性分析

在目标实现阶段实行过程管理，指的是在事前制定绩效责任目标，事中实施绩效监控，事后进行绩效评价，并根据各阶段绩效表现实施过程问责。目标管理强调组织成员在这个过程中进行自我管理和自我控制，充分发挥积极性和主动性。跨行政区生态环境协同治理绩效问责机制的运作原理也是通过绩效激励作用推动各治理主体积极作为，跨行政区生态环境协同治理主体本就拥有较大的自主权，因此可以因地制宜地制定生态环境协同治理绩效责任目标实施计划和配套的绩效评价与问责计划，当环境等因素发生变化时，也能够迅速做出策略调整，有效调动可用资源实现分解任务目标，进而推动整体目标的实现。

三 基于目标检查和评价的有效性分析

首先，目标管理强调在实施目标评价之前制定统一的目标评价标准，这有利于反映跨行政区多元治理主体的生态环境协同治理绩效，也是实现有序性问责的重要条件。其次，目标管理注重对结果的管理，将生态环境协同治理绩效评价结果作为实施奖惩的依据，能够激励跨行政区生态环境协同治理主体追求实现更高的绩效目标。最后，目标管理主张各行政主体对目标评价所暴露出来的问题进行自查、自省，并通过每一轮目标管理的循环往复不断完善生态环境协同治理绩效责任目标改进计划和问责方案，改进绩效短板，从而有利于跨行政区生态环境协同治理绩效水平的提升。

四 目标管理与绩效目标责任体系之间的关系

在前一节中，以跨行政区生态环境协同治理绩效的关键影响因素为依据，我们对跨行政区生态环境协同治理的绩效目标责任进行了精准定位，从而明确了跨行政区各绩效责任主体的决策责任、协商责任、执行责任、监督责任、考核责任、评价责任、奖惩责任、回应责任、改进责任等是构成跨行政区生态环境协同治理绩效目标责任体系的重要内容。但是，跨行政区生态环境协同治理绩效问责是一个完整的过程，以上各项责任毫无疑问需要在具体的责任履行过程中得到落实。而融合目标管理过程的基本思想则能够为搭建生态环境协同治理绩效目标责任的实现过程提供基本依据，进而为生态环境协同治理绩效目标责任体系的构建奠定基础。

一方面，目标管理为跨行政区生态环境协同治理绩效目标责任的定位与实现提供了过程性依据。彼得·德鲁克将目标管理划分为目标制定、目标执行以及对目标的检查和评价三个阶段，中国学者丁煌在此基础上做出了进一步细化，并形成八个更为具体的步骤，这在本书第二章的理论基础部分已经进行了详细说明，此处不予赘述。与此同时，通过对目标管理的有效性分析可知，以上学者对于目标管理过程的划分与跨行政区生态环境协同治理绩效问责以及绩效目标责任履行的基本过程十分契合。所以说，以目标确定、目标执行、目标评估以及目标改进等目标管理的基本过程为基础，能够为跨行政区生态环境协同治理绩效目标责任体系的构建提供重要依据。

另一方面，绩效目标责任体系所包含的各项责任内容为目标管理过程的具体阶段划分规定了大体方向。虽然目标制定、目标执行以及对目标的检查和评价是学界公认的目标管理过程的基本阶段，但是在此基础上，目标管理的具体过程仍然可以进行细分与扩展。而通过对跨行政区生态环境协同治理绩效的关键影响因素的分析，我们已经对生态环境协同治理绩效目标责任体系所应包含的责任内容做出了精准定位，所以说，根据各项绩效目标责任所提供的方向指引，同时吸收目标管理过程的重要思想，从而可以将目标设定、目标协同执行、目标考核评价、目标责任追究以及目标监督改进作为跨行政区生态环境协同治理绩效目标责任履行的基本过程。

第四节　跨行政区生态环境协同治理绩效目标责任体系的主要内容

对目标管理的有效性进行分析可知，目标管理理论能够为跨行政区生态环境协同治理绩效责任目标体系的构建提供有效支撑。因此，以目标制定、目标执行、对目标的检查和评价等目标管理的基本过程为主要支撑，同时，联系前文对跨行政区生态环境协同治理绩效关键影响因素的分析，以及对决策责任协商责任、执行责任、考核责任等协同治理绩效目标责任的准确定位，可以构建出跨行政区生态环境协同治理的绩效目标责任模型，如图 10.3 所示。

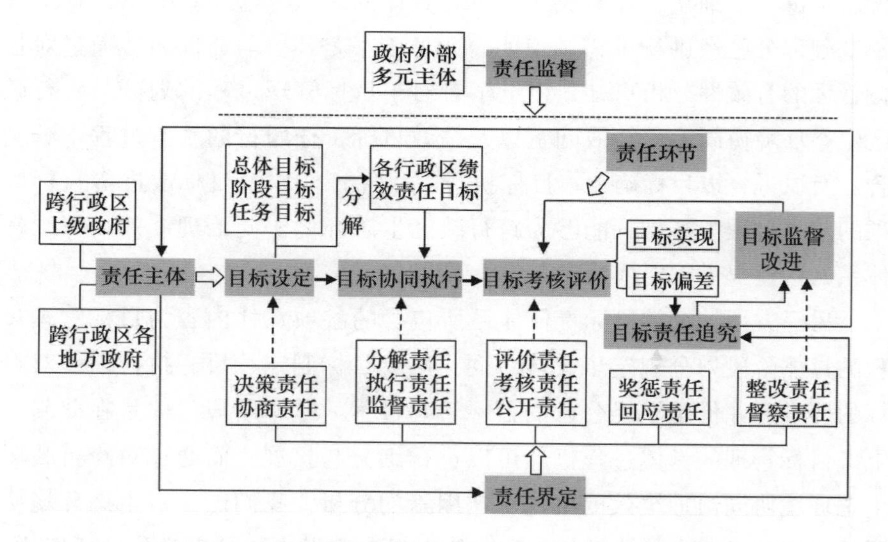

图 10.3　跨行政区生态环境协同治理绩效目标责任模型

一　责任主体

一方面，责任主体是跨行政区生态环境协同治理绩效责任目标的承担者，因此也是协同治理绩效问责的主要对象。中国的生态环境治理坚持由政府承担主体责任，因此政府自然成为协同治理绩效问责的最根本责任主体。同时按照《中华人民共和国环保法》的规定，跨行政区环境污染与生态破坏事件的防治要由上级政府或者有关地方政府协商解决，因此各行政区的上级政府以及各行政区政府既是跨行政区生态环境协同治理的行动主体，也是责任主体，这不仅符合中国法律对跨行政区性环境污染治理主体的一般规定，也与本书对跨行政区生态环境协同治理绩效目标责任主体的内在规定具有一致性。

另一方面，责任主体也是跨行政区生态环境协同治理绩效问责的主要实施者。首先，生态环境治理绩效问责作为行政问责的一种具体形式，以行政系统内部的问责为主，问责的内容、标准以及方法等均由政府决定，具体承担问责任务的部门以及人员等均要严格遵守自身职责，保证绩效问责的公平公正，并对问责结果负责，因此，政府主体也成为实施生态环境协同治理绩效问责的责任主体。其次，跨行政区生态环境协同治理绩效问责涉及多方责任主体，协同问责的开展不仅需要跨行政区上级政府的纵向领导，同时也需要区域内各地方政府之间的横向协调。因此，作为问责主体，区域内各地方政府以及区域上级政府则又在跨行政区生态环境协同治理过程中承担着不同的责任。

二　责任环节

责任环节是跨行政区政府主体协同治理绩效目标责任履行的具体环节，同时也是跨行政区生态环境协同治理绩效问责运行过程的具体体现，通过对相关政策文本进行编码分析可知，协同治理绩效问责的实施可以分为目标设定、协同执行、考核评价、责任追究和监督整改五个环节。以上五个环节依次运行，各个环节之间关联紧密，共同组成了跨行政区生态环境协同治理绩效问责的主要实施流程。

（一）目标设定

目标设定是问责过程开启的起始环节，一个清晰的生态环境协同治理绩效目标能够为后续问责环节的进行奠定基础，并作为问责实施的根本依据贯穿整个问责过程。跨行政区生态环境协同治理绩效问责本质上便是服务于跨行政区整体生态环境治理目标的实现，因此，对该目标做出清晰设定不仅是实施跨行政区生态环境协同治理的必要条件，也是实施协同治理绩效问责的必要条件。具体而言，一般由区域上级政府统一进行目标设定，或者在上级政府的牵头领导下，由区域内各地方政府通过协商等方式制定生态环境协同治理的绩效责任目标，并以此目标的实现程度作为标准对各地方政府实施问责约束。在内容上，绩效责任目标主要聚焦于区域环境治理、生态修复以及节能减排等方面，在目标性质上则主要分为生态环境协同治理的总体目标、阶段目标以及具体的任务指标。

（二）目标协同执行

在目标明确之后，跨行政区各地方政府便要对区域整体的生态治理绩效目标进行严格落实，而跨行政区生态环境协同治理绩效目标必须通过区域内各地方政府之间的协同行动来实现，从而改变分散治理、各自为政的治理状态，并取得更高水平的协同治理绩效，因此，各绩效目标责任主体之间的协同执行便成为协同治理绩效目标设定之后的接续环节。协同执行首先要将区域整体的绩效目标分解为各地方政府的绩效责任目标，使得跨行政区各地方政府对自身所应承担的绩效责任目标予以明确，从而保障区域整体绩效目标的实现，并在最大限度上避免各地方政府之间的治理纠纷。同时，协同执行的开展离不开各地方政府之间的多方面合作，具体而言，开展区域会商、联合执法、联合监管、污染防治应急联动以及治理资源共享等是跨行政区地方各级政府之间保持良好的协同执行关系的重要途径。

（三）目标考核评价

在协同执行环节完成后，及时对区域内各地方政府目标执行所达到的绩效成果进行考核评价，是我们了解跨行政区生态环境协同治理绩效责任目标实现情况的主要途径，同时也为后期问责环节的实施提供了根本依据。考核的内容、指标、主体以及结果等是考核评价环节的基本要素。首先，应以区域整体绩效目标分解而成的跨行政区各地方政府的分项绩效责任目标为依据，科学、合理地确定考核内容；其次，制定区域统一的绩效考核指标体系，从而增强评价结果的可比性，确保能够更加直观地体现各协同治理绩效责任主体对区域整体生态治理目标实现的贡献程度；再次，除政府内部考核之外，中国鼓励由第三方评估机构、专家以及社会公众等对政府生态环境治理绩效进行综合考核，所以说跨行政区内的多元化主体均是协同治理绩效问责考核评价环节的重要参与者；最后，考核结果主要分为两种，即目标实现以及与所设定的目标存在偏差。

（四）目标责任追究

以考核评价结果为依据，对未实现或者未完全实现自身绩效责任目标的主体予以严格追责是绩效问责过程中具有惩戒性和激励性的重要环节。实施区域限批、约谈政府主要负责人、通报批评、缩减环境治理专项资金以及取消荣誉称号等是目前中国在跨行政区生态环境治理过程中对相关政府责任主体所实施的主要惩戒措施。与此同时，按照“党政同责”“一岗双责”以及“终身追责”等原则，跨行政区各地方党委及政府主要领导是区域生态环境治理的第一责任主体，因此对于治理绩效低下、没有按期完成绩效责任目标的行政单位，还应追究其党政领导干部的责任；而且《党政领导干部生态环境损害责任追究办法（试行）》为跨行政区党政领导干部生态环境治理绩效问责的实施提供了具体参照。此外，跨行政区各生态治理相关部门及其工作人员也应在其职责范围内承担相应的责任，并按照相关的问责规定予以惩戒。

（五）目标监督整改

实施责任追究的目的在于实现对跨行政区各生态治理主体的绩效激励，因此在依据各主体的绩效评估结果进行奖优罚劣之后，对于绩效责任目标实现情况不理想的各行政区政府，必须及时进行工作整改。通过问责倒逼各行政区完成其生态环境协同治理绩效责任目标，进而促进区域整体生态治理绩效目标的实现是实施跨行政区生态环境协同治理绩效问责的根本目的。因此，工作整改自然成为绩效问责过程中的关键一环，而且在中央环保督察以及各区域的污染防治等专项行动中也均对相关责任单位的问题整改工作给予了相当程度的重视，从而使得工作整改与责任追究环节密切相连，并成为保障各行政区生态环境治理绩效责任目标实现的最后一道防线。此外，为确保工作整改的成效，需对区域内相关责任主体的工作整改情况进行考核评价，并对整改过程进行追踪，多措并举，严格督促跨行政区各生态治理主体限期完成整改任务。

三　责任界定

对相关责任主体所承担的责任进行清晰界定是实施跨行政区生态环境协同治理绩效问责的重要任务。跨行政区上级政府和跨行政区各地方政府作为协同治理绩效问责过程中的最主要责任主体，其分别在绩效问责的各个环节中扮演着相应的角色，并以促进跨行政区整体生态环境治理绩效目标在最大限度上得以实现作为其责任履行的根本目标。以下内容便对跨行政区各责任主体在目标设定、协同执行、考核评价、责任追究以及监督整改各项问责环节中所承担的目标责任进行界定与说明。

（一）目标设定环节：决策责任、协商责任

跨行政区上级政府和跨行政区各地方政府作为协同治理绩效问责过程中最主要的责任主体，分别在绩效问责的目标设定环节承担着决策责任和协商责任。

决策责任：在实践中，跨行政区生态环境协同治理既可以在区域上级政府的领导下实施，也可以由各行政区政府通过协商等方式自发开展，而不需要上级政府的介入。但是对于跨行政区生态环境协同治理绩效问责而言，区域上级政府的介入则是必要的，这主要是为了保证跨行政区生态环境协同治理的绩效总目标对各地方政府产生严格的问责约束效力。因此，跨行政区上级政府在协同治理绩效目标的设定上承担着重要的决策责任。同时，跨行政区上级政府由于其行政地位优势，因而能够从区域整体的生态利益出发，并站在区域全局的位置上对生态治理绩效目标进行更加科学、合理的设定，因此，跨行政区上级政府的目标决策责任便得以凸显。

协商责任：由于各行政区之间在经济发展水平、产业布局、环境污染程度以及生态环境治理能力等方面的差异是必然存在的，因此跨行政区生态环境协同治理绩效责任目标的设定也应充分考虑各地方政府之间的意见。因此，在上级政府对绩效责任目标的设定做出最终决策之前，跨行政区各地方政府均有责任参与目标确定的协商过程。所以说，积极进行府际协商，进而就区域整体未来所要实现的绩效目标达成一致意见，并统一接受该绩效目标的问责约束则是各地方政府在目标确定环节的主要责任。

（二）目标协同执行环节：分解责任、执行责任、监督责任

在协同执行环节，基于实现跨行政区生态环境协同治理绩效目标的现实要求，跨行政区各级政府责任主体则要承担对目标的分解、执行以及监督等责任。

分解责任：对目标进行分解是为了更好地执行目标。跨行政区上级政府以及各地方均负有目标分解的责任。首先，跨行政区整体的生态环境治理绩效目标需要由区域上级政府分解到各个地方，从而形成各行政区的绩效责任目标，这也是对各行政区所进行的责任划分。其次，各地方政府在明确自身绩效责任目标之后则需对目标进行纵向分解，使得目标任务层层细化，从而更加便于基层部门以及人员执行落实。所以说，在协同执行环节，区域上级政府以及各地方政府要分别履行好对区域总体绩效目标的横向分解以及对本行政区绩效责任目标的纵向分解职责。

执行责任：跨行政区地方各级政府是分解绩效责任目标的执行者，也是区域整体生态治理绩效目标实现的推动者，因此，目标执行责任是各地方政府在协同治理绩效问责的协同执行环节所承担的重要责任。各行政区政府一般通过制定相应的实施方案向下级政府及相关职能部门传导任务与压力，各级政府的目标执行情况直接决定了其承担的问责风险大小。因此，严格履行各项职责，通过广泛开展区域协作等方式促进自身绩效责任目标的实现便是跨行政区各地方政府执行责任的重要体现。

监督责任：为了确保各地方政府在对绩效目标进行协同执行的过程中能够严格落实上级所下达的各项政策与任务，跨行政区上级政府因而负有监督各行政区绩效责任主体协同执行过程的责任。生态环境部等通过组建中央环保督察组的形式对各地方政府进行例行督察、专项督察等便是跨行政区上级政府履行协同执行监督职责的重要体现。此外，区域内各地方政府对本行政区域内的各级政府也负有相应的执行监督责任。各地方政府通过对其下级政府的任务执行过程保持动态监督，从而密切关注目标任务的执行进度，及时扭转执行偏差，并督促各级政府领导及相关职能部门的工作人员严格履职。

（三）目标考核评价环节：评价责任、考核责任、公开责任

评价责任、考核责任和公开责任是跨行政区上级政府和地方各级政府在协同治理绩效问责的考核评价环节所承担的主要责任。

评价责任：跨行政区各级政府的评价责任主要体现在对环境质量的监测评价以及对责任主体工作情况的检查评价两方面。首先，跨行政区各地方政府要对本行政区域内有关生态环境质量的各项指标进行监测评价，或者委托第三方机构进行监测，然后将相关数据报送上级政府。各

地方政府必须严格履行监测评价责任，确保监测评价结果的真实性，一旦出现弄虚作假等情况则要进行责任追究。其次，各地方政府对自身生态治理工作的完成情况还负有自我评价责任。最后，跨行政区上级政府应履行对各行政区生态治理情况的检查评价责任，并通过随机抽查、定点检查等方式进行。

考核责任：跨行政区上级政府及其生态环境部门、组织部门等负有对各行政区生态环境协同治理绩效责任目标的完成情况进行考核的责任，并将该考核结果纳入地方政府党政领导干部的政绩考核体系，作为影响干部奖惩和任免的重要依据。同样，跨行政区各地方政府应承担起对本行政区域各级政府的生态环境治理结果进行考核的责任，并以跨行政区层面的生态治理考核相关政策文件为依据，制定本行政区的考核方案，从而有效掌握本行政区生态环境治理绩效责任目标的完成情况。

公开责任：政府部门掌握着最广泛的生态环境信息，跨行政区各级政府在生态环境协同治理绩效问责的考核评价环节乃至绩效问责的整个过程中具有严格的信息公开责任。首先，中国实行环境信息公开制度，跨行政区各级政府均有责任向社会公开环境质量信息，并统一发布污染预警等。其次，对于跨行政区各地方政府的生态治理绩效考核结果以及工作检查评价情况等也应及时向社会公开，自觉接受社会监督。所以，跨行政区上级政府以及各地方政府均应在其职责范围内严格履行公开责任。

（四）目标责任追究环节：奖惩责任、回应责任

在责任追究环节，奖惩责任、回应责任是跨行政区相关政府主体所应落实的主要责任。

奖惩责任：责任追究环节是对跨行政区各地方生态环境治理绩效责任主体进行“奖优罚劣”的过程。跨行政区上级政府掌握着对各地方政府实施绩效奖惩的权力，根据权责一致的原则，该政府主体也应履行好自身的奖惩职责，严格按照区域统一的标准对未完成既定目标的绩效责任主体合理量责，并视情形采取区域限批、通报批评、约谈政府主要责任人等措施，对于完成绩效责任目标的地方政府要采取相应的奖励措施进行激励。跨行政区上级政府作为区域协同治理绩效责任追究的主要实施者，必须做到奖罚公正严明并且严格履行好自身的奖惩责任。此外，

跨行政区各地方政府也应在其职责范围内严格落实对本行政区域内各层级生态治理主体的奖惩责任，从而有效发挥激励作用。

回应责任：现代政府是公民统一的产物，政府必须对公民的要求和选择不断做出回应，政府的回应性是理想的民主政治的体现。① 跨行政区各级政府均负有及时回应社会关切的责任，尤其在协同治理绩效问责过程中，针对政府系统外部所提出的各种质疑应作出一致回应。在责任追究环节，无论是区域上级政府对各地方政府所做出的责任处罚决定，还是各地方政府在本行政区域内做出的责任处罚决定，其均应向社会公示。因此，当社会各界质疑某一环境污染及生态损害案件的问责处理决定时，跨行政区各级政府主体均负有向社会进行回应解释的责任。

（五）目标监督整改：整改责任、督察责任

在工作整改环节，跨行政区各地方政府和区域上级政府应分别履行整改责任和督察责任。

整改责任：实现自身的生态环境治理绩效责任目标是跨行政区各地方政府最根本的责任，因此当前期绩效完成情况不理想时，相关责任主体则必须严格落实整改责任，直至最终使生态治理绩效能够通过考核。对于整改绩效不达标、整改责任落实不到位等情况均应进行严格的追责。此外，在各行政区域内部，还应对各层级生态环境治理主体落实整改职责，进而促进各行政区生态环境治理绩效责任目标的实现。

督察责任：跨行政区上级政府负有对区域内各地方政府的生态环境治理工作整改情况进行督察的责任，即通过对整改过程进行监督检查，进而发现其中存在的问题，提出整改意见，从而对各地方绩效责任主体的工作整改情况进行过程控制。跨行政区上级政府督察责任的切实履行能够督促各行政区政府按期完成整改任务，保障跨行政区生态环境协同治理绩效责任目标的实现。

四　责任监督

跨行政区生态环境协同治理绩效问责的实施也需要外部主体的参与，司法机关以及社会公众、媒体舆论等政府系统以外的力量对跨行政区各

① 陈远星、陈明明：《有限政府与有效政府：权力、责任与逻辑》，《学海》2021 年第 5 期。

级政府生态治理绩效责任的履行发挥了有效的监督作用。

（一）司法监督

法院、检察院是实行司法监督的重要主体，受理以及提起环境行政公益诉讼、对涉嫌生态违法犯罪的政府机关工作人员追究其刑事责任等是司法部门对各行政区政府的生态环境治理行为进行责任监督的主要方式。在跨行政区生态环境协同治理绩效问责的过程中，各行政区司法机关之间往往开展司法合作，对跨行政区的环境公益诉讼案件进行联合审理、异地审理等，从而能够减少治理纠纷，在司法层面实现对跨行政区生态环境治理主体的协同监督与问责。

（二）社会监督

社会公众监督、舆论媒体监督是社会监督的重要表现形式。跨行政区社会公众是区域生态环境协同治理绩效问责的重要利益相关者，区域范围内各行政区的社会公众均享有对绩效问责的知情权、参与权和监督权，且在大部分政府生态治理相关政策文件中也对此给予了明确规定。具体而言，社会公众主要通过提起环境行政公益诉讼、违法举报、信访投诉、参加社会听证会等形式对区域各地方绩效责任主体进行监督。舆论媒体也是一种重要的责任监督力量，各种新闻媒体通过对环境违法事件、生态问责案件等进行宣传报道，从而能够对跨行政区各级政府产生强大的监督压力，并促使其切实履行各项职责。

第十一章

基于目标责任体系的跨行政区生态环境协同治理绩效问责制度框架

制度框架构建是跨行政区生态环境协同治理绩效问责制研究的重要内容，它一方面为落实跨行政区生态环境协同治理主体的绩效目标责任进行了制度上的确认，另一方面则为绩效问责运行机制的设计奠定了基本前提。尽管中国已经出台了众多有关生态环境治理绩效问责的法律规范，但在跨行政区生态环境协同治理绩效问责制度建设上的短板仍然显而易见，尽快构建并完善跨行政区生态环境协同治理绩效问责的制度框架对于进一步加强区域性生态环境治理具有重要意义。

第一节　绩效问责制度设计的基本原则

基本原则是指导绩效问责制度设计的最根本依据，在对跨行政区生态环境协同治理绩效问责制度框架进行整体建构之前必须对各项制度设计所应遵循的基本原则予以明确。具体而言，在绩效问责制度设计中应该严格遵循整体性原则、全面性原则和协同性原则。

一　整体性原则

跨行政区生态环境协同治理绩效问责制度必须面向区域整体，坚持整体性原则，秉持全局性思维，为跨行政区政府之间实行协同问责提供行之有效的制度规范。首先，各项绩效问责制度设计应坚持区域生态利益的整体性。跨行政区生态环境协同治理绩效问责制度是服务于跨行政区整体生态环境利益的一系列准则与规范，因此其制度构建的出发点与立足点是区域整体而非单个行政区，这也是该项制度设计与一般的生态环境绩效问责制度的重要区别。其次，应坚持区域生态环境绩效责任目标的整体性。各行政区的生态环境绩效责任目标由区域整体生态环境目标所决定并服务于整体目标的实现。通过绩效问责手段倒逼各行政区实现自身的生态环境治理绩效责任目标，进而由各行政区绩效责任目标的实现促进跨行政区整体生态环境治理绩效责任目标的完成是跨行政区生态环境协同治理绩效问责制度的运行逻辑。

二　全面性原则

全面性原则主要包括两方面内容，一是制度内容的全面性，二是制度主体的全面性。首先，跨行政区生态环境协同治理绩效问责是一项复杂工作，涉及绩效评价、责任追究、责任救济等多方面问题，因此对于协同治理绩效问责制度框架的构建应坚持制度内容的全面性原则，将生态环境协同治理绩效问责相关领域的诸多制度设计统一纳入跨行政区生态环境协同治理绩效问责的制度体系。其次，除跨行政区各地方政府之外，社会公众、社会组织等多元生态利益主体均是跨行政区生态环境协同治理绩效问责的重要参与者，因此生态环境协同治理绩效问责制度的设计应坚持制度主体的全面性原则，从制度层面确立社会多元主体的参与地位。

三　协同性原则

跨行政区生态环境协同治理绩效问责制度设计还应遵循协同性原则。首先，各项制度之间应该保持协同。应对生态环境协同治理绩效问责制度体系中的各项具体制度进行合理的策划组合，从而使各项制度能够协同发挥作用。其次，跨行政区生态环境协同治理绩效问责主体之间应该保持协同。问责主体的多元化是跨行政区生态环境协同治理绩效问责的重要特征，通过建立规范的问责秩序将跨行政区多元化问责主体的力量协同起来，是绩效问责制度设计的重要任务。最后，跨行政区纵向政府以及横向政府之间在各项绩效问责制度规范的制定、实施上应该保持协同。在纵向上，跨行政区各级政府应该严格遵循中央政府或者上级政府关于生态环境协同治理绩效问责的政策方针；在横向上，各行政区则应在生态环境协同治理绩效责任认定、评估、追究的标准与程序上做到协同一致。

第二节　绩效问责制度框架的主要内容

跨行政区生态环境协同治理绩效问责制度是包含众多具体制度的综合体系，各项制度通过一定的秩序与联系形成跨行政区生态环境协同治理绩效问责的整体框架，从而相互支撑，协同发挥作用。目前，针对中国跨行政区生态环境协同治理绩效问责相关制度衔接性弱、体系化发展水平不足的问题，本节以跨行政区协同治理主体的绩效目标责任为纽带，以绩效目标责任的贯彻落实为导向，通过加强生态环境治理绩效问责相关制度之间的策划组合，进而构建起跨行政区生态环境协同治理绩效问责的制度框架，如图 11.1 所示。

基于实现跨行政区协同治理主体绩效责任目标的现实需求，以构建的绩效责任目标体系为依据，可以将绩效责任目标确认制度、绩效责任目标执行制度、绩效责任目标评价制度、绩效责任目标反馈制度、绩效责任目标改进制度等作为跨行政区生态环境协同治理绩效问责制度的核心体系，以核心体系为基础则可以对各项具体的绩效问责制度进行组合与设计。

一　跨行政区绩效责任目标确认制度

各生态环境治理主体所承担的责任明确了，问责才有方向，因此必须将跨行政区生态环境协同治理绩效责任目标的确认作为一项制度确定下来。具体而言，以严格落实跨行政区相关责任主体在目标确认上的协商责任与决策责任为导向，应建立健全跨行政区联席会议制度以及跨行政区生态环保责任清单制度，从而为各行政区绩效责任目标的有效确认提供制度保障。

（一）跨行政区联席会议制度

为确保各行政区能够在协同治理绩效责任目标的确认上进行充分协商，应确立跨行政区联席会议制度，通过定期召开会议的方式就区域生

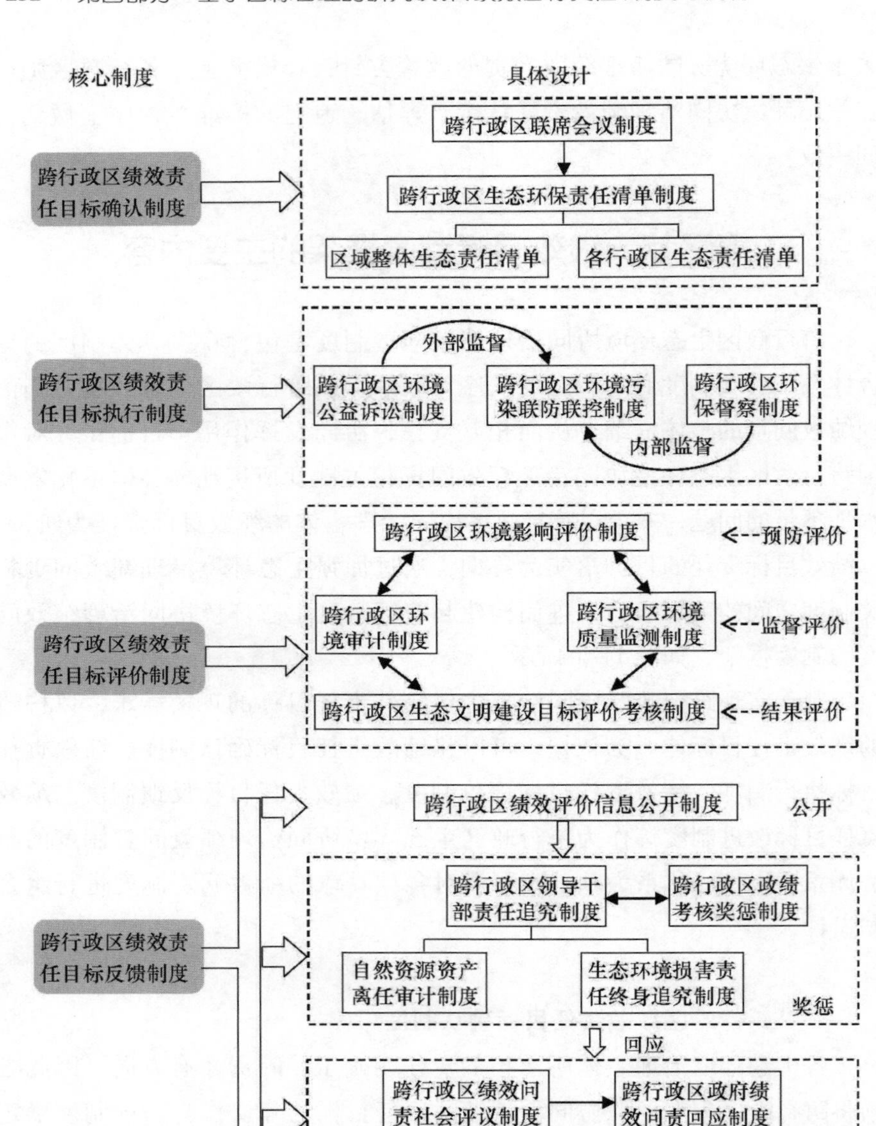

图 11.1　跨行政区生态环境协同治理绩效问责的制度框架

态环境治理的中长期目标以及具体任务指标等进行商讨。各地方政府在协商过程中需要把握好以下几方面内容。一是要立足于跨行政区整体,统筹考虑区域整体的生态环境状况，制定区域生态治理的发展规划，在此基础上明确跨行政区生态环境协同治理的主要任务及其所应实现的长期目标与阶段性目标。二是确定跨行政区各地方政府需要加强协作的重点领域，如大气污染、流域水污染等明显具有扩散性的环境治理事项，从而有针对性地进行生态环境治理绩效责任目标的分配。三是要兼顾区域内部各行政区经济发展水平以及生态环境治理能力等方面的差异，在生态环境协同治理绩效责任目标的确定上不能“一刀切”。

（二）跨行政区生态环保责任清单制度

生态环保责任清单制度就是通过列举清单的方式将各治理主体所应承担的责任予以明确。跨行政区生态环境协同治理绩效问责由于涉及不同行政区的问责对象，要实现公正、合理的协同问责则必须保证各行政区协同治理绩效责任目标的清晰化，所以说，在合理量责的基础上制定出跨行政区生态环境协同治理的绩效责任清单便十分必要。实行跨行政区生态环保责任清单制度，一方面制定跨行政区整体的生态责任清单，坚持系统性、整体性思维，对跨行政区生态环境协同治理的总体绩效责任目标进行说明；另一方面则要以区域整体的生态环境治理绩效责任清单为依据，通过跨行政区协商制定各行政区的绩效责任清单，清单中应明确各行政区所分担的生态环境指标以及相关任务目标，同时还应说明政府相关部门所承担的具体责任，从而以正式文件的形式对各行政区的协同治理绩效责任目标进行确认。

二　跨行政区绩效责任目标执行制度

在跨行政区绩效责任目标执行制度的设计上应做到严格落实跨行政区各级政府的协同执行责任以及区域上级政府与社会主体的监督责任等，具体而言，可以通过设立跨行政区环境污染联防联控制度、跨行政区环保督察制度以及跨行政区环境公益诉讼制度等确保相关主体执行责任和监督责任的履行。

（一）跨行政区环境污染联防联控制度

为促进跨行政区各地方政府协同执行责任的落实，须建立健全跨行政区环境污染联防联控制度，从而以制度形式将区域内各地方政府之间的协作责任确立下来。应规定跨行政区各地方政府对区域性的环境污染实行联合治理，并规定采取跨行政区生态环境联合监管、联合执法、交叉执法等工作方式，实现区域横向府际以及政府相关部门之间的治理协作。实行污染联防联控，加强各地方政府治理主体之间的协同行动，还必须制定区域统一的污染防控标准、重大环境污染监控预警标准等，从而为实现区域内各地方政府之间的应急联动做好充分准备。

（二）跨行政区环保督察制度

我国实行中央环保督察制度，由中央成立环保督察组对全国各省、自治区、直辖市的生态治理情况、责任落实情况等进行督察。中央环保督察面向全国，因而能够有重点地对相关区域内的各行政区政府进行集中督察，是有效监督跨行政区各地方政府绩效责任目标执行的典型制度。虽然环保督察的层级高、力度强，但是开展环保督察的时间周期也较长，完成一批环保督察工作往往需要一个月的时间，实现被督察对象的全覆盖则需要几年时间。因此，省级的环保督察应发挥补充作用，各省之间可以尝试开展区域联合督察，从而强化跨行政区各地方政府对绩效责任目标执行的监督责任。

（三）跨行政区环境公益诉讼制度

环境公益诉讼是由检察机关、企事业单位、社会组织等主体通过向法院提起诉讼的方式对行政机关的环境保护与生态治理责任进行监督与质询的制度类型，环境公益诉讼因而是一项有效的外部监督制度。在跨行政区环境公益诉讼的制度设计上，应进一步扩大具有诉讼资格的主体范围，建立具有跨行政区性质的检察机关作为最主要的诉讼主体，或者在各行政区检察机关之间建立协作机制，制定统一的责任审查标准对跨行政区的环境公益诉讼案件进行协同办理。同时，还应增强环境公益诉讼对政府被告的惩戒作用，将环境公益诉讼与行政系统的内部问责制度相对接，在诉讼结束后进一步对相关主体开展行政责任追究。

三　跨行政区绩效责任目标评价制度

跨行政区生态环境协同治理绩效责任目标评价的具体制度设计主要包括跨行政区环境影响评价制度、跨行政区环境审计制度、跨行政区环境质量监测制度、跨行政区生态文明建设目标评价考核制度。其中，环境影响评价属于事前预防评价，环境审计、环境监测是对已经实施的生态治理过程进行监测与评价，生态文明建设目标评价考核评价则是对各主体的生态文明建设成果进行评价。以上各项评价制度基于不同的功能特征，能够通过一定的制度关联，在跨行政区生态环境协同治理绩效问责的过程中协同发挥作用。

（一）跨行政区环境影响评价制度

该项制度主要是对尚未实施的规划与建设项目进行环境影响评价，提出预防性措施并在规划与项目的实施过程中保持跟踪监测。由于具有预防性评价的作用，因此环境影响评价制度成为协同治理绩效责任目标评价领域的首要制度。环境影响评价以及后期跟踪评价的结果是各治理主体接受问责的重要依据，为了保证跨行政区协同问责的公平公正，在跨行政区内制定统一的环境影响评价标准与程序，同时建立跨行政区的环境影响评价联合审批机制则至关重要。此外，通过对区域内各地方的规划与建设项目实施统一评价，能够系统掌握各行政区的环境影响评价信息，从而为环境审计、督察等工作的开展提供重要参考。

（二）跨行政区环境审计制度

财务审计、合规性审计以及绩效审计是中国环境审计制度的重要内容，对跨行政区各地方政府环保资金使用、环保政策落实、生态环境治理绩效等方面进行审计是摸清各主体绩效责任失范行为的关键途径。环境审计实质上是对政府的环境保护与生态治理工作进行评价与监管的过程，一旦发现存在失职违法以及治理低效等情况便可启动问责程序。在中国分级审计体制之下，加强跨行政区各层级审计机关之间的合作，协商制定统一的审计标准，建立跨行政区的独立审计机构，通过区域联合审计、上级审计机关统一审计等方式实现对跨行政区各级政府生态环境治理绩效责任的全面审查，从而能够有效推动跨行政区协同问责的开展。

（三）跨行政区环境质量监测制度

环境质量监测主要是通过一定的技术手段对有关生态环境质量的各项指标进行动态监测与记录的制度类型，《环保法》第十七条也明确规定“国家建立、健全环境监测制度”，从而确立了环境质量监测制度的法律地位。区域整体生态环境质量的改善程度是跨行政区生态环境协同治理绩效水平的最根本体现，而环境监测则是准确掌握环境质量变化情况的重要手段，因此环境影响评价、环境审计、环保督察等制度的实施均要将各行政区的环境质量监测情况作为重要的评价依据。所以说，各相关行政区之间有必要建立统一的环境监测网络，实行监测数据共享，并将环境监测结果作为评价各行政区政府生态环境治理绩效责任目标实现情况的重要信息来源。

（四）跨行政区生态文明建设目标评价考核制度

该项制度主要对各省、自治区、直辖市党委与政府的生态文明建设目标完成情况进行评价考核，一般在资源环境生态领域有关专项考核的基础上综合展开，实行一年一评价、五年一考核，是一项侧重结果的评价制度。生态文明建设目标评价考核由国务院相关部委组织实施，资源利用、环境治理、生态保护等是重要的评价指标。当前在诸多地区之间普遍开展生态环境协同治理的背景下，生态文明建设目标评价考核也应将区域性的生态文明建设情况纳入评价考核范围，制定京津冀、长三角等地区的生态文明建设目标，从而与时俱进，促进实现跨行政区生态文明协同建设。

此处不涉及跨行政区绩效责任目标评价制度相关内容，原因同上。

四　跨行政区绩效责任目标反馈制度

公开、奖惩与回应是跨行政区生态环境协同治理绩效责任目标反馈制度的主要职能。此外，通过对跨行政区相关政府主体在责任追究环节承担的绩效目标责任的分析也可知，奖惩责任、回应责任等是有效实施责任追究所必须严格落实的责任内容。基于促进各项责任落实的根本要求，可以将跨行政区绩效问责信息公开制度、跨行政区领导干部责任追究制度、跨行政区政绩考核奖惩制度、跨行政区绩效问责社会评议制度等作为跨行政区绩效责任目标反馈制度体系中的关键制度设计。

首先，信息公开是保障社会知情权的基本途径，社会公众等主体只有充分了解跨行政区生态环境协同治理绩效问责的全过程，才能起到有效的监督作用，因此建立绩效问责信息公开制度能够为政府与社会之间的互动创造基本条件。跨行政区生态环境绩效问责信息公开制度应重点公开两方面信息，一是主动公开区域生态环境质量信息，二是主动公开各行政区的绩效责任目标考核评价结果。因此，应要求跨行政区各地方政府之间建立起横向的信息共享与信息发布机制，对各行政区的环境质量监测情况、环境影响评价、环境审计结果等进行统一发布，同时建立区域性的生态环境信息平台，对跨行政区各级政府的生态治理绩效排名情况进行网上公示，接受社会监督。

其次，基于落实跨行政区政府问责主体的奖惩责任，同时实现对跨行政区地方各层级绩效责任主体实施激励与惩戒的任务要求，领导干部责任追究制度以及政绩考核奖惩制度便成为协同治理绩效责任目标追究层面较为典型的制度类型。

（一）跨行政区领导干部责任追究制度

按照“党政同责、一岗双责”的原则，跨行政区各地方党委与政府均是区域生态环境协同治理的主要责任人，问责措施必须切实落实到党政领导干部个人身上才能真正起到实效。自然资源资产离任审计和生态环境损害责任终身追究制度是对跨行政区党政领导干部进行生态问责的两项重要制度。

环境保护审计是自然资源资产离任审计的重要内容，在领导干部离任时应将区域整体以及各行政区的生态环保责任目标清单作为重要依据进行严格审计，即考察相关领导干部任期内生态环境治理绩效责任目标的实现进度，在编制自然资源资产负债表的同时编制区域生态环境治理绩效责任目标的实现进度表，对于治理目标按期推进或者已经取得阶段性成效的领导干部进行奖励，对于任期内目标推进缓慢、治理成效不显著的领导干部要进行追责，如果区域整体的生态环境受到了严重损害则应对各行政区官员实行“一票否决”制，从而增强跨行政区党政领导干部对区域整体生态环境的责任意识。

生态环境损害责任终身追究是进一步强化党政领导干部生态环境损害责任追究的制度保障。以领导干部自然资源资产离任审计结果、辖区以及跨行政区整体生态环境的损害程度为依据，对各行政区党政领导干部所应担负的责任进行终身追究。各行政区官员均要对其所做出的对跨行政区生态环境造成重大影响的决策终身负责，从而做到“一时决策，终身负责”。

（二）跨行政区政绩考核奖惩制度

要坚持正确的政绩观，改变唯“GDP”论英雄的倾向，着重考核跨行政区各级政府领导干部的“绿色”政绩。首先，进一步完善领导干部的政绩考核指标体系，扩大资源环境类指标的比重，同时增加区域性生态指标，将跨行政区生态环境协同治理绩效纳入区域内各级政府的政绩考核指标体系。其次，在形成统一、规范的政绩考核指标体系的基础上，由中央组织部联合生态环境相关部门统一对跨行政区各省级领导干部的区域性生态政绩进行考核，避免重复考核、多头考核。最后，将生态政绩考核与奖惩机制挂钩，视情节轻重给予相应的党纪政纪处分，建立以考核结果为依据的干部选拔任用机制①，严格落实自然资源资产离任审计制度，对党政领导干部的区域性生态治理责任进行终身追责。

李克强曾提出，“现代政府要及时回应人民群众的期盼关切”②，跨行政区生态环境协同治理绩效问责本质上是以促进区域整体生态公共利益的实现为最终目标，因而自然承载了区域人民对良好生态环境的期盼关切。所以说，跨行政区各级政府必须对社会公众的问责质疑以及利益诉求等做出及时回应，而这可以通过建立跨行政区绩效问责社会评议制度和跨行政区绩效问责回应制度来实现。

1. 跨行政区绩效问责社会评议制度

社会评议是指由社会公众、社会组织等对政府部门的工作作出评价，是体现社会主体对政府的满意程度，进而促进政府机关不断改进工作的重要手段。将社会评议制度与跨行政区生态环境协同治理绩效问责相结合能够有效征询区域社会公众对绩效问责的意见与建议，区域社会公众等主体则能够通过对绩效问责的程序、结果等进行评判的方式向各行政区政府部门提出疑问，同时表达自身生态诉求。绩效问责社会评议制度有效保障了社会公众的表达权，从而为跨行政区各级政府与区域社会主体之间的互动提供了必要条件。对跨行政区生态环境协同治理绩效问责进行社会评议需注意以下内容。一是为区域内各行政区社会公众、社会组织参与评议提供平等的机会以及便捷的渠道；二是由各行政区政府协商制定社会评议的标准，并通过召开听证会等方式充分征询各地方公民

---

① 杨春平、谢海燕、贾彦鹏：《完善领导干部政绩考核机制　促进生态文明建设》，《宏观经济管理》2014 年第 10 期。

② 《李克强：现代政府要及时回应人民群众的期盼关切》，http：//www. gov. cn/guowuyuan/2016 –02/17/content_ 5042673. htm。

代表的意见；三是采取多样化的评议方式，如开展入户调查、公众场所拦截访问、对被评议对象所在地政务服务中心拦截访问等。①

2. 跨行政区绩效问责回应制度

实施信息公开以及社会评议是建立绩效问责政府回应制度的前提与基础，而能否对来自社会的质疑与诉求做出及时、有效的解释与回应则关系到跨行政区政府实施生态环境协同治理绩效问责的社会基础与公信力。跨行政区各级政府无论是作为问责主体还是问责对象，均负有向区域内社会公众等作出积极回应的职责。应面向区域整体，建立跨行政区生态环境协同治理绩效问责的回应机制，由协同问责的领导机构集中回应或者通过各行政区之间联合回应等方式与区域社会主体建起双向沟通与互动的桥梁。创新回应渠道，利用网络手段搭建在线问政平台，在各行政区政府官方网站中建设投诉与回应专区，确保政府回应以及相关问题解决的时效性。

五　跨行政区绩效责任目标改进制度

确立跨行政区绩效责任目标改进制度，能够严格把控绩效责任目标改进工作，促进相关责任主体整改责任和督察整改责任的落实。建立健全跨行政区绩效责任目标改进制度，具体应做好跨行政区问题整改制度和跨行政区督察改进制度两方面制度设计。

（一）跨行政区问题整改制度

建立跨行政区问题整改制度，一方面要从制度层面对绩效考核结果不达标的各行政区政府责任主体规定严格的整改责任，增强跨行政区政府责任主体的绩效责任意识，使各主体对区域整体绩效责任目标的实现负责到底；另一方面则应从行动上要求跨行政区相关责任主体做好问题整改工作，并制定相应的整改实施方案，从而促进各地方政府能够切实履行好自身的整改责任，并取得良好的整改绩效。具体而言，跨行政区问题整改制度必须对整改对象、整改目标、整改期限以及整改实施方案等内容予以明确，从而形成一套系统化的问题整改制度。

① 谢能重：《依法行政考评社会评议中的公众参与和专家评议互补互证》，《广西社会科学》2018 年第 3 期。

（二）跨行政区督察改进制度

跨行政区督察改进制度是对区域内相关责任主体的问题整改过程进行追踪与监督的制度设计，该项制度的实施能够促进跨行政区上级政府对各地方整改监督职责的有效落实，同时也是跨行政区问题整改制度顺利实施的配套制度保障。环保督察制度中的督察“回头看”便是督察改进的典型制度形式，也是通过对各行政区督察整改对象进行再次监督检查，以确保相关问题整改落实到位的重要手段。除环保督察制度外，跨行政区督察改进制度还应与其他类型的生态环境治理执行与监督制度相配合，从而督促各行政区相关责任主体严格履行其整改责任以及对整改工作的监督责任。

第 十 二 章

基于制度框架的跨行政区生态环境协同治理绩效问责运行机制构建

在前一章我们明确了跨行政区生态环境协同治理绩效问责的各项具体制度设计，这是从宏观上对协同治理绩效问责的总体制度安排做出的规划设计。然而，跨行政区生态环境协同治理绩效问责制还必须依靠有效的运行机制推进其落实，因此，建构跨行政区生态环境协同治理绩效问责的运行机制框架便成为研究跨行政区生态环境协同治理绩效问责运行机制的重要内容。

第一节　基于制度框架的绩效问责运行机制构成要素与基本流程设计

运行机制规定了跨行政区生态环境协同治理绩效问责的实施步骤，是协同治理绩效问责制具体实施过程的重要体现，也是从微观层面对协同治理绩效问责制何以实现进行深入探析的重要任务。因此，基于协同治理绩效问责的制度框架，可以构建跨行政区生态环境协同治理绩效问责的运行机制框架，如图 12.1 所示，以该框架为基础则能够为跨行政区生态环境协同治理绩效问责运行机制的实现设计出具体路线。

基于目标管理过程分析框架，围绕绩效问责目标的确定、执行、评估、反馈与改进构成了绩效问责运行机制设计的基本要素。以相关要素为基础，跨行政区生态环境协同治理绩效问责的基本流程也得以彰显。具体而言，跨行政区生态环境协同治理绩效问责机制可以分解为绩效问

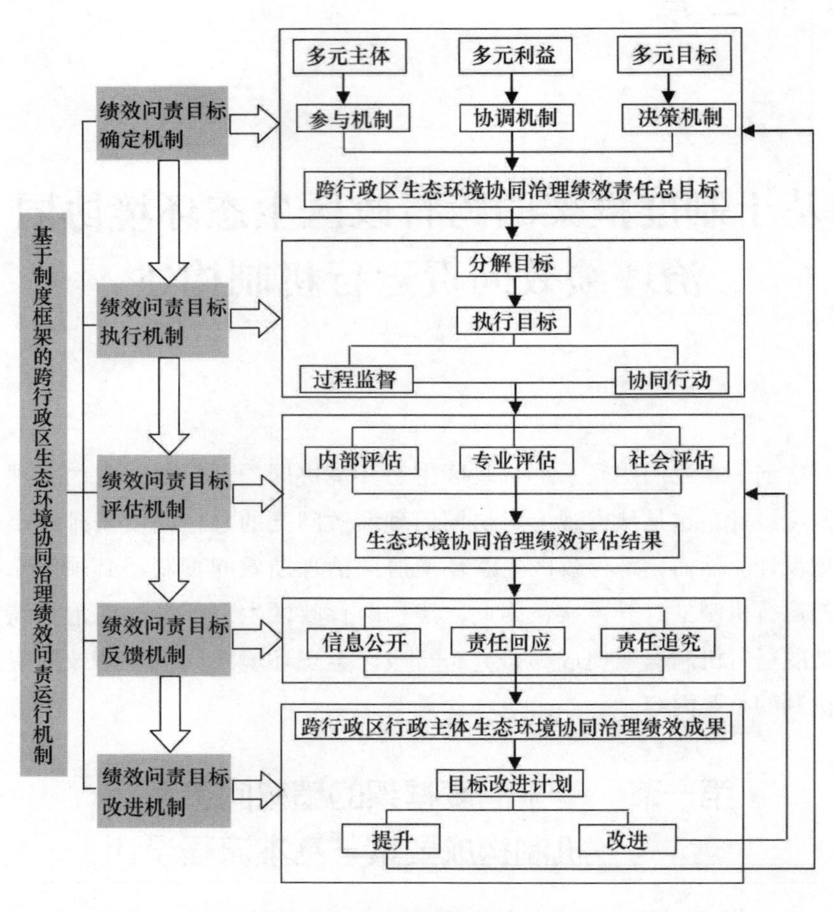

图 12.1　跨行政区生态环境协同治理绩效问责运行机制框架

责目标确定、绩效问责目标执行、绩效问责目标评估、绩效问责目标反馈以及绩效问责目标改进五个环节，各个环节前后衔接紧密，形成一个完整的生态绩效问责过程。绩效问责目标确定机制的目的在于确定生态环境协同治理绩效责任目标体系，绩效问责目标执行机制通过目标分解、执行监督，保障各行政主体生态环境协同治理绩效责任目标的落实。在目标评估阶段形成各行政主体的生态环境协同治理绩效责任目标评估结果，然后通过目标反馈向问责主体进行生态环境协同治理绩效责任目标实现情况的公开与回应，同时对问责客体实施奖惩。最后，未实现生态环境协同治理绩效责任目标的行政主体要制定目标改进计划，已经完成绩效责任目标的则直接进入新的目标循环过程。[1]

第二节　绩效问责运行机制的主要环节

由前述分析可知，跨行政区生态环境协同治理绩效问责运行机制的主要环节包括绩效问责目标确定环节、绩效问责目标执行环节、绩效问责目标评估环节、绩效问责目标反馈环节和绩效问责目标改进环节。

一　绩效问责目标确定环节

目标的确定也是责任的赋予，有目标，问责才有方向。确定绩效问责目标是绩效问责机制运行的首要因素，绩效问责目标确定过程就是通过确定区域整体性生态环境协同治理绩效责任目标，从而为问责实施设定标准、找准方向的过程。绩效问责目标确定环节在机制设计上主要包括参与机制、协调机制和决策机制三个部分，它们共同组成了绩效问责的目标确定机制。

首先，绩效问责运行机制的责任目标确定过程需要跨行政区多元责任主体的协同参与。跨行政区生态环境协同治理绩效问责超越了单一行政区的界限，其责任主体主要包括跨行政区各层级生态治理和环境保护部门，依据绩效责任目标的整体性特征，有必要由区域内的多元责任主体立足区域整体对绩效责任目标的确定进行充分协商，通过达成区域共识，最终形成区域统一的绩效责任目标，并根据绩效责任目标设置区域统一的绩效问责标准。

其次，绩效问责运行机制的责任目标确定过程需要协调不同责任主体之间的利益关系。问责标准的统一性是协同治理绩效问责运行机制的根本特征之一，绩效责任目标作为设定问责标准的依据，也需要保持区域统一性，但是跨行政区绩效问责涉及的责任主体众多，各责任主体难免存在生态利益争端，而且各责任主体在自身治理能力、治理资源以及

---

① 司林波、王伟伟：《跨行政区生态环境协同治理绩效问责机制构建与应用——基于目标管理过程的分析框架》，《长白学刊》2021 年第 1 期。

所付出的治理成本上也存在很大差异，在以上方面处于弱势的责任主体就会承担更大的被问责的风险。因此，要确保绩效问责不失公允，就必须在坚持问责标准统一性的前提下通过生态利益补偿、财政转移支付等形式对处于弱势地位的责任主体给予一定帮助，并对跨行政区责任主体之间的利益诉求进行合理有效的平衡，推动区域整体性绩效责任目标和区域统一性绩效问责标准的制定，确保绩效问责过程的有序性和公正性。

最后，绩效责任目标的最终确定需要经过区域联合决策机制的审定和合法化过程。绩效责任目标的制定过程也是跨行攻区多元责任主体进行博弈的过程，跨行政区各绩效责任主体之间并无行政隶属关系，在地位上是平等的，对于如何确定绩效责任目标的具体内容、完成标准、完成期限等可能会存在多种声音，特别是当目标确定关乎各方切身利益时，彼此之间往往难以达成一致，因此需要上级领导机构或跨行政区协调机构站在区域整体利益的角度做出最终决策或促成各责任主体达成一致意见。

二　绩效问责目标执行环节

绩效问责目标执行是绩效问责运行机制的关键环节，其主要功能在于通过对整体性绩效责任目标的分解落实和明确各层级问责对象的具体责任、监督问责对象的目标执行，增进问责对象目标执行行为的有序性。以上功能的实现需要分解机制、监督机制以及协调机制共同发挥作用，这就构成了绩效问责的目标执行机制。

首先，绩效问责目标执行主要包括分解绩效责任目标和执行绩效责任目标两项重要任务。目标分解就是要对问责对象所要承担的具体责任予以明确。因此，区域整体性绩效责任目标在下沉过程中必须进行细化，通过压力传导使得分解绩效责任目标落实到每一个具体的问责对象身上，由问责对象具体履行生态治理责任并且承担被问责的风险。此外，实现区域整体性生态环境协同治理绩效责任目标作为问责的最终目的也必须通过问责对象对绩效责任目标的贯彻执行才能完成，因此必须逐层落实目标责任，促使跨行政区各责任主体能够在规定时间内完成目标任务，切实实现各层级生态环境协同治理绩效责任目标。

其次，对绩效问责目标执行过程进行监督是绩效问责目标执行机制的重要内容。通过对目标执行过程的监督，一方面有助于问责对象降低被问责的风险，并在一定程度上缓解问责主体后续问责的工作压力；另一方面也有助于推动区域整体性生态环境协同治理绩效责任目标的实现。要充分发挥内部监督和外部监督的作用，在行政系统内部要加强上下级之间的垂直监督，还可以成立地位相对独立的跨行政区监督机构，对各行政区问责对象的责任目标执行过程进行专门监督。另外，要充分发挥社会公众、社会团体、社会舆论等外部力量的监督作用，提高各问责对象责任目标执行过程的透明度和目标执行力。

最后，问责过程的有序性作为协同治理绩效问责的最本质特性，必须通过有效的协调来实现。要协调好跨行政区各生态责任主体的行为，必须加强横向沟通和执行合作，协商制定目标执行方案，对区域共同的生态环境问题采取合作行动，使得区域环保合作成为政府生态责任内容的必选项。[①] 因此，建立生态环境治理绩效责任目标执行的跨行政区协作机制，有助于促进各级责任主体的行为由过去的碎片化、无序化向整体化、有序化转变，进而不断增强跨行政区多元责任主体绩效责任目标执行的有序性。

三　绩效问责目标评估环节

绩效问责目标评估就是对跨行政区各级责任主体承担的生态绩效责任成果进行测量、比较，并将目标评估结果作为实施问责的依据的过程。绩效问责目标评估必须明确评估主体、评估的标准与方法，以及制定科学合理的生态环境协同治理绩效责任目标评估指标体系。绩效问责的目标评估机制由内部评估机制、专业评估机制和社会评估机制等部分组成，是绩效问责机制建设的重要保障性机制。

首先，坚持问责标准的统一性，就必须坚持绩效责任目标评估标准的统一性，各行政区具体负责生态绩效评估的部门要切实参照一致的评估标准，必要时可进行跨行政区联合评估或交由上级评估领导机构进行统一评估，以保证评估结果的客观性和可比性。内部评估主要包括行政系统内部上级对下级的评估以及在上级监督下的自我评估。问责对象的

---

① 周文翠：《改革开放以来政府生态责任的演进与启示》，《长白学刊》2018 年第 6 期。

自我评估则是对自身绩效责任目标的实现情况所进行的自我检查、自我反馈和自我改进，而且自评结果不作为后续问责的依据。外部评估主要包括第三方专业评估机构以及社会公众的评估。其中，第三方专业评估能够有效增强跨行政区生态环境协同治理绩效问责目标评估的科学性和专业性。社会公众也享有对政府生态绩效进行评估的权利，因此要完善社会参与机制，保障社会公众对政府生态环境协同治理绩效问责目标评估的参与权、知情权和监督权。

其次，绩效问责目标评估必须建立科学的评估标准与方法，这是确保问责标准统一性的前提和依据。作为绩效问责的依据，如果由于标准上和技术上的偏差而导致目标评估不能真实反映各主体的生态绩效水平，那么绩效问责将会失去公信力。因此，在保持跨行政区生态环境协同治理绩效问责目标评估标准一致的前提下，应该制定科学合理的绩效问责目标评估指标体系，确保评估指标能够客观地测量出各级问责对象对生态环境协同治理绩效落实的水平。

四　绩效问责目标反馈环节

绩效问责运行机制的责任目标反馈环节是确保绩效问责效果的重要保障，指的是由跨行政区问责主体向社会公开问责信息，回应问责质疑，以及对问责对象进行责任追究的过程。作为以绩效责任目标反馈为中心内容的绩效责任目标反馈机制，主要由信息公开机制、回应机制和追责机制构成。

首先，要主动向社会公开绩效问责的相关信息。信息公开的目的是增强问责过程的透明度，避免绩效问责过程中徇私舞弊情况的发生。绩效评估结果、问责执行标准、问责执行对象和问责启动程序等是绩效问责过程中的关键性信息，为了确保跨行政区绩效问责主体问责过程的客观性和有效性，有必要建立并严格实行区域统一的问责信息公开制度，按照制度规定将以上问责信息向社会公开，使问责实施的每一个步骤都在阳光下进行。

其次，要加强绩效问责的目标回应机制建设。目标回应是指跨行政区问责主体对社会公众的质询和疑问做出及时有效的回应的过程，也是社会公众与问责主体监督与回应的互动过程。[①] 社会公众作为政府生态治理的重要利益相关者，享有对跨行政区生态绩效问责的监督权，因此，跨行政区各问责主体必须将绩效问责的实施过程、实施结果等向社会公众做出说明解释，通过规范透明的方式回应公众疑问，涉及重要问题的有必要启动调查程序，秉持对社会负责的态度自觉接受监督与批评。

最后，绩效问责作为一种综合性激励手段，具有明显的惩戒性，追责机制是绩效问责机制设计的重要内容。绩效问责的追责机制是指对未完成既定生态绩效责任目标的主体依法追究其责任的过程，具体包括调查取证、责任认定和做出处理决定等步骤。其中，追责的标准必须坚持跨行政区内部的统一性原则，追责的程序必须坚持各责任主体有序协调的原则，通过追责机制实现对偏离区域整体性绩效责任目标行为的矫正，进而保证跨行政区生态环境协同治理绩效责任目标实现过程的有序性。

五　绩效问责目标改进环节

促进跨行政区生态环境协同治理绩效责任目标的实现和绩效水平的提升是绩效问责机制建设的重要任务，因此追责不是终点，而是绩效责任目标改进的起点。绩效责任目标改进机制是绩效问责效果的提升机制，为确保绩效问责机制推动跨行政区生态环境协同治理绩效不断提升取得实效，必须在追责之后及时进行绩效责任目标改进。

首先，绩效责任目标改进需要制定详细的目标改进计划。目标改进计划是根据对问责对象的绩效评估结果所制定的具体行动计划，主要包括改进与提升两部分内容。改进是指对于未实现以及未完全实现的生态环境协同治理绩效责任目标总结问题与经验，制定新的目标执行方案；提升则是指在达到生态环境协同治理绩效责任目标后采取的提升计划。[②] 目标改进是责任主体对绩效责任目标的再确定，各级责任主体要加强横向协调，通过协商制定目标改进方案和实施计划，在考虑到地区差异的

---

① 孟卫东、徐芳芳、司林波：《京津冀生态环境损害协同问责机制研究》，《行政管理改革》2017 年第 2 期。

② 司林波、刘小青、乔花云等：《政府生态绩效问责制的理论探讨——内涵、结构、功能与运行机制》，《生态经济》2017 年第 12 期。

情况下，应尽量保持各级责任主体在绩效责任目标改进上协同共进，确保目标改进计划有序实施。

其次，为了保证绩效责任目标改进计划能够顺利实施，有必要建立相应的执行与监督机制。跨行政区生态环境协同治理各级绩效责任目标改进主体应具有被再次问责的危机意识，要严格制定绩效责任目标改进计划的配套实施方案，迅速调动区域内相关资源，确保在规定时限内完成绩效责任目标改进任务。在绩效责任目标改进计划的执行过程中还要做到全过程追踪、反馈，一方面要对目标改进责任主体的行为进行监督，确保其切实履行绩效责任目标改进的职责；另一方面，由于环境的不确定性，之前制定的绩效责任目标改进计划很可能已经不适应提高生态绩效水平的需要，因此必须密切关注目标改进过程中的动态信息和环境变化，并根据现实需要对绩效责任目标改进计划不断做出调整。

第三节　绩效问责运行机制各项环节的功能定位

跨行政区生态环境协同治理强调各个行政区的治理行为必须从整体目标出发，有效克服“一亩三分地”思维，树立生态环境治理的整体观念。生态环境协同治理绩效问责的对象是跨行政区整体，通过问责工具确保整个区域的生态环境治理责任和目标的落实，促使各个治理主体的行为与整体治理目标相一致。因此，整体性是跨行政区生态环境协同治理绩效问责机制设计的基本特征之一。根据协同学原理，有序性是协同治理的本质内涵，多元主体协同治理的本质在于治理行为的有序性，同样，协同治理绩效问责的本质也在于实现问责过程的有序性，问责过程的有序性是协同治理绩效问责的根本特性。基于目标管理过程的绩效问责机制以绩效问责目标为主线，构建了包括目标确定、目标执行、目标评估、目标反馈和目标改进等主要环节的运行机制框架，有效地实现了绩效问责过程的有序性。通过有序性的问责，以绩效责任目标为抓手，以问责的压力倒逼协同治理整体性目标的实现。

第一，绩效问责目标确定机制是确保跨行政区生态环境协同治理整体性绩效责任目标得以实现的先决机制。

通过各行政主体之间的共同协商最终确定跨行政区生态环境协同治理的整体性绩效责任目标是绩效问责目标确定机制的主要功能，也是绩效问责机制引入和实施目标管理的逻辑起点和行动指南，后续的一切制度和机制设计都围绕如何有效有序实现区域生态环境治理整体性绩效责任目标而展开。首先，在跨行政区生态环境协同治理绩效问责机制的目标确定环节，必须高度重视生态环境协同治理和协同绩效问责的法律法规建设。其次，必须将整体性绩效责任目标的实现与建立完善的生态利益补偿机制有机结合起来，这是激励各治理主体积极投身生态环境保护与治理，解决生态环境治理责任与受益不均衡等问题的重要经济手段。

第二，绩效问责目标执行机制是确保跨行政区生态环境协同治理整体性绩效责任目标得以有序分解并实现的关键机制。

跨行政区生态环境协同治理面临的最大问题在于各行政主体的“一亩三分地”思维和治理行为的各自为政。通过共同协商确定的整体性绩效责任目标为约束各行政主体的治理行为提供了行动指南，但能否确保整体性绩效责任目标的实现，关键还在于绩效问责目标执行机制的建设。绩效问责目标执行机制通过层层目标分解和监督协调，确保整体性绩效责任目标在各治理主体间的有效分解和执行，通过目标链将各治理主体的治理行为有效串联起来，形成有序的目标执行机制。有序性是评价目标执行机制运行效果的根本标准，也是确保整体性绩效责任目标得以有效分解和实现的根本保证。

第三，绩效问责目标评估和反馈机制是确保跨行政区生态环境协同治理各级绩效责任目标得以实现的保障机制。

科学规范的绩效问责目标评估机制和及时有效的绩效问责目标反馈机制，是确保跨行政区生态环境协同治理绩效问责机制按照预定程序有效运行的重要制度保障。通过对绩效责任目标实现情况进行科学评估，可以确定各级责任主体是否实现了其承担的绩效责任目标以及目标的实现程度，从而为后续实施奖惩提供了依据，也为绩效责任目标改进方案的制定提供了方向指引。责任目标评估必须从整体性绩效责任目标出发，将各级责任主体对整体性绩效责任目标实现的贡献度作为评价各自绩效成果的标准，并通过科学的评估程序有效保障整体性绩效责任目标的实现。及时有效的绩效问责目标反馈机制也是确保各级责任主体严格执行责任目标的重要机制设计。在责任目标反馈环节，在行政系统内部要对责任目标的实现情况进行及时反馈，在行政系统外部则要对社会舆论与公民诉求做出积极回应，从而有效提升绩效问责的效率和公信力，保障绩效问责机制的有效运行。

第四，绩效问责目标改进机制是确保跨行政区生态环境协同治理绩效责任目标得以持续改进的提升机制。

绩效问责目标改进机制建设的成熟度与生态环境协同治理绩效的高低密切相关。长期以来，中国的绩效问责制建设存在重责任追究而轻绩效改进的特点，甚至将绩效问责等同于责任追究，这种观点是存在偏颇的。我们认为，责任追究只是问责的手段，而不是目的，问责的本质在于绩效改进。绩效问责目标改进机制对各级政府生态环境协同治理绩效责任目标的调整优化和生态环境协同治理绩效的提升具有重要的促进作用。绩效问责目标改进机制的主要功能在于根据绩效问责目标评估结果对绩效表现的薄弱环节进行分析，制定切实可行的绩效责任改进方案，以使各级治理主体重新明确生态环境协同治理绩效责任目标，然后再次进入目标执行环节，对于绩效改进所取得的工作成果也要求再次进入目标评估环节，如此反复，从而实现目标方案的不断优化和绩效水平的持续提升。

第五部分

检验与优化：多案例比较与优化建议

第十三章

跨行政区生态环境协同治理绩效问责制的多案例分析

不同区域对跨行政区生态环境协同治理绩效问责制的实践探索必然具有其特色。本章基于其所构建的运行机制框架进行多案例比较分析，根据各地区之间的差异性因素归纳出协同治理绩效问责制的基本模式与实践情境，并从中发现各地区在协同治理绩效问责制实践中所存在的共性问题，在原因诊断的基础上，为寻求中国跨行政区生态环境协同治理绩效问责制的完善之策提供现实依据。

第一节　典型案例述评

绩效问责是推进区域协同治理的关键措施，各区域绩效问责相关制度与机制的建设情况同区域生态环境协同治理的成效具有重要的因果关联。环境保护部部长李干杰在2018年全国环境保护工作会议上提出，坚决打赢蓝天保卫战，京津冀及周边、长三角、汾渭平原等重点区域成为大气污染的主战场。京津冀地区、长三角地区、汾渭平原地区作为中国实行生态环境协同治理的重点区域，在国家相关政策的推动下已经在不同程度上展开了协同治理绩效问责的实践探索。所以说，选取以上三个地区作为协同治理绩效问责制案例比较分析的对象具有典型性、代表性。

一　京津冀地区的跨行政区生态环境协同治理绩效问责制实践

京津冀地区是中国率先开始实施生态环境协同治理的典型地区，同时也是早期探索协同治理绩效问责制建设的重要区域。作为中国大气污染最为严重的地区之一，京津冀地区大气污染协同治理工作正式开始于2004年，其治理绩效在2008年奥运会期间得到彰显，但此时运动式治理特征明显，长期、常态的绩效约束政策与配套机制没有及时跟进，后期出现了严重的污染反弹情况。

2013年，《大气污染防治行动计划》出台，其中明确规定了京津冀、长三角、珠三角等地区的大气污染治理目标，并由国务院制定考核办法，同时实施严格的责任追究制度，从而表明了中国以绩效问责手段推动京津冀等重点区域大气污染治理的政策导向。同年，《京津冀及周边地区落实大气污染防治行动计划实施细则》出台，从而对其目标任务做出了进一步细化，并提出建立健全区域协作机制，由国务院与京津冀地区各省市签订目标责任书，强化监督考核。

2015年，《京津冀协同发展规划》《京津冀区域环境保护率先突破合作框架协议》陆续出台，京津冀之间的生态治理合作更加紧密，也更加需要具有强劲问责约束效力的配套政策加以保障。与此相应，从2017年开始实施的京津冀地区秋冬季大气污染综合治理攻坚行动在一定程度上回应了这个问题。除强调严格责任落实、考核问责之外，生态环境部等还出台了有关京津冀地区攻坚行动的量化问责规定、强化督察方案、信息公开方案以及巡查方案等一系列具有行为约束性的配套措施，从而在实质上促进了京津冀地区生态环境协同治理绩效问责制的建设与实施。

在组织机构上，2013年，京津冀及周边地区大气污染防治协作小组成立，并在2018年升格为京津冀及周边地区大气污染防治领导小组（以下称“领导小组”），领导小组由国务院牵头，从而成为京津冀地区生态环境协同治理以及绩效问责实施的领导机构。可以说，在国家层面的积极推进以及京津冀三地之间的协同合作下，京津冀生态环境协同治理绩效问责制的各方面政策措施与组织机构设置已经较为完善，其绩效问责实践已经进入常态运作阶段。

二　长三角地区的跨行政区生态环境协同治理绩效问责制实践

长三角地区主要包括江苏省、浙江省、安徽省、上海市，即“三省一市”，其中还形成了杭绍甬、苏锡常、南京以及合肥等重要都市圈，是中国经济发展最为活跃的地区之一，同时也是中国实行生态环境协同治理绩效问责制的典范地区。

长三角地区协同治理绩效问责制的发展与其所形成的区域生态环境协同治理的传统密不可分。习近平总书记在扎实推进长三角一体化发展座谈会上指出，“长三角地区是长江经济带的龙头，不仅要在经济发展上走在前列，也要在生态保护和建设上带好头”。从 2002 年开始，江苏、浙江、上海等地就已经展开一系列生态治理合作，并签署了相应的合作协议；2004 年，长三角地区建立了气候环境监测评估网络，这是中国首个跨行政区性的环境监测网络，其后十几年的时间里，长三角区域各省市仍然长期保持着密切的生态治理伙伴关系，并一直走在国内区域性生态治理的前列。

长三角地区生态环境协同治理绩效问责制的各方面制度机制也在其长期、广泛的生态治理协作中不断建立起来。例如，为落实《大气污染防治行动计划》等政策文件的相关要求，2014 年，环境保护部发布了《长三角地区重点行业大气污染限期治理方案》，其中再次强调实施严格的考核问责，从而增强了对长三角各省市的绩效约束力。2018—2020 年，“完善监测监控体系”“强化考核督察”等内容也一直是长三角地区秋冬季大气污染综合治理攻坚行动方案中的关键组成部分，从而为长三角地区协同治理绩效问责制的实施提供了政策保障。2019 年，中共中央、国务院印发了《长江三角洲区域一体化发展规划纲要》，其中就共同加强生态保护、推进环境协同防治与协同监管等内容做出详细规定，可以说，长三角各省市在生态治理上所采取的一系列协同行动也为协同治理绩效问责制的建立健全打下了坚实基础。

在组织机构上，长三角地区形成了以长三角主要领导座谈会、长三角环境保护合作联席会议、联席会议办公室和重点专题组为代表的“决策层—协调层—执行层”的组织运作机制。同时，长三角地区还成立了诸多区域性的政府间协作组织。例如，2013 年成立了跨界环境污染纠纷处置和应急联动工作领导小组；2014 年成立了长三角区域大气污染防治协作小组；2018 年，长三角三省一市联合成立了长三角区域合作办公室，同时实行三地干部联合办公的模式，该机构的成立标志着长三角区域的一体化发展进程迈上了新的台阶，同时也为其协同治理绩效问责制的实施提供了重要的组织保障。

三　汾渭平原地区的跨行政区生态环境协同治理绩效问责制实践

汾渭平原地处黄河流域，具体包括汾河平原、渭河平原以及周围的台塬阶地，东北—西南走向，涵盖了山西省的运城、临汾、吕梁、晋中，陕西省的西安、宝鸡、咸阳、渭南、铜川、韩城、西咸新区、杨凌示范区，以及河南省的三门峡、洛阳，共 12 个地市和 2 个区，区域面积约 7 万平方千米，是中国的第四大平原。但汾渭平原也是中国大气污染最为严重的地区之一，近年来，区域内各省市之间的大气污染治理协作逐步展开，与此相应，跨行政区生态环境协同治理绩效问责制必然成为汾渭平原地区的一项关键性制度建设。

从 2018 年开始，中国正式将汾渭平原纳入大气污染防治的重点区域，成立了汾渭平原大气污染防治协作小组，并在《打赢蓝天保卫战三年行动计划》中提出了汾渭平原等区域的空气质量约束性指标。但是汾渭平原地区的治理任务艰巨，据生态环境部大气环境管理司司长刘炳江介绍，汾渭平原地区作为中国大气污染治理的“硬骨头”，与其他区域相比，其治理进程要滞后五六年。也正是因为环境形势的严峻性与治理任务的艰巨性并存，国家也更加重视对汾渭平原地区的各级政府生态治理主体严格传导问责压力。生态环境部等联合印发的《汾渭平原 2018—2019 年秋冬季大气污染综合治理攻坚行动方案》《汾渭平原 2019—2020 年秋冬季大气污染综合治理攻坚行动方案》中均明确规定了对区域内任务落实不力、空气质量改善幅度排名落后的城市实施督察问责，同时实行区域限批，约谈、问责政府主要责任人等惩戒措施。

在组织机构上，汾渭平原大气污染防治协作小组则是促进协同治理绩效问责实施的重要纽带。该协作小组承担着总体部署区域大气污染防治工作、制定污染治理方案合理分配任务职责以及对各行政单位的任务执行情况进行调度检查等责任，能够为生态环境部等对区域各地方实行协同问责提供有效的工作配合，也为区域协同治理绩效问责各项制度机制的实施提供了重要的组织载体。除此之外，汾渭平原地区还成立了区域性的环境空气质量预测会商中心和环境气象预报预警中心。依托以上机构，汾渭平原各地之间能够实现环境质量的统一监测、统一预警，各地之间的治理绩效更加公开透明，同时也有效支持了协同治理绩效问责的实施。

第二节　案例分析

通过上述分析可知，京津冀、长三角和汾渭平原地区为有效整治区域环境污染，在组建协作治理机构、促进区域集体行动、强化考核问责等方面均采取了一系列重要举措，但是由于各区域之间在经济发展水平、自然地理条件、合作治理历史等方面必然存在差异，因此各区域在生态环境协同治理绩效问责制上的现实实践也必然呈现不同的样态。基于此，可以从绩效问责的目标确定、目标执行、目标评估、目标反馈以及目标改进五个问责机制环节出发，对京津冀、长三角以及汾渭平原地区进行对比分析。

一　绩效问责目标确定

（一）京津冀地区

首先，京津冀三地之间具有良好的协商基础，仅在 2014—2018 年，就出台了 23 份针对大气污染问题的合作协议，以 2015 年签署的《京津冀区域环境保护率先突破合作框架协议》为例，其中就明确提出了区域生态环境改善的目标，同时制定了包含具体目标与中长期目标的工作规划。但是由各地协商所确定的生态环境治理目标往往约束性较弱，各地方的落实情况难以得到保证。2018 年，领导小组成立后，京津冀地区的生态环境协同治理工作便有了权威性的领导核心，而且领导小组的主要职责之一就是研究确定大气环境质量改善目标和重点任务。由领导小组所确定的区域生态环境治理目标对京津冀各地方政府具有严格的约束性，而且领导小组办公室还会定期调度各地方生态环境治理任务的完成情况，这就更增强了绩效问责目标对各行政区政府的权威性与问责约束性。在目标确定的协调机制上，京津冀地区主要通过大气污染防治结对合作和横向生态利益补偿协调各地区之间的利益差异，例如，北京市与廊坊市、保定市，天津市与唐山市、沧州市分别形成了对接关系，重点在资金、技术等方面给予支持。①

（二）长三角地区

长三角各省市历来保持着紧密的生态协作伙伴关系，对于影响区域生态发展的重要任务目标的确定主要在中央政府的统筹领导下由各地方政府协商确定，并形成了以上海为主导的跨行政区决策核心。首先，在长三角生态环境区域合作治理的三层运作机制中，以主要领导座谈会为代表的决策层为长三角各地政府领导提供了协商交流的平台。其次，长三角区域大气污染防治协作小组由上海市委书记任组长，其他地方政府领导作为小组成员定期参与会议协商，上海在区域大气污染协同防治中的中心地位得到凸显。最后，长三角区域合作办公室的组建则进一步突破了行政屏障，三省一市干部实现了在上海集中办公，从而促进形成了以上海为中心的区域合作格局，包括区域生态环境协同治理绩效问责目标确定在内的各项区域事务均能够得到相关机构的统一规划部署。在各地之间生态利益的补偿协调上，长三角地区更加注重发挥市场机制的作用，并不断探索多元化的生态利益补偿方式，如建立环境资源交易机制、实行差别电价政策等；此外，还以长三角一体化示范区为试点，推进实现排污权、用水权、碳排放权和用能权等环境交易权场所互联互通。

（三）汾渭平原地区

与京津冀、长三角地区相比，汾渭平原地区开展生态环境协同治理的时间较短，尽管组建了汾渭平原大气污染防治协作小组，但是该协作小组的临时性、机动性较强，因此汾渭平原在协同治理绩效问责目标的确定上表现出明显的属地本位倾向。首先，虽然汾渭平原大气污染防治协作小组是区域各地方协同合作的纽带，但是各小组成员之间在行政地位上是平等的，并不存在隶属关系，协作小组同时缺乏权威性的约束机制，因此汾渭平原地区的协同治理绩效问责实质上呈现以属地为基础的多个决策中心。其次，上级政府的政治动员对汾渭平原各地生态合作的开展往往会产生显著刺激，这对大气污染防治协作小组会议的召开以及各地政府之间横向协商的开展起到了关键的牵引作用，因此各地区之间

---

① 庄贵阳、郑燕、周伟铎：《京津冀雾霾的协同治理与机制创新》，中国社会科学出版社2018年版，第134—135页。

在协商形式上表现为临时性的自主协商。最后，在利益协调上，签订生态补偿协议是汾渭平原地区进行利益协调的重要方式，协议双方按照环境质量提升、受益对象补偿、环境质量下降、治理者赔偿的原则缩小彼此之间的利益差距。

总体而言，京津冀、长三角以及汾渭平原地区在协同治理绩效问责的目标确定上分别遵循着不同的决策、协商以及利益协调方式。通过表13.1可知，京津冀地区在协同治理绩效问责上的重要决策往往在国务院及其有关部门的直接领导下进行，区域内各地方政府之间的协商形式也为上级统一领导下的协商，以行政任务为导向的结对帮扶则是其区域内部进行利益协调的重要方式。长三角地区各地之间历来合作密切，在上海的带动下，形成了以上海为中心的跨行政区决策核心，各地方之间目前形成了市场化的多元利益协调方式。而汾渭平原地区在以上各方面则表现为分散化的属地决策核心、临时性的自主协商，并主要依靠各地方之间签订契约型生态补偿协议平衡各地利益差别。

表13.1　　典型地区绩效问责目标确定机制比较

典型地区	责任主体	决策核心	协商形式	利益协调
京津冀	北京、天津、河北	国务院牵头下的统一决策核心	统一领导下的协商	行政任务导向的结对帮扶
长三角	江苏、浙江、上海、安徽	以上海为中心的跨行政区决策核心	常态化的区域协商	市场导向的多元化利益补偿
汾渭平原	陕西、山西、河南	分散化的属地决策核心	临时性的自主协商	契约型的生态补偿协议

二　绩效问责目标执行

（一）京津冀地区

在绩效问责目标执行上，基于纵向压力传导、切实加紧任务落实的基本要求，京津冀各地方政府首先依据领导小组以及区域上级政府发布的政策以及总体方案等，将区域整体性绩效问责目标进行责任分解；其次在辖区内对责任目标进行再次分解。例如，北京市根据《大气污染防治行动计划》出台了《北京市2013—2017年清洁空气行动计划》，并对全市11个区制定了更加具体的任务指标，从而将绩效问责目标层层分解并落实到了基层政府。在绩效问责目标执行的过程监督层面，京津冀地区作为中央环保督察的重点，生态环境部通过例行督察、专项督察等实现了对区域内各级政府的统一监督。与此同时，京津冀各地生态环境部门之间还通过重点案件联合后督察的工作形式对区域各地生态环境治理情况以及各地方所发生的严重环境污染事件进行联合监督。在各主体对绩效问责目标的协同执行上，京津冀地区建立了环境执法与环境应急联动工作机制、大气污染防治联防联控机制等区域协作机制，在此基础上通过开展联合执法、联合检查、应急联动等促使各绩效责任主体之间的行为协调有序。

（二）长三角地区

由于长三角地区具有良好的协作基础，同时能够产生以上海为跨行政区协作中心的强大向心力，因此长三角地区在生态环境协同治理绩效问责目标的分解上主要依靠横向政府之间的协调实现。例如，在2021年长三角主要领导座谈会上，江浙沪皖各地领导审议通过了《长三角地区一体化发展三年行动计划（2021—2023年）》，并就跨界水环境综合治理、大气污染精准防治等内容达成了共识，这便有利于促进各地方政府领导在区域整体生态环境治理绩效问责目标的分解上达成默契。在绩效问责目标执行的协调机制上，长三角建立了区域污染防治协作机制，并通过联合执法、互督互学等方式加强业务交流合作，但是跨行政区联合执法的合法性问题存在争议，其范围较为有限。最后，在绩效问责目标执行的监督机制上，除中央环保督察、华东督察局的业务督察以及三省一市的联合督察外，各地区的人大、政协等机关之间也积极发挥着监督职能。例如，2020年，上海金山与浙江平湖两地人大常委会共同签订了开展区域生态环境联合监督的框架协议，从而为两地政府生态环境协同治理绩效问责目标的贯彻执行提供了有力监督。

（三）汾渭平原地区

随着国家对汾渭平原地区环境治理重视程度的提升，汾渭平原地区形成了以保证重大任务实施为目的，进而促进区域生态环境协同治理绩效问责目标分解与执行的行动传统。汾渭平原各地间的经济发展水平差异不大，但是由于产业结构、自然条件等方面的差异，各地区所付出的治理成本难以均衡，因此长期以来，区域各地方出于自我保护的考虑，在生态环境治理过程中往往各自为政，协同治理的动力不足。因此，区域各地对协同治理绩效问责目标的分担更加依赖于重大环境治理项目实施所提供的协同契机。例如，为响应生态环境部等开展的秋冬季大气污染综合治理攻坚行动，2018 年 11 月，汾渭平原协作小组办公室印发了《汾渭平原 2018—2019 年秋冬季大气污染治理联动机制方案》，并积极在环境执法、污染预警以及应急联动等方面寻求合作，但是其协同行动的延续性不强，呈现明显的运动式治理特征。在执行监督上，生态环境部对汾渭平原各地进行了“一市一策”驻点跟踪，一方面借助科学手段对各地环境治理提供专门指导，另一方面则能够有效监督各地完成其生态治理任务。

通过以上分析可知，京津冀、长三角以及汾渭平原地区在协同治理绩效问责的目标执行上分别依靠纵向压力传导、横向府际协调以及重大任务的实施促进区域整体生态环境治理绩效问责目标的分解。在目标执行的过程监督上，京津冀各地区主要由上级政府以及地方政府通过合作的方式进行监督；除政府内部监督外，长三角地区主要接受各地方人大、政协等多元主体的协作监督；对于汾渭平原地区而言，由上级政府驻点跟踪监督则是其显著特征。此外，以上三个地区在协同行动层面分别建立了跨行政区的环境治理协作机制，且京津冀以及长三角各地之间的区域协作机制已经比较成熟；汾渭平原各地之间的区域协作则开始时间较晚，且主要集中在秋冬季的大气污染防治上（见表 13. 2）。

表 13. 2　　典型地区绩效问责目标执行机制比较

典型地区	目标分解	过程监督	协同行动
京津冀	以纵向压力传导促进目标分解	上级督察与区域联合督察相结合	京津冀环境执法联动工作机制

续表

典型地区	目标分解	过程监督	协同行动
长三角	以横向府际协调促进目标分解	跨行政区多元主体协作监督	长三角区域污染防治协作机制
汾渭平原	以重大任务实施促进目标分解	上级驻点跟踪监督	汾渭平原秋冬季大气污染治理联动机制

三　绩效问责目标评估

（一）京津冀地区

在生态环境质量的监测评价上，京津冀各地环保部门基于自身职责分别对其辖区内的生态环境质量进行日常监测，与此同时，三地环保部门在环境监测上也保持着密切合作，从而能够对京津冀地区的环境质量状况等联合实施监测评价。在绩效问责目标考核评价上，以大气污染防治为例，按照《大气污染防治行动计划实施情况考核办法》的规定，将PM 2.5年均浓度下降比例作为京津冀地区大气污染协同治理绩效的主要考评指标。在此基础上，国务院相关部委联合出台了大气污染防治考核实施细则，对京津冀地区大气污染协同治理的绩效考评方法做出了明确规定，并将考核结果作为大气污染协同治理专项资金的划拨依据。在考评主体上，一方面，由生态环境部、国家发展改革委等部门负责京津冀地区的大气污染协同治理绩效考评工作，同时，生态环境部会以正式文件的形式向社会公开京津冀及周边城市的空气质量排名情况以及空气质量目标完成情况；另一方面，区域内各地方政府还要对自身大气污染治理情况进行自查，并向上级提交自查报告。

（二）长三角地区

在环境质量监测评价上，长三角区域各地保持着较高的协同性。例如，早在2004年，长三角地区便已建成了气候环境监测评估网络，区域各地方从而逐渐实现了空气质量情况的统一监测，这为集中评价、比较长三角各城市的大气污染治理成效提供了技术保障，而且目前长三角地区已经实现了空气质量监测数据实时共享，这便进一步增强了各地环境治理绩效问责目标评价的公开性与透明性。在绩效问责目标的评估上，长三角地区主要呈现上级考核评估与区域协作评估相结合的特点。以大气污染防治为例，长三角地区作为我国大气污染防治的重点区域，区域内各城市的空气质量目标完成情况均要接受生态环境部的统一考核与统一排名。此外，以长三角生态绿色一体化示范区（包括上海青浦区、江苏苏州吴江区和浙江嘉善县，即“两区一县”）为先导，长三角相关省市正探索对两区一县实施“有别于其他市县的体现新发展理念的绩效评价和政绩考核办法”[①]，这便为进一步实现长三角区域生态环境协同治理绩效问责目标的统一评价做出了积极尝试。

（三）汾渭平原地区

对环境质量的监测评价是实施绩效问责目标考核评估的重要前提，总体而言，汾渭平原地区的环境质量监测职责主要由陕西、山西和河南各地的生态环保部门承担，因此汾渭平原地区尚未实现对区域生态环境质量的统一监测。尽管长期以来，中国一直实行由各行政区属地环境主管部门负责环境质量监测的制度，但是随着跨行政区环境污染的不断加剧，京津冀、长三角等地区早已逐步开始加强跨行政区环境监测合作、建设区域一体化环境质量监测网络等。在绩效问责目标的考核评价上，主要由区域内各地方政府分别承担其辖区内的目标考核工作，但是从2018年汾渭平原地区开始实施秋冬季大气污染综合治理攻坚行动以来，该区域的绩效问责目标考核工作便有了国家层面的依据。2018年，汾渭平原大气污染防治协作小组第一次全体会议审议通过了《汾渭平原2018—2019年秋冬季大气污染综合治理攻坚行动方案》，其中提出由生态环境部对各地的治理任务完成情况进行月调度、月排名、季考核，这大大提升了汾渭平原地区生态环境协同治理绩效问责目标考核的权威性，比各地方的自主性考核更具约束力。

从表13.3可知，京津冀、长三角以及汾渭平原地区在协同治理绩效问责的目标评估上分别具有不同的特征。首先，以上地区在环境质量监测评估上的合作程度不同，长三角地区合作程度最深，并建立起了区域一体化的环境监测评估网络，京津冀地区主要由三地环保部门进行合作

① 《支持长三角生态绿色一体化发展示范区高质量发展若干政策措施出台》，https：//www.ndrc.gov.cn/xwdt/ztzl/cjsjyth1/xwzx/202007/t20200728_1234722.html？code=&state=123。

监测，而汾渭平原各地之间的环境质量监测合作则尚未深入开展。其次，在对各地方绩效问责目标的考核评估上，上级政府评估均是各典型地区最主要的评估方式，其中，长三角地区除上级评估外，其区域内各地方政府还在积极探索新的绩效评估与政绩考核方式，因而呈现上级评估与各地方协作评估相结合的特征。

表 13.3　　典型地区绩效问责目标评估机制比较

典型地区	环境质量监测评估	责任目标考核评估
京津冀	三地环保部门合作监测	以上级评估为主
长三角	区域一体化的环境监测评估网络	上级评估与协作评估相结合
汾渭平原	各地环保部门自主监测	以上级评估为主

四　绩效问责目标反馈

（一）京津冀地区

在信息公开上，以大气、水以及固体废物污染等领域为重点，京津冀正在推进区域一体化生态环境信息系统建设，其旨在促进区域各地之间生态环境数据的公开共享，同时也为社会公众提供多样化的信息服务产品，满足公众信息需求。此外，遵循评价结果向社会公开、接受社会监督的基本要求，区域各地方生态考核评估结果的公开已经成为常态。在责任回应上，京津冀各地均开通了基于政府官方网站、政务微博、微信等的多元回应渠道，与此同时，京津冀地区还在正式文件中做出了对公众环境投诉进行联合处理与回应的决定，如京津冀三地生态环境部门联合发布的《2021—2022 年京津冀生态环境联合联动执法工作方案》中便提出，对交界处环境违法投诉举报进行联动处理。在责任追究上，由上级部门对未通过目标考核的地区进行严格问责，按照相关规定采取区域限批、公开约谈、扣减环保资金等惩戒措施，并依法依纪追究相关单位党政领导干部的责任。此外，京津冀地区在 2017—2018 年的大气污染综合治理中首次出台了量化问责规定，从而依照量化指标对跨行政区各层级政府实行统一问责。

（二）长三角地区

在信息公开上，长三角地区正不断推进以太湖流域水环境综合治理为重点的信息共享，同时还建立了区域空气质量监测预报共享平台，并在此基础上建设了综合性的区域生态环境信息共享体系。在责任回应上，长三角各省市纷纷建立了多元化的问政平台以及公众投诉渠道，如上海的线上“问政集市”、浙江省的统一政务咨询投诉举报平台、江苏的“政风热线”以及安徽的中安在线“网上问政”平台等。通过上述途径，长三角各地方政府便可以直接了解群众的环境诉求，及时掌握各类环境违法信息，以及相关政府人员不作为、少作为的重要线索。在责任追究上，长三角地区各级政府同样遵循自上而下的责任追究模式，除生态环境部等区域上级部门对长三角各地方政府主要责任人进行公开约谈、依法依纪追究其责任外，长三角各地基于严格落实《党政领导干部生态环境损害责任追究办法（试行）》等重要政策的基本要求，通过制定更加详细的问责办法促进各层级政府绩效责任的严格履行。

（三）汾渭平原地区

在信息公开上，一方面对于环境质量、考核评价以及其他有关社会公众环境利益的重要信息，汾渭平原各地均做出了予以严格公开的决定，如陕西、山西和河南分别出台了有关政府环境信息公开以及企事业单位环境信息公开的具体政策；另一方面，对于区域各地方政府间环境治理信息的公开共享，汾渭平原地区建立了环境气象数据共享平台，这为实现重污染天气跨行政区应急联动提供了重要支持。然而，与京津冀、长三角等地区相比，汾渭平原各行政区政府之间环境信息共享的范围还比较有限。在责任回应上，汾渭平原地区表现出以舆论为导向的特征。由于长期遭受雾霾等环境污染的侵扰，区域社会公众的不满情绪以及产生的社论舆论等对汾渭平原各地区政府产生了很大压力，当公众诉求借助新闻媒体等途径产生扩大化的影响时，政府则往往只能做出被动回应的姿态。例如，2017 年，媒体曝光了陕西户县存在的多项环境污染问题，而时任户县环保局局长的回应则遭到了质疑，最终导致环保局领导班子被全体免职。在责任追究上，各地政府纷纷采取了严格的问责措施，例如，陕西省确立了秦岭生态环境保护终身问责制，山西省 2021 年出台的《关于严格落实生态环境保护责任的决定》中更是提出了“第一时间免职”的处理办法等。与此同时，在问责的实施上各地方也分别制定了相应的实施方案以及量化问责规定等，但是区域各地政府之间的问责合作尚未深入开展，仍然呈现各自为政的状态。

由表 13.4 可知，在信息公开上，各典型地区分别建立了相应的环境信息公开、共享体系或平台，但相比而言，汾渭平原地区内部环境信息共享的范围较为有限，主要集中在环境气象数据上；京津冀以及长三角各地实现协同共享的环境数据则更加广泛。在责任回应上，各典型地区分别表现为制度导向的回应、社会导向的回应以及舆论导向的回应。在责任追究的实施上，在政府系统内部自上而下的问责体系中，京津冀地区表现为跨行政区权威领导机构下的统一问责，各行政区在问责标准、实施程序等方面能够实现最大限度的协同一致；而长三角、汾渭平原地区内部各行政区绩效问责的实施则表现出较强的自主性特征。

表 13.4　典型地区绩效问责目标反馈机制比较

典型地区	信息公开	责任回应	责任追究
京津冀	京津冀一体化生态环境信息系统	制度导向	统一问责
长三角	区域生态环境信息共享体系	社会导向	自主问责
汾渭平原	汾渭平原环境气象数据共享平台	舆论导向	自主问责

五　绩效问责目标改进

（一）京津冀地区

在绩效问责目标改进上，京津冀地区各地方政府重点通过建立整改工作领导机制以及加强督导提醒、跟踪督办等方式保障相关环境问题的整改落实。首先，对于中央以及省级环保督察反馈的环境问题，北京、天津、河北各省市均建立了环境保护督察整改工作领导小组，并由各省、直辖市的主要领导负总责，北京更是将整改领导机制下沉到了各区县，由各级党政领导干部亲自抓整改便成为京津冀地区实现绩效问责目标改进的重要特征。其次，为加强对整改过程的有效控制，京津冀各地普遍建立了相应的督导提醒与跟踪督办机制。例如，基于实现省环保垂直管理制度改革的基本要求，河北省在 2017 年设立了 6 个环境监察专员办公室，由环境监察专员办公室对各地方进行逐部门、逐问题的督导提醒，并通过日常调度、督促检查以及跟踪问效等方式确保各级政府绩效责任主体按期完成反馈整改任务。

（二）长三角地区

中央以及省级环保督察反馈意见整改、长江经济带生态环境警示片披露问题整改是长三角地区实施目标改进工作的主要表现。其中，中央以及各地方的环保督察整改是一项常态化的整改工作，具体包括各项定期的例行督察、不定期的专项督察与突击式检查等。与此相应，长三角各地方政府均建立起了相应的整改机制，如在《上海市实施〈中央生态环境保护督察工作规定〉办法》中提出要构建督察整改效果评价体系，《浙江贯彻落实中央环境保护督察反馈意见整改方案》中提出建立“一级抓一级、一级带一级、层层抓落实的整改工作格局”，江苏省部分地市则建立了“环境违法行为整改允诺制”“市领导包案机制”等具有创新性的整改工作机制。长江经济带生态环境警示片是由生态环境部与中央广播电视总台组织拍摄的政府警示教育片，内容聚集群众反映强烈的环境问题，目的在于以警示促落实、促整改。作为长江经济带的重要组成部分，该环境警示片对长三角各省市的环境问题整改工作起到了重要的警示与促进作用。

（三）汾渭平原地区

上级动员推进整改以及监督帮扶整改是汾渭平原地区各地方政府实施绩效问责目标改进工作的重要方式。首先，为督促各级政府绩效责任主体落实问题整改责任，汾渭平原各地往往会召开相应的问题整改工作推进会，其主要目的在于发挥上级领导的政治动员作用，使其下级各环境行政主管部门迅速响应上级政府的整改号召。例如陕西、山西等地在对环保督察反馈问题进行整改之前，会由各地方政府的主要领导牵头召开问题整改工作推进会，一方面加强整改动员，以上率下推动问题整改，另一方面对整改工作做出安排部署。其次，监督帮扶是帮助地方发现并解决问题的一项工作机制。由于汾渭平原地区产业结构偏重，焦化、钢铁等重化工企业多，工业污染排放量大，因此，对区域内环境污染企业在整改过程中所遇到的环保难点、疑点问题实施监督帮扶整改便成为各地环境主管部门的重要任务，同时也成为汾渭平原各地方落实绩效问责目标改进工作职责的重要体现。

从表 13.5 可知，京津冀、长三角和汾渭平原各地区在跨行政区生态环境协同治理绩效问责的目标改进上分别采取了不同的措施，具体而言，京津冀地区主要为压力导向的绩效问责目标整改，各级政府领导承担着重要的整改责任，并通过积极的督导提醒、督察督办等方式推进各地方完成整改；长三角地区主要为监督导向的整改，除督察反馈整改外，区域各地方政府还会通过观看长江经济带生态环境警示片等方式进行自查整改；汾渭平原地区各地方政府则往往通过召开整改推进会等途径实施政治动员，同时广泛采取监督帮扶整改手段促进各级政府完成改进任务。

表 13.5　　典型地区绩效问责目标改进机制比较

典型地区	目标改进
京津冀	主要领导抓整改，上级督导提醒、督察督办（压力导向）
长三角	督察反馈整改，警示教育促进整改（监督导向）
汾渭平原	政治动员推进整改落实，监督帮扶整改（任务导向）

第三节　跨行政区生态环境协同治理绩效问责制的模式划分与实践情境

一　主要模式

通过对京津冀、长三角以及汾渭平原地区的生态环境协同治理绩效问责制实践进行案例分析可以发现，不同地区在绩效责任目标确定、执行、评估、反馈和改进的各个环节均表现出不同的特征。基于以上典型地区在生态环境协同治理绩效问责制实践上的差异性表现，可以对其进行问责模式划分，进而将京津冀、长三角以及汾渭平原地区分别归结为权威主导型、多边融合型以及渐进协作型的生态环境协同治理绩效问责模式，如图 13.1 所示。

（一）以京津冀地区为代表的权威主导型绩效问责模式

以京津冀地区为代表的权威主导型绩效问责模式是在跨行政区上级政府的权威领导下，通过政府纵向的压力传导，对各行政区生态环境协

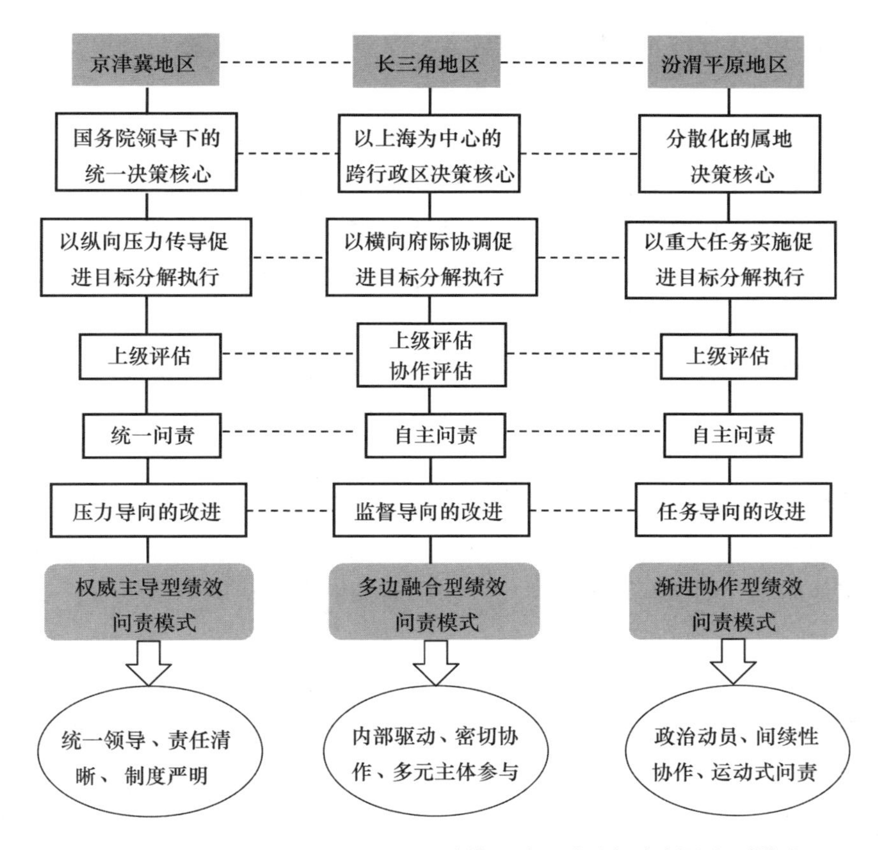

图 13.1　典型地区跨行政区生态环境协同治理绩效问责制的主要模式

同治理绩效责任主体实施严格的目标约束，并以具有较强约束力的绩效责任目标为依据，对各行政区绩效责任主体统一实施奖惩，并由上级领导督促其完成绩效改进的问责模式。统一领导、责任清晰、制度严明等是权威主导型绩效问责模式的主要特点。

首先，存在一个强有力的领导核心是权威主导型绩效问责模式的根本特征。由于跨行政区各地方政府在行政地位上是平等的，相互之间不存在隶属关系，因此对跨行政区生态环境协同治理绩效问责制而言，其权威领导核心必须是在行政级别、行政权力等方面均高于跨行政区各地方政府的主体，而由其作出的各项决策，各行政区必须严格遵从。因为只有这样，该领导主体才能有效统筹各地的生态环境治理与绩效问责力量，对区域生态环境协同治理的重点任务、基本目标、考核问责方式等作出统一部署，进而促进形成以权威领导机构为主导的跨行政区生态环境协同治理绩效问责模式。在京津冀地区，由国务院牵头成立的大气污染防治领导小组便扮演了权威领导的角色，上级领导权威的介入有效强化了区域整体生态治理目标对京津冀各地的行为约束性。

其次，责任清晰是权威主导型绩效问责模式的重要特征。权威主导型绩效问责模式强调通过纵向压力传导实现绩效责任的分派。在该模式下，各行政区绩效责任目标的分配主要来自上级政府的统一部署，这一方面节省了各行政区之间的协商成本，有利于各行政区政府迅速投入绩效责任目标的执行环节；另一方面则能够在最大限度上保持各行政区绩效责任主体之间权责清晰，并有效统合各行政区之间的各种利益矛盾。京津冀地区作为中央政府实施直接领导的典型地区，其区域内各项治理任务的目标确定与责任分解均经过了区域上级领导机构以及各行政区协商主体的充分论证，经过压力传导，从而能够形成清晰的绩效责任目标体系。

最后，制度严明是权威主导型绩效问责模式的另一重要特征。由上级权威领导所带来的制度供给优势使得该模式下的协同治理绩效问责往往具有较高的制度化水平。因此，各行政区绩效责任主体在联合执法、信息共享、考核评价、责任追究以及责任回应等方面能够得到有力的制度保障。我国所出台的专门针对京津冀地区生态环境治理的区域性政策文件的数量远远多于长三角地区和汾渭平原地区。例如，京津冀地区在2017年开始实施秋冬季大气污染综合治理攻坚行动，生态环境部等在制定其攻坚行动方案的同时，还分别制定了配套的强化督查信息公开方案、巡查方案、强化督查方案以及量化问责规定等，这便为跨行政区生态环境协同治理及其绩效问责的实施提供了多项规范性依据，从而强化了其制度保障。

（二）以长三角地区为代表的多边融合型绩效问责模式

以长三角地区为代表的多边融合型绩效问责模式是跨行政区各地方政府在积极主动的多边合作下，共同承担跨行政区的生态环境治理责任，并通过彼此之间的紧密协作促进协同治理绩效责任目标的执行、评估以及改进的问责模式。在多边融合型绩效问责模式下，各行政区生态环境治理绩效责任主体之间往往具有较强的合作意愿与联合行动能力，区域内部的信息开放水平以及治理资源的共享程度也较高，各地区之间的发展水平比较均衡，异质性不显著，利益相容。总体而言，内部驱动、密切协作、多元主体参与是多边融合型绩效问责模式的主要特征。

首先，多边融合型绩效问责模式中的各行政区绩效责任主体往往能够通过内在驱动力实现区域协同。相比而言，权威主导型绩效问责模式促进多主体协同的驱动力则来源于区域之外的领导强制力。在多边融合型绩效问责模式中，尽管不存在统一的跨行政区性领导机构，但是区域内各地方政府却分别面临其上级政府的行政压力，因此借助各地方政府之间深厚的合作基础，选择以协作方式应对区域共同的生态环境问题，同时规避问责风险，则成为一种共识性选择，长三角地区生态环境协同治理的达成在很大程度上便得益于各地方政府自发的行政助推作用。

其次，保持密切协作是多边融合型绩效问责模式的重要特征。在多边融合型绩效问责模式中，中央政府发挥统筹作用，很少对区域内部的多边协作进行直接干预，各行政区绩效责任主体自主性强，能够在协同治理绩效问责过程中保持密切协作，并共同采取一些创新性举措。也正因如此，长三角“三省一市”能够组建以长三角地区合作办公室为代表的常设性议事机构，建立以市场为导向的多元化生态利益补偿机制，实现区域一体化的生态环境治理监测评价，不断完善区域生态环境信息共享体系，并在长三角生态绿色一体化示范区探索实施新的绩效评价和政绩考核方式。

最后，多元主体参与是多边融合型绩效问责模式的另一特征。跨行政区各地方政府之间协同合作的深入开展，也为区域内多元主体参与协同治理绩效问责提供了良好的社会环境。在长三角一体化发展战略的带动下，各地方人大、政协等机关对跨行政区生态环境协同治理事务的关注度也在不断提升，并构建起了对区域内各地方政府生态环境协同治理的联合监督机制。此外，多边融合型绩效问责模式更加关注社会诉求，各地方政府分别通过高效、便捷的渠道对社会公众进行双向沟通，从而形成了以社会为导向的政府生态治理绩效责任回应机制。

（三）以汾渭平原地区为代表的渐进协作型绩效问责模式

以汾渭平原地区为代表的渐进协作型绩效问责模式是跨行政区生态环境协同治理绩效责任主体在上级政府的引导与政治动员下，以完成既定的生态治理任务为根本目的，采取区域合作的方式分担任务压力，并为其治理成果分别承担责任的问责模式。政治动员、间续性协作以及运动式问责是该问责模式的主要特征。

首先，在渐进协作型绩效问责模式中，上级政府的政治动员是促进跨行政区生态治理协作的主要驱动力。就汾渭平原而言，从国务院将其列为大气污染防治的重点区域开始，区域内各地对大气污染协同治理的重视程度便迅速提升，并建立起了区域性的协作机制。但是与权威主导型绩效问责模式相比，上级政府并不采取直接介入并实施统一领导的方式，各地方政府仍然保有较强的自主性。按照戴尼丝·施百丽所划分的四种府际运作关系类型（合作共识型、合作但维持地方自主型、逃避式各自为政型、争斗式各自为政型），渐进协作型绩效问责模式下的府际关系更加接近于合作但维持地方自主的状态。

其次，区域内各地政府往往通过间续性协作的方式实现对跨行政区生态环境协同治理绩效责任目标的执行。基于理性经济人属性，汾渭平原地区各地方政府参与跨行政区生态治理的动力不足，但为了响应上级政府号召，汾渭平原地区从而形成了以秋冬季大气污染综合治理为节点的间续性协作模式。当重要考核期来临之前，各行政区绩效责任主体的跨行政区协作往往更加密切，但是尚未形成常态化、长效性的区域协作机制。与多边融合型绩效问责模式相比，其跨行政区协作的紧密程度低，对目标任务实现的约束性较弱，各地方政府在生态环境质量监测评价、绩效责任追究等方面掌握着较强的属地话语权。

最后，在以汾渭平原地区为代表的渐进协作绩效问责模式中，受以任务为导向的运动式治理的影响，其协同治理绩效问责的实施也带有明显的运动式特征。这具体表现为，当上级政府向跨行政区各地下达重要或者紧急的环境治理任务时，随着环境治理工作量的突然增加，各行政区绩效责任主体的违纪失责状况也开始频发，这就需要对相关责任人进行集中处理。而当上级任务有所放缓时，则往往表现出相反的情形，从而使得相关地区在渐进协作绩效问责模式下呈现运动式问责的特征。

二　实践情境

通过前述分析可知，京津冀地区、长三角地区以及汾渭平原地区分别形成了权威主导型、多边融合型以及渐进协作型的跨行政区生态环境协同治理绩效问责模式。而每一种问责模式的形成都与其所对应地区的各方面特征存在密切的因果关联，即每一典型地区均为其问责模式的生成提供了特定的实践情境或者实践场所。因此，对跨行政区生态环境协同治理绩效问责基本模式的划分，离不开对其实践情境的讨论。表 13.6 则分别从起始条件、主体结构、制约因素以及问责特点四个方面展现了各绩效问责模式所面临的不同实践情境。

表 13.6　　跨行政区生态环境协同治理绩效问责主要模式的实践情境

问责模式	权威主导型绩效问责模式	多边融合型绩效问责模式	渐进协作型绩效问责模式
起始条件	内部权力不平等 合作条件良好 协作动机较弱 领导力量直接介入	同质性高 合作基础深厚 核心城市向心力强 中央统筹领导	权力、地位平等 自我保护意识较强 合作基础一般 中央政府支持
主体结构	轴心结构	锥形结构	扇形结构
制约因素	过于依赖上级 问责灵活性不足	绩效责任界定模糊 缺乏强有力的领导协调机制	缺乏整体性责任意识 协作惰性难以克服
问责特点	整体性问责 （绩效目标约束性强，问责力度均衡，效果显著）	自主性问责 （绩效目标约束性弱，问责力度不均，效果一般）	运动式问责 （绩效目标短期约束性强，问责力度不均，效果反复）

（一）起始条件

起始条件是决定跨行政区生态环境协同治理绩效问责模式走向的根本原因，具体包括区域内各绩效责任主体之间在经济发展水平、行政权力等方面的力量对比，相互之间的信任程度、合作基础，以及上级领导力量的参与情况等基本要素。

在权威主导型绩效问责模式中，区域内部各地方政府绩效责任主体之间的行政权力往往不均衡，存在一定的位势差异，彼此之间的生态治理协作动机较弱，但是合作条件良好，区域协作受到的阻碍较少。跨行政区上级政府直接嵌入各绩效责任主体的协同治理过程，并成为推动跨行政区生态环境协同治理绩效问责的领导核心。

在多边融合型绩效问责模式中，各行政区之间往往具有高度同质性，区域内部各地方之间的经济发展水平相对均衡，某些较为发达的城市成为区域核心，其向心力强，能够辐射带动周边城市的发展。各行政区绩效责任主体实行协同治理的意愿强烈，合作基础深厚，在中央政府的统筹领导下，容易形成以核心城市为纽带的跨行政区协同治理格局。

在渐进协作型绩效问责模式中，各行政区之间地位平等，在中央政府的支持下能够通过开展生态环境协同治理工作，共同承担区生态环境治理的绩效责任目标。但跨行政区各绩效责任主体往往具有较强的自我保护意识，因此其前期合作基础一般。上级政府的推动与政治动员是各行政区绩效责任主体加强协同治理的关键动力。

（二）主体结构

主体结构主要指的是跨行政区绩效责任主体之间，以及与上级政府之间的关系结构。在中国跨行政区生态环境协同治理绩效问责的总体情境下，各区域均接受中央政府的领导，但是在不同问责模式下，中央政府在协同治理绩效问责过程中发挥领导效力的方式不同。具体而言，在以京津冀、长三角以及汾渭平原为代表的三种问责模式中，各行政区绩效责任主体之间以及与跨行政区上级领导责任主体之间的关系结构分别为轴心结构、锥形结构和扇形结构。

轴心结构：在权威主导型绩效问责模式中，各绩效责任主体之间呈现以跨行政区上级权威领导机构为轴心，并以此带动区域整体生态协作，并统一实施跨行政区生态环境协同治理绩效问责的轴心结构，如图 13.2 所示。以京津冀地区为例，国务院通过成立领导小组，从而将权威领导力量直接嵌入京津冀地区的生态环境协同治理过程，不仅可以直接带动、加强跨行政生态环境协同治理，同时也为实现协同治理绩效问责标准的统一性、过程的有序性提供了重要保障。

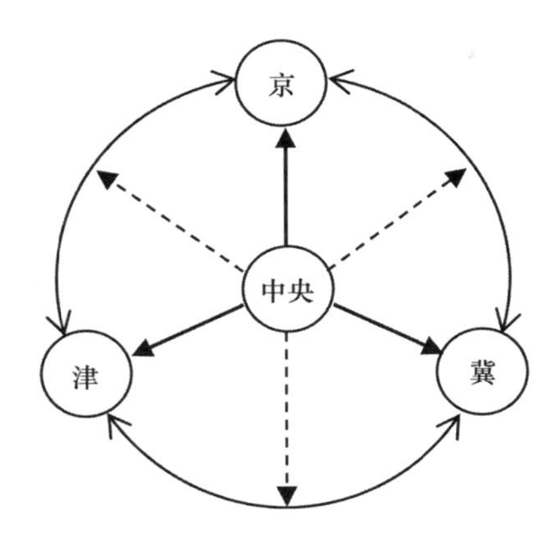

图 13.2　跨行政区绩效责任主体轴心关系结构

锥形结构：多边融合型绩效问责模式下的主体结构为锥形结构，如图 13.3 所示。以长三角地区为例，在该结构中，中央政府发挥统筹领导作用，并不直接介入区域内部的生态环境协同治理过程。区域各地方政府绩效责任主体具有较强的协同自主性，并围绕核心城市上海形成了跨行政区生态环境协同治理的多边协作格局。同时基于纵向行政层级关系，各行政区就其属地生态环境协同治理责任分别接受跨行政区上级政府的绩效问责。

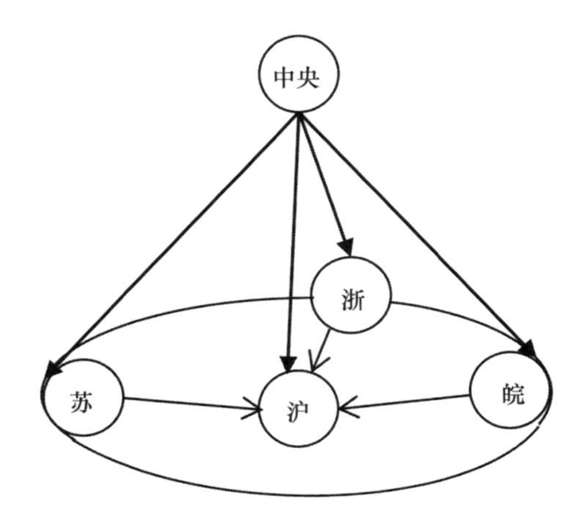

图 13.3　跨行政区绩效责任主体锥形关系结构

扇形结构：在渐进协作型绩效问责模式中，跨行政区生态环境协同治理绩效责任主体之间表现为扇形结构，如图 13.4 所示。在该类型的关系结构中，各行政区以属地治理、属地问责为主体，同时在中央政府的重大环境项目推动与政治动员下，通过加强治理合作等方式共同承担跨行政区生态环境协同治理责任。中央政府不对区域性的生态环境治理与绩效问责事务实施直接干预，但往往对各行政区分别施加行政压力。

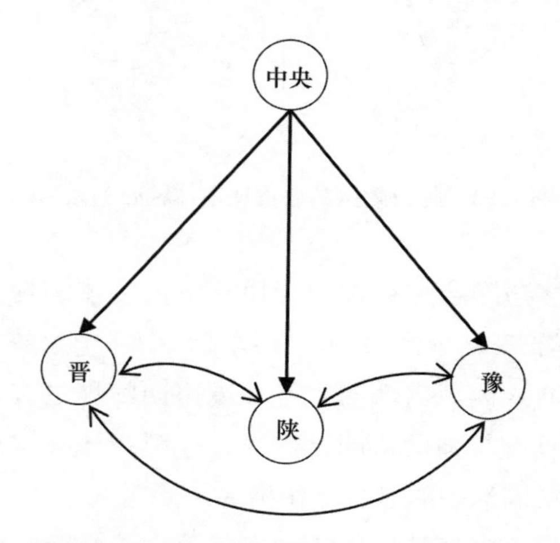

图 13.4　跨行政区绩效责任主体扇形关系结构

（三）制约因素

任何一种跨行政区生态环境协同治理绩效问责模式都不是十全十美的，存在诸多因素制约其问责效力的发挥。对于权威主导型绩效问责模式而言，由于跨行政区上级领导机构主导着区域生态环境协同治理绩效问责的实施，各行政区绩效责任主体容易形成对上级的过度依赖，这一方面容易使得跨行政区领导机构负担过重，另一方面也不利于各行政区政府问责灵活性的发挥。对于多边融合型绩效问责模式而言，区域内部缺乏强有力的领导协调机制，各行政区绩效责任主体之间往往通过项目合作或者签订合作协议等方式共同承担区域整体的生态环境治理责任，但是在以上合作模式下，却难以对各行政区的绩效责任作出清晰界定。对于渐进协作型绩效问责模式而言，区域内各地方政府之间的协作动机不强，区域各地之间的问责权力分散，缺乏跨行政区生态环境治理的整体性绩效责任意识，仅仅依靠上级政府不定期的政治动员，其协作惰性难以克服。

（四）问责特点

各类型跨行政区生态环境协同治理绩效问责模式的起始条件、绩效责任主体之间的关系结构以及所面临的制约因素等不同，同时也表现出不同的问责特征。

权威主导型绩效问责模式表现出整体性问责的特点。在该模式中，各行政区所承担的区域生态环境治理绩效责任目标往往具有较强的行为约束性。同时，跨行政区上级政府作为区域生态环境协同治理以及实施绩效问责的权威领导核心，能够为各行政区绩效问责的实施提供统一的制度规范，从而能够保证跨行政区绩效问责力度的相对均衡，并在最大限度上减弱各行政区在绩效问责实施过程中对属地责任的自我保护，问责效果显著。

多边融合型绩效问责模式表现出自主性问责的特点。由跨行政区多边绩效责任主体协商确定的区域生态环境协同治理绩效责任目标约束性较弱，各行政区政府对于属地治理的绩效责任意识大于区域整体性生态治理。各行政区实施绩效问责的标准各异，总体上问责效果一般，并表现出整体性的协同治理与分散性的自主问责相交织的状态。

渐进协作型绩效问责模式表现出运动式问责的特点。受区域上级政府政治动员以及重点环保任务的驱动作用明显，该问责模式下跨行政区生态环境协同治理绩效责任目标对各行政区治理主体的短期约束性较强，但是缺乏区域统一的绩效问责标准，各行政区的问责力度不均衡，并且随中央政府的环保信号的强弱呈现运动式问责的特点。

第四节　典型地区跨行政区生态环境协同治理绩效问责实践存在的共性问题

通过对各典型地区跨行政区生态环境协同治理绩效问责制实践的多案例对比分析，我们掌握了不同地区在绩效问责制各环节上的差异性表现，并进行了相应的模式总结与实践情境研究。虽然京津冀、长三角以及汾渭平原地区之间存在显著的绩效问责模式差异，但是以上地区共处于中国生态环境管理体制的总体背景下，其必然在跨行政区生态环境协同治理绩效问责制的各方面建设上存在一些共性问题，对问题进行深入考察正是我们进行多案例研究的另一项重要任务。具体而言，各典型地区在跨行政区生态环境协同治理绩效问责制实践上所存在的共性问题主要体现在以下几方面。

一　跨行政区绩效责任目标确定的属地色彩浓厚

在跨行政区生态环境协同治理绩效问责制之下，各行政区的生态环境治理绩效目标应源自对区域整体生态环境治理绩效目标的合理分配，但是目前各典型地区对区域整体绩效责任目标的界定是模糊的，在区域上级政府的领导下，各行政区在生态环境协同治理绩效目标的确定上难以克服其自主性冲动。尽管京津冀、长三角以及汾渭平原地区内部各地方政府均制定了明确的生态环境协同治理绩效指标，但是对于各项指标的实现能够对区域整体的生态环境质量起到多大的提升作用则仍然是不清晰的。而且跨行政区内的各级政府均要平等地接受相关主体的共同问责，跨行政区生态环境协同治理的开展进一步扩大了其责任范围，作为协同治理绩效问责的主要对象，跨行政区各地方政府在经济发展水平以及生态环境治理能力等方面的差异容易导致利益纠纷，这便会制约协同治理绩效责任在跨行政区各级政府之间的有效分配以及区域整体绩效目标的实现。

二　跨行政区绩效责任目标执行的有序性有待提升

促进各行政区绩效责任目标的协同执行是协同治理绩效问责实施的重要目的，目前各地区尽管早已广泛开展跨行政区生态环境协同治理，但是各地方政府对于区域整体生态治理绩效目标的责任意识欠缺，维护以行政区划为边界的属地责任仍然是各行政区生态环境协同治理行动的主要目的，各地方绩效责任主体对跨行政区生态环境协同治理绩效目标的执行有序性不足。例如，目前跨行政区联合执法的合法性问题还尚未明确。在属地管辖体制下，京津冀、长三角等地区虽然建立了污染治理的联合执法机制，但是其异地执法效力却难以得到保证，这便容易使得各行政区之间的执法协作流于形式。此外，基于对属地利益的考量，各行政区对生态环境治理信息以及其他治理资源的共享范围还比较有限，目前主要聚焦于大气污染防治领域，还难以实现跨行政区环境监测、预警、执法、违法举报等信息的全方位共享。

三　跨行政区整体性生态环境治理绩效水平评估不足

目前，京津冀、长三角以及汾渭平原地区的生态环境治理绩效评估尚未突破属地管辖的界限，绩效评估多关注区域内部各行政区的绩效目标完成情况，对于区域整体的生态环境治理绩效水平以及各行政区生态环境治理对区域整体绩效目标实现的贡献程度则缺乏严格的评估与考量。一方面，跨行政区之间尚未实现对各地区生态环境治理绩效的集中、统一评估。跨行政区整体的生态环境治理绩效成果很难通过以属地为基础的分散性评估得到呈现。另一方面，生态环境质量的监测评价权主要由区域各地方环保部门掌握，各行政区内部各有一套环境监测体系。京津冀、长三角、汾渭平原各地虽然均建立了多个环境监测站点，但是不同地区对环境质量的合作监测评价情况以及对监测数据的共享情况存在较大差异，部分地区环境数据的造假行为难以杜绝，因而也难以反映区域整体的生态环境质量情况。

四　跨行政区绩效问责的目标反馈过程缺乏协调性

目前，跨行政区各地方政府虽然已经在生态环境治理领域采取了诸多具有积极意义的协作举措，但是在生态环境协同治理绩效问责的反馈环节却仍然呈现各自为政的状态。首先，跨行政区之间对绩效问责相关信息的公开共享还不充分，区域一体化的生态环境数据监测与治理绩效评估信息网络尚未广泛建立，信息壁垒依然存在。其次，各典型地区在绩效问责的回应上过于分散，跨行政区生态环境协同绩效问责缺乏统一的问责回应渠道与平台，各行政区政府还难以实现面向跨行政区整体，统一回应社会公众的相关诉求与质疑。最后，责任追究过程的协调性不足。区域内各地方政府不具有隶属关系，出于维护自身利益的考虑，往往会制定出各自的问责实施方案，例如陕西、山西和河南分别就落实《党政领导干部生态环境损害责任追究办法（试行）》出台了相应的实施细则，跨行政区之间实现协同问责所面临的难度较大。

五　跨行政区绩效问责改进的协同性与长效性不足

实施跨行政区生态环境协同治理绩效问责的根本目的在于借助问责手段促进区域整体生态环境治理绩效水平的提升，因此，协同治理绩效问责理应在跨行政区生态环境治理的绩效改进环节重点加强协同问责力度，以倒逼各行政区生态环境治理绩效水平的协同改进。但是京津冀、长三角以及汾渭平原地区均存在跨行政区绩效改进的协同性与长效性不足的问题。一方面，跨行政区各地方政府对生态环境治理绩效改进的问责力度不均衡。尽管实施整改问责已经成为区域共识，但是由于缺乏严格统一的绩效问责标准，因此不同地区在绩效整改考核问责上的力度也不同，从而也会直接影响区域整体的生态治理成效。另一方面，各地区更加偏重对生态环境协同治理绩效目标改进的短期约束，围绕中央环保督察整改所建立的相关领导机制、整改监督与跟踪督办机制等往往任务导向明确，但是明显缺乏区域协调性和长效性，因而也难以支持跨行政区生态环境协同治理整体绩效的长期提升。

第五节　典型地区跨行政区生态环境协同治理绩效问责存在问题的原因诊断

通过以上分析可知，目前各典型地区的跨行政区生态环境协同治理绩效问责制实践均存在一系列共性问题，而导致以上问题的原因则主要在于以下几方面。

一　对协同治理绩效责任目标界定不清晰

中国的跨行政区生态环境协同治理绩效问责制是建立在以属地治理为核心的环境管理体制之下的，因此，各行政区政府很难从根本上突破属地责任的界限。在这种情况下，除非跨行政区上级政府直接介入其中，并对各行政区政府所应承担的区域协同治理绩效责任进行清晰界定，否则各行政区政府很难自动厘清其责任边界。此外，跨行政区政府在参与区域生态环境协同治理绩效问责的过程中，基于理性经济人的属性，总是倾向于追求自身协同治理收益的最大化、协同治理成本的最小化以及协同治理绩效问责风险的最小化，这也会导致各行政区政府之间难以在生态环境协同治理的绩效责任分配上达成一致意见，并对跨行政区各地方政府之间的绩效责任目标执行协作产生不利影响。所以说，正是由于难以实现对跨行政区生态环境协同治理绩效目标责任的清晰界定，所以才导致各行政区政府始终固守于维护属地责任的“围城”之中。

二　绩效责任目标执行的协调机制不健全

目前各行政区之间常态化的生态治理绩效问责机制并不健全，目标执行过程表现出协调性、有序性不足等问题。首先，在政策层面缺乏对跨行政区生态环境协同治理绩效问责实施过程的内在规定。各行政区基于自身的属地管理权限，必然是本行政区生态治理的根本责任主体，实行协同治理绩效问责则意味着区域内各层级政府责任范围的进一步扩大，同时还必须在绩效问责的各个环节与区域内的其他主体取得协调，因此在相关问责实施规定缺位的情况下，由于缺乏政策指导以及制度保障，各行政区政府之间往往难以建立起广泛的问责协同机制。其次，已经开展的跨行政区生态环境协同治理绩效问责实践主要建立在各行政区自愿合作的基础上，除京津冀地区之外，其他典型地区均缺乏一个权威的协同治理绩效问责领导协调机构，从而使得跨行政区生态环境协同治理绩效问责的实施仍然会受到各行政区各自为政的影响。

三　缺乏协同治理绩效的整体性评估机制

由于缺乏对跨行政区生态环境协同治理绩效的整体性评估机制，所以目前跨行政区的生态治理绩效评估较为分散，其评估的重点往往在于对单个地区的生态治理情况进行考核评价，这便导致各典型地区普遍出现对跨行政区整体性绩效水平评估不充分的问题。一方面，跨行政区的绩效评估标准不统一。各地区的生态环境治理绩效评估基本上均表现为政府系统内部上级对下级的考核评估，跨行政区上级政府以及各行政区政府自身掌握着绩效评估的绝对主导权，但是跨行政区的生态环境治理绩效评估标准尚未制定，区域内各地方政府之间的绩效评价合作也相对缺乏。另一方面，中国对跨行政区的绩效评估方法与程序也缺乏严格统一的规定。绩效评估作为科学衡量跨行政区生态环境协同治理成果的重要途径，区域内部绩效评估标准与程序的差异性必然会对跨行政区整体的生态环境协同治理绩效评估产生制约。

四　对绩效问责协同反馈的重视程度不足

信息公开、责任回应以及责任追究是跨行政区生态环境协同治理绩效责任目标反馈机制的主要内容，该项机制设计的目的就在于促进各行政区对绩效问责相关信息的公开共享、对绩效责任的协同回应以及对跨行政区绩效责任主体的协同追责，进而实现对跨行政区生态环境协同治理绩效问责信息、责任以及问责处理决定的整体性反馈。但是目前，跨行政区政府对绩效问责协同反馈的重视程度不足，缺乏协同实施问责反馈的责任意识，这便导致跨行政区生态环境协同治理绩效问责的目标反馈环节缺乏协调性。而跨行政区各地方政府作为本行政区生态环境治理的主要责任主体，其掌握着本行政区的各项生态环境信息数据以及详尽的治理绩效评价信息，同时也是回应社会、具体实施问责措施的根本主体。因此在各行政区政府协同反馈意识缺乏的情况下，各行政区之间的信息壁垒便难以突破，跨行政区各地方政府也难以以统一的责任整体的身份对社会作出回应。

五　绩效问责的协同改进机制建设不完善

正是由于缺乏严格的绩效问责协同改进机制，对协同改进的问责约束力较弱，所以才导致各典型地区普遍存在绩效改进协同性与长效性不足等问题。绩效改进环节是确保跨行政区生态环境协同治理绩效的最后一道防线，因此更应该重视对跨行政区生态环境治理绩效的协同改进与问责。但是跨行政区绩效问责的协同改进机制还有待完善，再加上问责资源过于集中在绩效改进之前的各个阶段，这便弱化了各典型地区对于绩效问责协同改进的问责约束力，从而也难以保证跨行政区整体生态治理绩效的实现。所谓“动员千遍，不如问责一次”，在抓好问责工作落实的同时，更应该把问责理念渗透跨行政区生态环境协同治理的全过程，同时重点加强绩效目标执行、改进等环节的问责强度，建立严格的绩效问责协同改进机制，这对于跨行政区生态环境协同治理绩效的稳步提升是至关重要的。

第十四章

跨行政区生态环境协同治理绩效问责制的优化建议

以问题为导向，以原因诊断为依据，可以为跨行政区生态环境协同治理绩效问责制的进一步优化完善提供指导。针对当前各地区在跨行政区生态环境协同治理绩效问责制实践中存在的普遍性问题，本章从绩效责任目标确定、执行、评估、反馈和改进的基本流程出发，提出跨行政区生态环境协同治理绩效问责制的优化建议。

第一节　加强对跨行政区整体性绩效问责目标确定的顶层设计

应进一步打破行政壁垒，对跨行政区绩效责任主体所应承担的区域生态环境治理责任进行清晰界定，通过构建具有较强行为约束性的协同治理绩效目标责任体系，加快推进跨行政区协同治理绩效问责法律建设等途径，以提升各行政区绩效责任主体之间行为的协同性和有序性，打破跨行政区各地方政府固守属地责任的怪圈。

一　构建跨行政区协同治理绩效问责的目标责任体系

构建一套合理的跨行政区生态环境协同治理绩效目标责任体系是清晰界定主体责任的有效途径，同时也有利于加强各行政区政府对跨行政区环境治理的责任意识。首先，应确保协同治理绩效目标体系的权威性。可以由跨行政区上级政府牵头制定，并以正式文件的形式下达给各行政区政府。其次，应着重强调绩效目标责任体系对各行政区绩效责任主体的行为约束性，并分别与各行政区政府签订区域整体的生态环境治理绩效目标责任书以及区域各地的生态环境治理绩效目标责任书，并规定各行政区分别对跨行政区整体生态目标的实现承担连带责任。最后，建立健全跨行政区生态环境治理责任清单制度，从跨行政区环境执法、环境监测、环境评价以及信息公开等方面列明各地方政府及相关部门的责任清单，从而为构建起内容完善、职责清晰的绩效目标责任体系提供制度依据。

二　细化绩效问责目标责任体系的内容与层次结构

根据责权利效相统一的原则，中国政府在传统的生态绩效问责中的责任目标主要是根据政府职能定位以及政府工作人员的职责分工所确定的，例如根据中国和地方各级政府的生态环境保护任务和治理目标采取有针对性的措施来改善生态环境质量，针对未达到目标标准的要制定限期达标规划，并保证按时完成。然而在跨行政区生态环境协同治理绩效问责领域，行政界限淡化了，这便更容易出现职责模糊、职责权限不清等情况，因此不仅要制定跨行政区生态环境协同治理绩效问责的目标责任体系，更要对目标责任体系的具体内容进行细化，以此有效避免出现责任推诿、责任缺位等情况。此外，绩效问责目标责任体系还应体现层次性，将战略性目标、策略性目标和具体的任务方案性目标相统一，岗责匹配，确保协同治理绩效责任严格落实到位。

三　加快推进跨行政区协同治理绩效问责的法律法规建设

跨行政区协同治理绩效问责法律法规的建立健全是落实区域内各治理主体生态责任的前提条件。西方主要发达国家跨行政区生态环境协同治理绩效问责实践，无不以完备的法律法规作为根本依据与保障。目前，中国在跨行政区生态环境协同治理中，虽然颁布了《长江法》《黄河法》等法律法规，但专门针对协同治理绩效问责的法律法规却较为匮乏。因此，还有必要出台跨行政区生态环境协同治理绩效问责的专门性法律法规，对跨行政区协同问责的主体、客体、程序、标准、结果等进行明确规定。跨行政区各立法主体也要加强协同立法合作，探索实现跨行政区组织协调机构的立法职能，形成统一的跨行政区的生态治理绩效问责法律规范，为切实提升跨行政区整体生态环境协同治理绩效问责实效提供权威和具有可操作性的法律依据，从法律层面确保环境责任的有效履行和真正落实。

第二节　着力提升跨行政区绩效问责目标执行的统筹协调能力

为着力提升跨行政区生态环境协同治理绩效责任目标执行的统筹协调能力，应成立具有权威性的绩效问责领导协调机构，不断完善跨行政区绩效问责的目标分解与风险机制，还应创新绩效责任目标执行的协作机制，进而为各行政区政府加强绩效责任目标的执行协调提供有效保障。

一　成立具有权威性的跨行政区绩效问责领导协调机构

成立具有权威性的绩效问责领导协调机构是增强跨行政区生态环境协同治理绩效责任目标执行协调性和有序性的重要举措。一个强有力的领导核心能够快速凝聚跨行政区各地方政府等多方绩效责任目标执行力量，进而促进跨行政区政府成为一个统一的行动整体。首先，应确保该领导协调机构在行政地位上高于跨行政区各地方政府，并使该机构发挥领导核心与协调枢纽的双重作用。跨行政区各地方政府在该机构的统一领导下，各尽其责、有序协同，进而将统一领导与跨行政区协同治理绩效问责进行有效结合。其次，应明确跨行政区绩效问责领导协调机构的职能权限、工作原则以及职能履行方式等，并出台正式文件对以上内容作出明确规定。最后，对该领导协调机构的内部组织结构应进行合理设置，如增设常态化的议事协调办公室等，并由其负责处理跨行政区绩效责任目标执行协调的日常事务。

二　完善跨行政区绩效问责的目标分解与风险分担机制

在属地治理传统下，生态治理成本以及利益的分散性使得各行政区之间缺乏信任，这进一步制约了协同治理情境下跨行政区绩效责任主体协同行动的积极性，也使得协同治理绩效问责难以突破封闭性的属地问责。因此，必须不断完善跨行政区生态利益分配与风险分担机制，在最大限度上为各行政区绩效责任主体消除疑虑。首先，应进一步加快跨行政区横向生态补偿机制建设，在协同治理区域内制定一致的生态补偿原则、标准和方法，对于区域内承担较多生态治理绩效责任的地区给予相应的资金补偿、实物补偿以及技术补偿等。其次，区域内各地方政府还可以共同出资建设区域性的环保资金，专门用于跨行政区生态质量监测、环境信息共享等方面的技术投入与平台建设等，提高跨行政区协作能力，联合规避问责风险。最后，应建立健全跨行政区生态利益分享机制，通过协同立法统一各地治理标准，合理分配区域环境治理资源，维持区域内部总体利益的均衡。

三　创新跨行政区绩效责任主体间的目标执行协作机制

加强协同治理过程中的交流和协作是跨行政区生态环境协同治理的主要形式，理论与实践均证明跨行政区政府间协作的广度与深度对协同治理绩效目标的实现具有重要影响，因此应不断健全并积极创新跨行政区生态环境协同治理绩效责任目标执行的协作机制建设。一要严格贯彻落实国家关于加强各行政区政府横向协同的相关政策规定，按照具体要求建立相应的跨行政区生态环境污染联防联控机制、重污染天气应急响应机制等。二要采取多样化的方式促进跨行政区政府之间的协同合作，可以进行联合办公、联合调度工作等，区域内各地方政府间还可以互派干部进行交流学习，积极交流成功的治理经验，并促进成熟经验的示范推广，形成长效交流协作机制，增强协同默契。

第三节　构建跨行政区一体化的协同治理绩效问责评估与监测体系

绩效评估是协同治理绩效问责的重要依据，建立跨行政区一体化的生态环境协同治理绩效问责评估与监测体系应重点做好三个方面的任务，一是建立统一的跨行政区生态环境协同治理政绩考核体系，二是加强跨行政区生态环境协同治理绩效评价主体建设，三是建立覆盖跨行政区整体的环境质量监测评估网络。

一　建立统一的跨行政区生态环境协同治理政绩考核体系

首先，将跨行政区生态环境协同治理绩效纳入区域内各地方政府的政绩考核体系。即将跨行政区整体的生态环境治理绩效与各行政区政府主要领导与相关部门负责人的政治前途挂钩，打破属地责任的界限，切实扩大跨行政区各地方政府的责任范围，实行跨行政区生态环境损害“一票否决”制。其次，单独制定一套专门针对跨行政区生态环境协同治理绩效问责的评价指标体系。以该指标体系为依据对跨行政区整体生态环境治理绩效目标的实现程度进行科学评价，同时将各行政区政府对区域整体生态环境治理绩效的贡献度进行统一排名。最后，以跨行政区上级政府或者跨行政区权威领导机构为主导，统一组织实施对各行政区政府的生态环境治理绩效评价，同时加强跨行政区第三方专业评估机制以及社会评议机制建设，综合考虑多元评估主体的意见，增强跨行政区生态环境协同治理绩效评价的科学性和民主性。

二　加强跨行政区生态环境协同治理绩效评价主体建设

跨行政区生态环境协同治理绩效问责制的有效运行必须依赖于具有独立性、专业性和权威性的问责主体的有效执行，目前中国的评价主体比较单一，主要采取的是政府内部上级对下级的评价，这种自上而下的评价体制虽然有利于达到上级政府对下级政府生态环境保护行为的引导和监督目的，但在实践过程中却导致了一些地方政府部门“只唯上不唯实”，“政绩”做给上级看的现象，从而导致了绩效评价结果失真、考核评价难以达到预期的目的。借鉴国外经验，首先必须将考核主体与考核对象严格区分开，通过媒体宣传，强化社会公众的环保意识，形成公众制约的多元化主体评价机制；其次必须改变当前评价主体单一化的现状，发挥第三方评价组织在跨行政区生态环境协同治理绩效责任目标评价中的作用，增强绩效评价的公信力和权威性。

三　建立覆盖跨行政区整体的生态环境质量监测评估网络

环境质量监测评估是实施绩效评估的依据，因此建立覆盖跨行政区整体的生态环境质量监测评估网络便是对跨行政区政府的生态环境治理绩效进行统一评估的重要前提。首先，应适当收紧跨行政区各地方政府的环境质量监测管理权限。由跨行政区上级政府组织建立统一的环境质量监测数据管理平台，有效对接跨行政区范围内的多个环境质量监测站点，最大限度避免各地方政府在环境监测上的数据造假行为，并切实推进环境监测结果的公开共享。其次，应大力推进跨行政区环境质量监测技术创新，鼓励各行政区之间加强环境监测技术合作，并制定专门的跨行政区环境质量监测技术规范，确保环境监测的科学性和规范性。最后，应逐步统一跨行政区的各项生态环境治理标准，有效实现对跨行政区整体生态环境质量状况的统一监测。

第四节　重点提升跨行政区绩效问责目标反馈的整体协同性

在跨行政区生态环境协同治理绩效问责制之下，区域内各地方政府共同承担着对跨行政区整体生态环境的治理责任，作为一个责任共同体，跨行政区各地方政府理应在协同治理绩效问责的目标反馈环节保持协同。具体而言，可以通过增强跨行政区政府的协同反馈责任意识、提高协同反馈能力、创新协同反馈的方式和路径等途径促进跨行政区绩效责任目标反馈的整体协同性。

一　增强跨行政区政府绩效问责协同反馈的责任意识

增强跨行政区政府绩效问责协同反馈的责任意识，既是协同治理绩效问责制度建设的内在需求，也是呼应跨行政区协同治理绩效问责法治理念的必然结果。在跨行政区政府绩效问责协同反馈中，协同意识是指各回应主体的思想认知。当下，跨行政区各责任主体之间的协同回应意识淡薄，对此要转变政府理念，增强协同回应意识，主动搭建协同回应的平台和参与渠道。此外，跨行政区生态环境协同治理绩效问责能否实现有效性，很大程度上依赖于问责信息的公开和共享。要让跨行政区政府把问责信息共享当成一种习惯，主动地、不定期地通过网络、政务微博、微信公众号等新媒体手段公开交流和分享信息，以确保信息共享能增强协同治理绩效问责的有效性。总之，要培养协同反馈的责任意识，并使之在跨行政区各地方政府头脑中生根发芽，以使跨行政区生态环境协同治理绩效问责制度和法律的不充分性得到弥补。

二 切实提高跨行政区政府的绩效问责协同反馈能力

切实提高跨行政区政府的绩效问责协同反馈能力，应做好以下几方面工作。首先，应加强跨行政区生态环境信息强制公开制度建设。既要统一公开区域内各地方的环境质量信息，也要公开环境治理绩效评价信息，还要公开对各行政区政府主体的绩效责任追究信息，确保跨行政区生态环境治理绩效问责过程的公开、透明。其次，应建立跨行政区统一的绩效问责协同回应平台，使跨行政区各地方政府能够真正以一个责任共同体的身份面向社会公众，实施整体性回应。同时还应开通跨行政区的环境问题投诉渠道，为社会主体对跨行政区各地方政府的生态失责行为进行监督与检举提供保障。最后，制定跨行政区生态环境协同治理绩效问责量化办法。统一量责标准、问责情形以及责任追究措施，重点加强对跨行政区生态环境协同治理绩效的协同问责力度。

三 创新跨行政区绩效问责协同反馈的方式和路径

跨行政区生态环境协同治理绩效责任目标反馈机制要注重实现回应方式和路径的多样化。回应路径是指沟通反馈的平台及渠道，跨行政区政府生态环境协同治理绩效目标的实现需要区域社会公众以及其他问责主体的监督，这是一个长期和动态的过程，现代社会是网络化的信息社会，政府的回应路径也应注重信息化和网络化的建设。除了传统的政府热线及政府信箱外，还要注重政府官方网站的建设以及政府官方微信、微博等自媒体平台的建设与管理工作，依托多样化渠道推进跨行政区性的网络平台建设，使跨行政区政府在加强绩效责任目标反馈的协同性上搭上互联网快车。协同反馈渠道的多样化也为跨行政区政府协同反馈方式的多样化提供了便利条件，因此各地方政府便可以通过统一的网络平台对公众疑问与相关诉求进行线上回应，从而能够促进协同反馈效率的显著提升。

第五节　进一步增强跨行政区绩效问责目标改进的制度与机制保障

绩效问责是倒逼各行政区政府绩效责任实现的重要手段，加强对协同治理绩效责任目标改进环节的执纪问责力度，针对跨行政区生态环境协同治理绩效责任主体的治理绩效以及后期多次整改绩效实施严格的责任追究，同时建立起协同治理绩效责任目标改进的长效机制与绩效责任目标改进计划的追踪落实机制则是严格把控目标改进实效、确保问题整改到位的有效途径。

一　不断强化绩效问责改进环节的执纪问责制度建设

要把严格问责的理念落实到跨行政区生态环境协同治理绩效问责的各个环节之中，特别要加强对绩效责任目标改进的执纪问责力度。首先，对于绩效责任目标改进不到位、生态环境问题未整改落实的相关政府主体应采取更为严厉的责任追究措施，将中央以及省级环保督察整改作为实施集中问责的重要关口，必须坚持“零容忍”的态度对一次整改不到位的相关政府责任人进行严肃问责。其次，应单独考察跨行政区生态环境协同治理绩效责任主体的整改绩效，将整改绩效作为协同治理绩效问责的重要内容，并以此作为党政领导干部政绩考核的重要依据。最后，建立跨行政区生态环境协同治理绩效改进主要领导负责制，由上级政府专门记录各行政区每一次重大环境治理项目以及污染防治行动中的问题整改情况，并作为各行政区生态文明建设目标年度评价、五年考核的重要参考。

二　促进形成跨行政区绩效责任目标改进的长效机制

建立协同治理绩效责任目标改进的长效机制是促进跨行政区生态环境协同治理绩效水平取得实质性提升的必要条件。首先，各行政区应建立协同治理绩效改进的常设机构，专门负责绩效改进工作的推进与监督，全面承接原来整改领导小组、督察督办等临时性机构的职能，将绩效改进工作作为一项常态化的重要任务来抓。其次，要增强跨行政区生态环境协同治理绩效责任目标改进的协同性。各行政主体要互相交流经验与不足，通过对比分析找出自身生态绩效的薄弱之处，循因而动，采取相关措施对存在的问题进行整改。再次，要灵活调整生态绩效改进目标，在科学分析与研判的基础上制定生态绩效改进计划，具体要求是既要与整体目标相一致又要与其他行政主体的绩效改进计划相协调，然后开启新一轮的目标执行。最后，上级政府部门要对各行政区生态绩效改进主体施加压力，严格实施限期达标、失责惩戒等约束性措施，为跨行政区生态环境协同治理绩效责任目标改进取得实质性成效提供有力保障。

三　建立健全绩效责任目标改进计划的追踪落实机制

绩效改进计划的制定只是跨行政区生态环境协同治理绩效责任目标改进机制的一方面内容，绩效改进机制能否取得实效，关键还在于绩效改进计划的落实。生态绩效改进计划的实施需要全面系统的策划和指导，对不同的绩效改进计划进行分类管理、分级提升和系统整合，从部分到整体实现组织战略目标的提升与改进。首先，要建立跨行政区的绩效改进责任制，明确绩效改进计划落实主体的责任，同时明确规定跨行政区各地方政府实施绩效改进与进一步提升绩效水平的具体标准；其次，要根据区域整体生态建设目标和内外部资源条件的变化，适时调整绩效改进计划，使得改进方案更具可行性；最后，区域上级政府应通过定期与不定期督察等方式强化对各地方政府绩效改进计划执行情况的监督，开展执行情况绩效评估，并将绩效改进的程度作为奖惩的重要依据，确保绩效改进计划方案落到实处。

结论与展望

生态环境治理具有整体性特征，跨行政区治理不可避免。在跨行政区生态环境治理情境下，绩效问责已成为促进生态环境协同治理目标实现与治理绩效水平提升的重要抓手。然而目前，中国跨行政区生态环境协同治理绩效问责制度设计的各方面实践还不完善，因此加强对跨行政区生态环境协同治理绩效问责制的研究十分必要。本书综合运用扎根理论、复合系统协同度模型、面板数据回归分析法、相关分析法等定量和定性分析方法，尝试构建跨行政区生态环境协同治理绩效生成机制，并分析了影响跨行政区生态环境协同治理绩效的关键因素，以此为依据，通过引入目标管理的基本思想，构建出跨行政区生态环境协同治理的绩效目标责任体系。基于责任落实的根本要求，尝试对协同治理绩效问责的制度框架与运行机制框架进行初步设计。同时，通过对京津冀、长三角以及汾渭平原地区绩效问责实践的比较分析、模式归纳、实践情景总结以及共性问题剖析，最后以共性问题为依据提出了相应的优化建议。本书的主要观点和研究结论如下。

第一，建立健全跨行政区生态环境协同治理绩效问责制是中国生态环境治理绩效问责制发展的必然趋势。中国历来重视实施生态环境治理绩效问责，但由于受地方保护主义、行政壁垒、利益博弈等多方面因素的影响，覆盖多个行政区的生态环境治理主体之间很难形成统一的目标责任体系和联动治理机制。面对现实，中国生态环境治理绩效问责制的政策导向不断转变，并向呈现由属地问责向跨行政区协同问责，以及由分散化问责向整体性问责转变的基本特征。顺应时代趋势，建立健全跨行政区生态环境协同治理绩效问责制自然成为新时代中国生态环境治理绩效问责制发展的重要任务。

第二，中国跨行政区生态环境协同治理的政策过程系统是一个动态、自组织和开放的复合系统，它包括政策信念、政策互动、政策产出和政策优化四类子系统。其中，政策信念子系统是跨行政区生态环境协同治理政策过程系统的起点，政策互动子系统是协同治理政策过程的关键环节，也可以理解为协同互动过程，政策产出子系统是政策互动的结果，而政策产出子系统也会反过来影响政策互动的发展与完善，政策优化子系统是根据政策产出结果，对跨行政区生态环境协同治理政策过程中存在的问题和薄弱环节进行改善，以适应和调节整个运行过程。各个子系统之间并非孤立存在的，而是彼此之间有着协同和竞争关系，也正是这种关系的存在推动着整个政策过程系统从混沌无序向协同有序发展演变。

第三，跨行政区生态环境协同治理的政策过程系统整体协同度较低，且协同程度对治理绩效具有显著正向影响。京津冀、长三角和汾渭平原分别位于不同的地区，受地理位置、经济发展状况等多方面因素的影响，协同发展状态和水平整体偏低且存在明显的区域差异。本书以京津冀、长三角、汾渭平原三个地区 2010—2019 年跨行政区生态环境协同治理的政策过程系统协同度与治理绩效的面板数据作为样本数据，以协同治理政策过程系统协同度作为解释变量，治理绩效为被解释变量，借助于 Python，通过面板数据单位根检验、协整检验、面板回归模型识别与检验，对跨行政区生态环境协同治理的政策过程系统协同度与治理绩效间的关系进行实证分析，研究结果表明二者之间存在显著正向影响关系，即跨行政区生态环境协同治理绩效随着协同水平的提高而不断得到提升。

第四，明确跨行政区生态环境协同治理绩效生成机制及其关键影响因素。根据程序化扎根理论建构的跨行政区生态环境协同治理政策过程系统理论模型，结合实证分析对协同治理政策过程系统协同度与治理绩效关系的验证，构建出一套由驱动力机制、协同互动机制、考核激励机制和监督改进机制组成的跨行政区生态环境协同治理绩效生成机制框架。以协同治理绩效生成机制为理论基础，通过运用相关性分析法对跨行政区生态环境协同治理绩效的影响因素展开实证分析，发现驱动力机制中的政府态度、协同互动机制中的协同行动、考核激励机制中的奖励激励、监督改进机制中的督察整改是影响跨行政区生态环境协同治理绩效的四个关键因素。

第五，绩效问责是促进跨行政区生态环境协同治理以及确保协同治理绩效目标实现的有效手段。通过对绩效问责何以促进跨行政区生态环境协同治理进行详细分析，进而证明了绩效问责在跨行政区生态环境协同治理过程中的重要作用，并在理论层面论述了绩效问责促进协同治理的行动逻辑。具体而言，绩效问责分别在动因、结构、过程与结果四个层面对跨行政区生态环境协同治理的顺利实施发挥着有效的助推作用。相应地，确保绩效责任目标的整体性、问责制度的统一性、问责过程的有序性，并以问责促进治理结果改进和治理目标重塑便是绩效问责促进协同治理的内在机理。

第六，西方主要发达国家跨行政区生态环境协同治理绩效问责实践为中国绩效问责制度设计提供了经验借鉴和政策启示。本书在目标管理理论和制度分析与发展框架下建立了跨行政区生态环境协同治理绩效问责过程分析框架，对美国、澳大利亚、英国、日本和法国的跨行政区生态环境协同治理绩效问责过程展开深入分析，发现西方主要发达国家的跨行政区生态环境协同治理绩效问责制度及其实践已经形成了以美国为代表的地方协作治理绩效问责模式、以澳大利亚为代表的多元协商自治绩效问责模式、以英国为代表的市场化与政府监管相结合的绩效问责模式、以日本为代表的中央统筹下多元协同治理绩效问责模式和以法国为代表的混合型网络治理绩效问责模式。由此提出中国绩效问责制度要从加快法制建设、明晰责任主体、健全协调机制、完善绩效评估和注重结果反馈等方面进行完善和发展。

第七，基于关键影响因素和目标管理理论构建出跨行政区生态环境协同治理绩效目标责任体系，这是后续协同治理绩效问责制度与机制设计的重要前提和基础。本书通过对跨行政区生态环境协同治理绩效的影响因素展开实证分析，提炼出影响协同治理绩效的四个关键因素，为绩效目标责任体系的构建提供指导依据。在准确把握关键影响因素的基础上，对跨行政区政府主体所应承担的绩效责任进行准确定位，并结合目标管理理论进一步构建出包括责任主体、责任环节、责任界定、责任监督在内的跨行政区生态环境协同治理绩效目标责任体系，这是连接协同治理绩效的关键影响因素和绩效问责制度与机制设计的重要纽带。

第八，跨行政区生态环境协同治理绩效问责需要众多制度设计保障其实施。正是由于中国在跨行政区生态环境协同治理绩效问责领域的相关法律法规与政策规范还不完善，所以不管是在国家层面还是在各地方层面，均亟待加强协同治理绩效问责的各方面制度建设。因此，本书立足于中国当前生态治理的制度环境，分别从绩效责任目标确定、执行、评估、反馈与改进五个方面构建了跨行政区生态环境协同治理绩效问责的制度框架。通过该制度框架，我们能够更加清晰地了解跨行政区生态环境协同治理绩效问责制度体系建设的基本方向，同时以绩效责任目标为锁链，也有利于加强跨行政区生态环境治理责任清单制度、环境污染联防联控制度、环保督察制度等具体制度的衔接与配合。

第九，跨行政区生态环境协同治理绩效问责是一个动态循环的过程。融合目标管理理论的基本思想，将跨行政区生态环境协同治理绩效问责的目标确定、目标执行、目标评估、目标反馈以及目标改进作为协同治理绩效问责过程机制的五个主要环节，并以促进协同治理绩效目标的实现、治理绩效水平的提升作为机制运行的根本目标，进而形成持续促进目标改进与目标实现的过程循环。所以说，跨行政区生态环境协同治理绩效问责并不是协同治理过程中某一节点上的绩效激励手段，而是一个自成体系的动态循环过程，每一轮绩效问责过程的有效运行均会促进协同治理绩效水平的提升。

第十，跨行政区生态环境协同治理绩效问责制在不同的实践情境下，呈现为不同的问责模式，并表现出不同的问责特点。对京津冀、长三角以及汾渭平原地区在协同治理绩效问责机制各环节的对比分析可知，不同地区由于其自身政治、经济、合作历史等各方面因素的差异，分别形成了中央权威主导型、多边融合型以及渐进协作型的绩效问责模式。同理，不同问责模式的生成则需要不同的环境条件。由此可知，对跨行政区生态环境协同治理绩效问责制的研究必不可脱离实际，应充分关注不同地区的特殊实践情境对协同治理绩效问责制所产生的影响。

第十一，提出跨行政区生态环境协同治理绩效问责制的优化建议。通过对中国跨行政区生态环境协同治理绩效问责实践进行整体概述和典型案例对比分析，可以发现各典型地区在跨行政区生态环境协同治理绩效问责制实践上存在跨行政区绩效责任目标确定的属地色彩浓厚、跨行政区绩效责任目标执行的有序性有待提升等诸多问题，并针对造成这种状况的原因展开深入分析，从而提出要加强对跨行政区整体性绩效责任目标确定的顶层设计，着力提升跨行政区绩效责任目标执行的统筹协调能力，构建跨行政区一体化的协同治理绩效问责评估与监测体系，重点提升跨行政区绩效责任目标反馈的整体协同性，进一步增强跨行政区绩效责任目标改进的制度与机制保障等跨行政区生态环境协同治理绩效问责制的优化建议。

同时，由于研究的复杂性、研究条件的限制等诸多因素的影响可能使本书的研究存在不足之处。具体而言，本书存在的不足及有待进一步深入之处主要体现在以下几方面。

第一，由于本书主要研究了京津冀、长三角和汾渭平原三个地区在生态环境方面的协同治理和绩效问责实践情况，对协同治理过程和治理绩效的分析数据主要来源于2010—2019年的数据，虽然本书考虑到了研究对象选择的典型性问题，但由于不同区域的差异性较大，也可能存在由于研究对象的局限性和数据的局限性而带来的研究结论适用的局限性问题，对此应该对研究结论进行更大范围的应用检验，还可以从更长的时间范围内去观察和分析，以使研究结论更加具有可靠性。

第二，跨行政区生态环境协同治理绩效的影响因素众多，除了本书所发现的影响因素之外，跨行政区生态环境协同治理绩效的生成与完善还可能受到参与主体间的认同、外部环境变化等复杂因素的影响，这些因素究竟影响协同治理的哪些环节，又是如何产生影响的，都是当前值得进一步探讨和研究的重要问题。

第三，跨行政区生态环境协同治理绩效问责是一个十分复杂的过程，本书基于目标管理视角所构建的绩效问责制度与机制框架只是研究者从自身角度出发所提出的见解，过于偏重宏观上的制度设计与过程机制规划，对现实实践中的细微操作可能无法提供更为直接的、有针对性的指导，这方面需要进一步深入和细化研究。

参考文献

一　中文专著

白易彬：《京津冀区域政府协作治理模式研究》，中国经济出版社 2017 年版。

陈庆云：《公共政策分析》，北京大学出版社 2006 年版。

戴胜利：《跨区域生态环境协同治理》，武汉大学出版社 2018 年版。

［德］赫尔曼·哈肯：《协同学：大自然构成的奥秘》，凌复华译，上海译文出版社 2005 年版。

［德］赫尔曼·哈肯：《协同学：理论与应用》，杨炳奕译，中国科学技术出版社 1990 年版。

丁煌：《西方行政学说史》，武汉大学出版社 2004 年版。

董树军：《城市群府际博弈的整体性治理研究》，中央编译出版社 2019 年版。

董战锋、郝春旭、葛察忠等：《中国省级环境绩效评估（2014—2015）》，中国环境出版社 2019 年版。

范如国：《博弈论》，武汉大学出版社 2011 年版。

胡象明：《政策与行政：过程及其理论》，北京航空航天大学出版社 2008 年版。

赖先进：《论政府跨部门协同治理》，北京大学出版社 2015 年版。

廖成中：《生态文明视阈下区域环境污染治理政策体系研究》，武汉大学出版社 2019 年版。

刘华军：《雾霾污染的空间关联与区域协同治理》，科学出版社 2021 年版。

刘晓斌：《协同治理：长三角城市群大气环境改善研究》，浙江大学出版社 2018 年版。
卢智增：《西部地区生态问责研究》，人民出版社 2020 年版。
陆小成：《京津冀雾霾治理与低碳协同发展研究》，中国经济出版社 2018 年版。
［美］奥斯特罗姆：《公共事务的治理之道》，余逊达、陈旭东译，上海译文出版社 2012 年版。
［美］保罗·A. 萨巴蒂尔：《政策过程理论》，彭宗超、钟开斌等译，生活·读书·新知三联书店 2004 年版。
［美］彼得·德鲁克：《管理的实践（珍藏版）》，齐若兰译，机械工业出版社 2009 年版。
［美］查尔斯·J. 福克斯、休·T. 米勒：《后现代公共行政——话语指向》，吴琼译，中国人民大学出版社 2013 年版。
［美］罗伯特·吉本斯：《博弈论基础》，高峰译，中国社会科学出版社 1999 年版。
［美］迈尔斯、休伯曼：《质性资料的分析：方法与实践》，张芬芬译，重庆大学出版社 2008 年版。
［美］约翰·冯·诺伊曼：《博弈论》，刘霞译，沈阳出版社 2020 年版。
［美］朱·弗登伯格、［法］让·梯若尔：《博弈论》，黄涛等译，中国人民大学出版社 2015 年版。
［美］朱丽叶·M. 科宾、安塞尔姆·L. 施特劳斯：《质性研究的基础：形成扎根理论的程序与方法》，朱光明译，重庆大学出版社 2015 年版。
尚虎平、张怡梦：《我国地方政府绩效与生态脆弱性协同评估》，科学技术文献出版社 2018 年版。
申喜连：《政府绩效评估研究》，光明日报出版社 2013 年版。
生态环境部环境与经济政策研究中心：《生态文明理论与制度研究》，中国环境出版集团 2019 年版。
司林波：《生态问责制国际比较研究》，中国环境出版集团 2019 年版。
司林波、宋兆祥、张雯：《跨域生态环境协同治理信息资源开放共享机制与政策路径研究》，燕山大学出版社 2022 年版。
唐亚林：《长江三角洲区域治理的理论与实践》，复旦大学出版社 2014

年版。
王春城：《公共政策过程的逻辑：倡导联盟框架解析、应用与发展》，中国社会科学出版社 2013 年版。
王佃利：《跨域治理：城市群协同发展研究》，山东大学出版社 2018 年版。
王凤鸣、袁刚：《京津冀政府协同治理机制创新研究》，人民出版社 2018 年版。
王柳：《政府绩效问责的制度逻辑》，中国社会科学出版社 2017 年版。
王浦劬、臧雷振：《治理理论与实践（经典议题研究新解）》，中央编译出版社 2017 年版。
吴春山、成岳：《环境影响评价》，华中科技大学出版社 2020 年版。
杨成虎：《政策过程研究》，知识产权出版社 2012 年版。
［英］凯西·卡麦兹：《建构扎根理论：质性研究实践指南》，边国英译，重庆大学出版社 2009 年版。
游春晖：《环境审计制度创新研究》，暨南大学出版社 2019 年版。
于东山：《协同治理视角下的跨界公共物品供给机制研究》，东北大学出版社 2018 年版。
余敏江、黄建洪：《生态区域治理中中央与地方府际间协调研究》，广东人民出版社 2011 年版。
俞惠煜、廖明、唐亚林：《长三角经济社会协同发展与区域治理体系优化》，复旦大学出版社 2014 年版。
曾凡军：《基于整体性治理的政府组织协调机制研究》，武汉大学出版社 2013 年版。
张伟、许开鹏、蒋洪强：《京津冀区域环境保护战略研究》，中国环境出版社 2017 年版。
赵新峰：《合乎区域协同发展愿景的整体性治理图式探析》，人民出版社 2020 年版。
朱亚鹏：《公共政策过程研究：理论与实践》，中央编译出版社 2013 年版。
庄贵阳、郑燕、周伟铎：《京津冀雾霾的协同治理与机制创新》，中国社会科学出版社 2018 年版。

二 中文期刊

曹堂哲：《政府跨域治理的缘起、系统属性和协同评价》，《经济社会体制比较》2013 年第 3 期。

常纪文：《党政同责、一岗双责、失职追责：环境保护的重大体制、制度和机制创新——〈党政领导干部生态环境损害责任追究办法（试行）〉之解读》，《环境保护》2015 年第 21 期。

党秀云、郭钰：《跨区域生态环境合作治理：现实困境与创新路径》，《人文杂志》2020 年第 3 期。

关斌：《地方政府环境治理中绩效压力是把双刃剑吗？——基于公共价值冲突视角的实证分析》，《公共管理学报》2020 年第 2 期。

韩艺、谢婷：《环保督察制度的渐进变迁及效力发挥》，《江西社会科学》2021 年第 3 期。.

韩兆柱、杨洋：《整体性治理理论研究及应用》，《教学与研究》2013 年第 6 期。

胡洪彬：《生态问责制的“中国道路”：过去、现在与未来》，《青海社会科学》2016 年第 6 期。

胡象明、唐波勇：《整体性治理：公共管理的新范式》，《华中师范大学学报》（人文社会科学版）2010 年第 1 期。

黄新焕、鲍艳珍：《我国环境保护政策演进历程及“十四五”发展趋势》，《经济研究参考》2020 年第 12 期。

姜国俊、罗凯方：《中国环境问责制度的嬗变特征与演进逻辑——基于政策文本的分析》，《行政论坛》2019 年第 1 期。

金太军、唐玉青：《区域生态府际合作治理困境及其消解》，《南京师范大学学报》（社会科学版）2011 年第 5 期。

李礼、孙翊锋：《生态环境协同治理的应然逻辑、政治博弈与实现机制》，《湘潭大学学报》（哲学社会科学版）2016 年第 3 期。

李倩：《跨界环境治理目标责任制的运行逻辑与治理绩效——以京津冀大气治理为例》，《北京行政学院学报》2020 年第 4 期。

李胜、陈晓春：《基于府际博弈的跨行政区流域水污染治理困境分析》，《中国人口·资源与环境》2011 年第 12 期。

刘华军、雷名雨：《中国雾霾污染区域协同治理困境及其破解思路》，《中国人口・资源与环境》2018 年第 1 期。
洛忠、丁颖：《京津冀雾霾合作治理困境及其解决途径》，《中共中央党校学报》2016 年第 3 期。
马丽、尧凡：《党政领导干部环境责任追究的机制演变与逻辑阐释——兼论政党对公共行政的调节》，《当代世界与社会主义》2021 年第 2 期。
潘家华：《新中国 70 年生态环境建设发展的艰难历程与辉煌成就》，《中国环境管理》2019 年第 4 期。
芮晓霞、周小亮：《水污染协同治理系统构成与协同度分析——以闽江流域为例》，《中国行政管理》2020 年第 11 期。
司林波：《跨行政区生态环境的协同治理：基于目标管理的视角》，《中国社会科学报》2018 年第 8 期。
司林波、刘小青、乔花云等：《政府生态绩效问责制的理论探讨——内涵、结构、功能与运行机制》，《生态经济》2017 年第 12 期。
司林波、聂晓云、孟卫东：《跨域生态环境协同治理困境成因及路径选择》，《生态经济》2017 年第 1 期。
司林波、裴索亚:《国家生态治理重点区域政府环境数据开放利用水平评价与优化建议——基于京津冀、长三角、珠三角和汾渭平原政府数据开放平台的分析》，《图书情报工作》2021 年第 5 期。
司林波、裴索亚：《跨行政区生态环境协同治理的绩效问责过程及镜鉴——基于国外典型环境治理事件的比较分析》，《河南师范大学学报》（哲学社会科学版）2021 年第 2 期。
司林波、裴索亚：《跨行政区生态环境协同治理的政策过程模型与政策启示——基于扎根理论的政策文本研究》，《吉首大学学报》（社会科学版）2021 年第 6 期。
司林波、裴索亚：《跨行政区生态环境协同治理绩效问责模式及实践情境——基于国内外典型案例的分析》，《北京行政学院学报》2021 年第 3 期。
司林波、王伟伟：《绩效问责何以促进跨行政区生态环境协同治理——基于协同治理绩效问责行动逻辑的探讨》，《武汉科技大学学报》（社会科学版）2022 年第 3 期。

司林波、王伟伟：《跨行政区生态环境协同治理绩效问责机制构建与应用——基于目标管理过程的分析框架》，《长白学刊》2021 年第 1 期。

司林波、王伟伟：《跨行政区生态环境协同治理信息资源共享机制构建——以京津冀地区为例》，《燕山大学学报》（哲学社会科学版）2020 年第 3 期。

司林波、张锦超：《跨行政区生态环境协同治理的动力机制、治理模式与实践情境——基于国家生态治理重点区域典型案例的比较分析》，《青海社会科学》2021 年第 4 期。

司林波、张锦超：《跨域生态环境府际协同界面治理：拆分、交互与重构——一项基于黄河流域生态治理府际关系的探索性研究》，《长白学刊》2022 年第 6 期。

司林波、张盼：《黄河流域生态环境治理如何跨越"数据鸿沟"——基于整体性治理理论的分析框架》，《学习论坛》2022 年第 6 期。

司林波、张盼：《黄河流域生态协同保护的现实困境与治理策略——基于制度性集体行动理论》，《青海社会科学》2022 年第 1 期。

锁利铭、李雪：《从"单一边界"到"多重边界"的区域公共事务治理——基于对长三角大气污染防治合作的观察》，《中国行政管理》2021 年第 2 期。

锁利铭：《区域战略化、政策区域化与大气污染协同治理组织结构变迁》，《天津行政学院学报》2020 年第 4 期。

唐啸、胡鞍钢、杭承政：《二元激励路径下中国环境政策执行——基于扎根理论的研究发现》，《清华大学学报》（哲学社会科学版）2016 年第 3 期。

田培杰：《协同治理概念考辨》，《上海大学学报》（社会科学版）2014 年第 1 期。

王俊敏、沈菊琴：《跨域水环境流域政府协同治理：理论框架与实现机制》，《江海学刊》2016 年第 5 期。

魏娜、孟庆国：《大气污染跨域协同治理的机制考察与制度逻辑——基于京津冀的协同实践》，《中国软科学》2018 年第 10 期。

吴建南、刘仟仟、陈子韬等：《中国区域大气污染协同治理机制何以奏效？来自长三角的经验》，《中国行政管理》2020 年第 5 期。

谢永乐、王红梅：《京津冀大气污染治理“协同—绩效”体系探究——基于动态空间视域》，《中国特色社会主义研究》2021年第4期。

邢华：《我国区域合作治理困境与纵向嵌入式治理机制选择》，《政治学研究》2014年第5期。

徐沛勣：《环境治理条件的绩效评估：文献综述与引申》，《重庆社会科学》2016年第12期。

徐婷婷、沈承诚：《论政府生态治理的三重困境：理念差异、利益博弈与技术障碍》，《江海学刊》2012年第3期。

徐元善、楚德江：《绩效问责：行政问责制的新发展》，《中国行政管理》2007年第11期。

闫亭豫：《我国环境治理中协同行动的偏失与匡正》，《东北大学学报》（社会科学版）2015年第2期。

颜海娜、聂勇浩：《基层公务员绩效问责的困境——基于“街头官僚”理论的分析》，《中国行政管理》2013年第8期。

颜海娜、曾栋：《河长制水环境治理创新的困境与反思——基于协同治理的视角》，《北京行政学院学报》2019年第2期。

于文轩：《生态环境协同治理的理论溯源与制度回应——以自然保护地法制为例》，《中国地质大学学报》（社会科学版）2020年第2期。

余敏江：《论区域生态环境协同治理的制度基础——基于社会学制度主义的分析视角》，《理论探讨》2013年第2期。

郁建兴、刘殷东：《纵向政府间关系中的督察制度：以中央环保督察为研究对象》，《学术月刊》2020年第7期。

詹国彬、陈健鹏：《走向环境治理的多元共治模式：现实挑战与路径选择》，《政治学研究》2020年第2期。

张成福、李昊城、边晓慧：《跨域治理：模式、机制与困境》，《中国行政管理》2012年第3期。

张锋：《环境治理：理论变迁、制度比较与发展趋势》，《中共中央党校学报》2018年第6期。

张国磊、曹志立、杜焱强：《中央环保督察、地方政府回应与环境治理取向》，《北京理工大学学报》（社会科学版）2020年第5期。

张立荣、陈勇：《整体性治理视角下区域地方政府合作困境分析与出路探索》，《宁夏社会科学》2021 年第 1 期。

张明、宋妍：《环保政绩：从软性约束到实质问责考核》，《中国人口·资源与环境》2021 年第 2 期。

张小筠、刘戒骄：《新中国 70 年环境规制政策变迁与取向观察》，《改革》2019 年第 10 期。

张跃胜：《地方政府跨界环境污染治理博弈分析》，《河北经贸大学学报》2016 年第 5 期。

张振波：《从逐底竞争到策略性模仿——绩效考核生态化如何影响地方政府环境治理的竞争策略?》，《公共行政评论》2020 年第 6 期。

张梓太、程飞鸿：《我们需要什么样的生态环境问责制度？——兼议生态环境损害赔偿中地方政府的两难困境》，《河北法学》2020 年第 4 期。

郑石明、何裕捷：《制度、激励与行为：解释区域环境治理的多重逻辑——以珠三角大气污染治理为例》，《社会科学研究》2021 年第 4 期。

周凌一：《纵向干预何以推动地方协作治理？——以长三角区域环境协作治理为例》，《公共行政评论》2020 年第 4 期。

周伟：《合作型环境治理：跨域生态环境治理中的地方政府合作》，《青海社会科学》2020 年第 2 期。

周志忍、蒋敏娟：《中国政府跨部门协同机制探析——一个叙事与诊断框架》，《公共行政评论》2013 年第 1 期。

三 英文文献

Alikghan F., Mulvihill P. R., "Exploring Collaborative Environmental Governance: Perspectives on Bridging and Actor Agency", *Geography Compass*, Vol. 2, No. 6, 2008.

Alrazi B., Villiers C. D., Van Staden C. J., "A Comprehensive Literature Review on, and the Construction of a Framework for, Environmental Legitimacy, Accountability and Proactivity", *Journal of Cleaner Production*, No. 102, 2015.

Baird J., Schultz L., Plummer R., et al., "Emergence of Collaborative Environmental Governance: What are the Causal Mechanisms?", *Environmental*

Management, No. 63, 2019.

Boer C. D. , Kruijf J. V. , Özerol G. , et al. , "Collaborative Water Resource Management: What Makes up a Supportive Governance System?", *Environmental Policy and Governance*, Vol. 26, No. 4, 2016.

Buček J. , Ryder A. , eds. , *Governance in Transition*, Heidelberg: Springer Dordrecht Press, 2015.

Cookey P. E. , Darnsawasdi R. , Ratanachai C. , "Performance Evaluation of Lake Basin Water Governance Using Composite Index", *Ecological Indicators*, Vol. 61, No. 2, 2016.

Decaro D. A. , Anthony A. C. , Emmanuel F. B. , et al. , "Understanding and Applying Principles Offocial Cognition and Decision Making in Adaptive Environmental Governance", *Ecology & Society*, Vol. 22, No. 1, 2017.

Emerson K. , Gerlak A. , "Adaptation in Collaborative Governance Regimes", *Environmental Management*, Vol. 54, No. 4, 2015.

Emerson K. , Nabatchi T. , Balogh S. , "An Integrative Framework for Collaborative Governance", *Journal of Public Administration Research & Theory*, No. 22, 2012.

Guillermo A. , Jonathan B. , Kim C. , et al. ,"A Dynamic Management Framework for Socio-Ecological System Stewardship: A Case Study for the United States Bureau of Ocean Energy Management", *Journal of Environmental Management*, No. 7, 2018.

Gunningham N. , "The New Collaborative Environmental Governance: The Localization of Regulation", *Journal of Law and Society*, Vol. 36, No. 1, 2009.

Halkos G. E. , Sundstroem A. , Tzeremes N. G. ,"Regional Environmental Performance and Governance Quality: A Nonparametric Analysis", *Environmental Economics & Policy Studies*, Vol. 17, No. 4, 2015.

Hsu A. , Lloyd A. , Emerson J. W. , "What Progress Have We Made Since Rio? Results from the 2012 Environmental Performance Index (EPI) and Pilot Trend EPI", *Environmental Science & Policy*, No. 33, 2013.

Knieper C. , Pahl-Wostl C. , "A Comparative Analysis of Water Governance, Water Managemnt, and Environmental Performance in River Basins", *Water*

Resources Management, Vol. 30, No. 7, 2016.

Koliebele E. A., "Cross-Coalition Coordination in Collaborative Environmental Governance Processes", *Policy Studies Journal*, Vol. 48, No. 3, 2019.

Kramarz T., Park S., "Accountability in Global Environmental Governance: A Meaningful Tool for Action?", *Global Environmental Politics*, Vol. 16, No. 2, 2016.

Lindgren A. Y., Reed M. G., Robson J. P., "Process Makes Perfect: Perceptions of Effectiveness in Collaborative Environmental Governance", *Environmental Management*, No. 67, 2021.

Mason M., "The Governance of Transnational Environmental Harm: Addressing New Modes of Accountability Responsibility", *Global Environmental Politics*, Vol. 8, No. 3, 2008.

Matsumotoab K., Makridouc G., Doumposd M., "Evaluating Environmental Performance Using Data Envelopment Analysis: The Case of European Countries", *Journal of Cleaner Production*, No. 272, 2020.

Newig J., Challies E., Jager N. W., et al., "The Environmental Performance of Participatory and Collaborative Governance: A Framework of Causal Mechanisms", *Policy Studies Journal*, Vol. 46, No. 2, 2018.

Olvera-Garcia J., Neil S., "Examining How Collaborative Governance Facilitates the Implementation of Natural Resource Planning Policies: A Water Planning Policy Case from the Great Barrier Reef", *Environmental Policy and Governance*, Vol. 30, No. 3, 2020.

Phan T. N., Baird K., "The Comprehensiveness of Environmental Management Systems: The Influence of Institutional Pressures and the Impact on Environmental Performance", *Journal of Environmental Management*, No. 160, 2015.

Schultze W., Trommer R., "The Concept of Environmental Performance and its Measurement in Empirical Studies", *Journal of Management Control*, Vol. 22, No. 4, 2012.

Scobie M., "Accountability in Climate Change Governance and Caribbean SIDS", *Environment, Development and Sustainability*, Vol. 20, No. 2, 2018.

Scott T. , "Does Collaboration Make Any Difference? Linking Collaborative Governance to Environmental Outcomes", *Journal of Policy Analysis and Management*, Vol. 34, No. 3, 2015.

Shah S. A. A. , Longsheng C. , " New Environmental Performance Index for Measuring Sector-Wise Environmental Performance: A Case Study of Major Economic Sectors in Pakistan", *Environmental Science and Pollution Research*, No. 27, 2020.

Slavikova L. , Kluvankova-Oravska T. , Jilkova J. , "Bridging Theories on Environmental Governance: Insights from Free-Market Approaches and Institutional Ecological Economics Perspectives", *Ecological Economics*, Vol. 69, No. 47, 2010.

Taylor B. , Lo R. C. D. , "Conceptualizations of Local Knowledge in Collaborative Environmental Governance", *Geoforum*, Vol. 43, No. 6, 2012.

Teodosiu C. , Barjoveanu G. , Sluser B. R. , et al. , "Environmental Assessment of Municipal Wastewater Discharges: A Comparative Study of Evaluation Methods", *International Journal of Life Cycle Assessment*, Vol. 21, No. 3, 2016.

Ulibarri N. , "Collaborative Governance: A Tool to Manage Scientific, Administrative, and Strategic Uncertainties in Environmental Management?", *Ecology and Society*, Vol. 24, No. 2, 2019.

后　记

本书是作者承担的2017年国家社会科学基金青年项目“基于目标管理的跨行政区生态环境协同治理绩效问责制研究”（批准号：17CZZ021）的最终研究成果，本书的出版得到2022年西北大学哲学社会科学繁荣发展计划优秀学术著作出版基金项目经费资助。

长期以来，中国生态环境治理奉行属地治理原则，各级地方政府要承担对所辖区域内的生态环境的保护和治理任务。但环境污染的跨行政区性致使属地问责的形式已然不能适应当前跨行政区治理的需要。跨行政区各治理主体在横向上的协作意愿强弱、协作水平高低以及协作能力大小是衡量地方生态环境协同治理的重要标准，也是反映政府生态责任实现与否的关键指标。在实践中，由于地方保护主义、行政壁垒、利益博弈等因素的影响，跨行政区生态环境治理主体之间难以形成统一的目标责任体系和有序的协同治理格局。生态环境协同治理绩效问责制是推进跨行政区生态环境实现协同治理的一项重要制度设计，能够以绩效评估与问责的模式推进跨行政区多主体治理行为的有效协同。因此，建构和完善跨行政区生态环境协同治理绩效问责制对于解决跨行政区环境问题具有重要意义。

本书在研究主题上聚焦于跨行政区情境下生态环境协同治理绩效问责的特殊性，通过综合运用整体性治理理论、协同论、博弈论以及扎根理论研究方法，建构出跨行政区生态环境协同治理的政策过程系统模型，完整地勾勒出跨行政区生态环境协同治理政策过程的核心要素，丰富了当前中国跨行政区生态环境协同治理过程的理论研究。基于目标管理分析工具，将绩效评价、协同治理和绩效问责三方面理论方法进行整合，通过对“治理—绩效—责任—问责”的内在逻辑关系的阐释，明确了跨行政区生态环境协同治理绩效问责的基本逻辑，并据此构建了绩效责任目标责任体系、制度框架及运行机制，有助于在实践中促进协同治理绩效问责制度化水平的提升。

本书是我与王伟伟、裴索亚两位博士生合作完成的，她们聪明好学，善于思考，在跨行政区生态治理和绩效问责研究中表现出浓厚的研究兴趣和真知灼见。裴索亚博士对跨行政区生态环境协同治理绩效的生成机制进行了定性和定量相结合的深入分析，明确了协同治理与治理绩效的影响因素及其作用关系机理，为绩效责任体系的设计奠定了理论基础；王伟伟博士擅长历史制度分析，通过对中国绩效问责制度历程的梳理，结合协同治理绩效生成机理，将目标管理思想贯穿协同治理绩效责任体系以及问责制度与机制设计的全过程，创新性地构建了跨行政区生态环境协同治理绩效问责制度及机制框架。她们对本书的最终完成作出了重要贡献。

本书是我们在跨行政区生态治理与绩效问责研究中的一项新成果。本书的框架和章节结构几经酝酿，但碍于作者水平有限，难免存在许多谬误和不当之处，恳请同行专家批评指正。同时，本书的出版得到中国社会科学出版社的大力支持，在此表示衷心感谢。

司林波

2022 年 11 月于西安